普通高等教育电气信息类规划教材

电 路 分 析

主编　王超红　高德欣　王思民

副主编　江蜀华　籍　艳

机械工业出版社

本书以教育部最新"高等工业学校电路分析基础课程教学基本要求"为指导，兼顾高等学校电气、信息类应用型人才的培养要求，结合编者多年的教学经验精心编写而成。

全书共 14 章，分别介绍电路的基本概念和基本定律、电阻电路的等效变换、电路的分析方法、电路定理在电路分析中的应用、正弦交流电路的相量表示法、正弦交流电路的分析、互感电路、三相电路、非正弦周期电流电路、一阶电路的过渡过程——暂态分析、动态电路的复频域分析——运算法、电路方程的矩阵形式、二端口网络和非线性电路的分析。每章附有分析应用的例题，以及注重分析方法应用的章末习题。

本书适合 60～70 学时（不含实验）的教学安排，可根据教学需要增删部分内容。本书可作为高等工业学校本、专科电类和信息类等有关专业的电路教材使用，也可供有关专业和工程技术人员参考。

图书在版编目（CIP）数据

电路分析 / 王超红，高德欣，王思民主编. —北京：机械工业出版社，2018.6
（2024.8 重印）
普通高等教育电气信息类规划教材
ISBN 978-7-111-59980-7

Ⅰ . ①电… Ⅱ . ①王… ②高… ③王… Ⅲ . ①电路分析－高等学校－教材
Ⅳ . ①TM133

中国版本图书馆 CIP 数据核字（2018）第 106962 号

机械工业出版社（北京市百万庄大街 22 号　邮政编码 100037）
策划编辑：尚　晨　责任编辑：尚　晨
责任校对：张艳霞　责任印制：单爱军
北京虎彩文化传播有限公司印刷

2024 年 8 月第 1 版·第 3 次印刷
184mm×260mm·19 印张·462 千字
标准书号：ISBN 978-7-111-59980-7
定价：49.80 元

凡购本书，如有缺页、倒页、脱页，由本社发行部调换

电话服务	网络服务
服务咨询热线：（010）88379833	机 工 官 网：www.cmpbook.com
读者购书热线：（010）88379649	机 工 官 博：weibo.com/cmp1952
	教育服务网：www.cmpedu.com
封面无防伪标均为盗版	金 书 网：www.golden-book.com

前　言

"电路分析"是高等院校电气、自动化、信息、计算机类专业的一门技术基础课程，它的主要任务是为学生学习专业知识和从事工程技术工作打好电路理论基础，并对其进行必要的基本技能训练。为此，编者在本书中对电路基本理论、基本概念、定理定律及分析方法都做了系统的阐述，并通过例题和习题来展示电路理论的应用，以此来加深学生对理论知识的理解和掌握，并使其了解电路理论与实际工程技术的密切关系。

近年来，随着科学技术的飞速发展，新知识也急剧膨胀，各专业都有许多新的课程补充到教学计划中去，高校的教学观念也做了相应的调整。学习者要由被动学习转化为主动学习，教学者要做学习过程的引导者、促进者、支持者。为适应这个变革和满足在校生以及校外自学者的需要，本书对传统内容进行了精选，保证了必需的常用知识，删除了一些不常用的和陈旧的知识。全书共 14 章，主要包括电路的基本概念和基本定律、电阻电路的等效变换、电路的分析方法、电路定理在电路分析中的应用、正弦交流电路的相量表示法、正弦交流电路的分析、互感电路、三相电路、非正弦周期电流电路、一阶电路的过渡过程——暂态分析、动态电路的复频域分析——运算法、电路方程的矩阵形式、二端口网络、非线性电路的分析。

本书内容详尽，表述浅显易懂，理论内容具有系统性，有利于学生自学及使用。

教师在讲授时可灵活安排，根据专业的需要、学时的多少和学生的实际水平对所授电路基础内容进行取舍。有些内容可以让学生通过自学掌握，不必全部在课堂上进行讲授。学生通过课堂的精心学习，课后及时复习、消化理解、答疑解惑，并通过大量的练习巩固基础知识，拓宽思路，就能更好地掌握电路基础知识和提高分析问题、解决问题的能力。

本书由王超红统稿并与高德欣、王思民担任主编，江蜀华、籍艳担任副主编。其中第 1章、第 4 章、第 5 章、第 8 章和第 10 章由王超红编写，第 6 章、第 7 章、第 9 章、第 12 章和第 14 章由王思民编写，第 2 章、第 11 章和第 13 章由高德欣编写，第 3 章由江蜀华编写。籍艳、于韬、徐启蕾负责书中部分图片和文字的整理工作。

由于编者水平有限，书中不妥之处在所难免，恳请读者批评指正，以便今后修订提高。

编　者

目　　录

第1章 电路的基本概念和基本定律

本章介绍电路的组成、作用及电路模型和电流、电压参考方向的概念，以及电位的概念和功率的吸收、发出及计算，还将介绍电路元件以及电路的基本定律——欧姆定律和基尔霍夫定律。基尔霍夫定律与电路元件的性质无关，只对电路中相互连接的支路电流、支路电压构成线性约束。

1.1 电路的组成、作用及电路模型

1. 电路的组成

电路是电流的通路，它是根据不同需要由某些电气设备或元件按一定方式组合而成的，包括电源或信号源、中间环节和负载。

电能或电信号的发生器（信号源）即电源。图 1.1a 所示为电力系统的示意图。

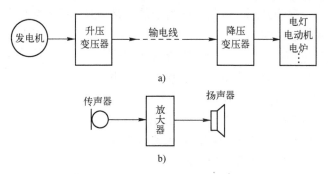

图 1.1 电路示意图

发电机是电源，是供应电能的，它可以将热能、水能、风能或核能转换为电能。电池也是常用的电源，可将化学能或光能转换为电能。电压和电流是在电源的作用下产生的，因此，电源又称为激励源，也称输入。

用电设备称为负载，如白炽灯、电炉、电动机和电磁铁等用电器都是取用电能，是负载。它们分别将电能转换成光能、热能、机械能和磁场能等。由激励而在电路中（包括负载）各处产生的电流和电压称为响应，也称为输出。

变压器和输电线是中间环节，连接电源和负载，起传输和分配电能的作用。

接收装置（传声器）是信号源，传输导线和放大器是中间环节，电磁波通过天线在接收装置中（声音在传声器中）感应出电（动势）信号，经选频输出、放大后传递到负载扬声器，把电信号还原成声音信号。这种信号的转换和放人称为信号的处埋。

信号传递和处理的例子有很多，如扩音机和电视机，它们可以实现声电（电声）、光电（电光）信号的传输和转换。

2．电路的作用

电路的构成形式多种多样，其作用可归纳为两大类：

1）电能的传输和转换，如图 1.1a 所示的电力系统。

2）信号的传递和处理，如图 1.1b 所示的扩音机电路。

3．电路模型

电路理论讨论的电路不是实际电路而是它们的电路模型。为了便于对实际电路进行分析和用数学描述，将实际电路元件理想化（或称模型化），用理想电路元件（电阻、电感、电容等）及其组合模拟替代实际电路中的器件，则这些由理想电路元件组成的电路即实际电路的电路模型。在电路模型中，各理想元件的端子是用"理想导线"（其电阻为零）连接起来的。

用理想电路元件及其组合模拟替代实际器件即建模。电路模型要把给定工作条件下的主要物理现象及功能反映出来。例如，当白炽灯通有电流时，除主要具有消耗电能的性质（电阻性）外，还产生磁场，即还具有电感性，但电感微小可忽略不计，因此白炽灯的模型可以是一个电阻元件。又如，一个线圈在直流情况下的模型可以是一个电阻元件，而在低频情况下其模型要用电阻和电感的串联组合。可见在不同的条件下，同一实际器件可能要用不同的电路模型。

模型取得恰当，电路的分析计算结果就与实际情况接近，反之误差会很大，甚至出现矛盾的结果，本书不讨论建模问题。今后本书所说的电路一般均指实际电路的电路模型，电路元件也是理想电路元件的简称。

在一个简单的手电筒电路中，实际电路元件有干电池、电珠、开关和筒体，电路模型如图 1.2 所示。干电池是电源元件，用电动势 U_S 和内电阻（简称内阻）R_0 的串联来表示；电珠是电阻元件，用参数 R 表示；筒体和开关是中间环节，连接干电池与电珠，开关闭合时其电阻忽略不计，看作是无电阻的理想导体。

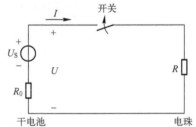

图 1.2　实际电路与电路模型示例

1.2　电流和电压的参考方向

电路中的物理量主要有电流 $i(I)$、电压 $u(U)$、功率 $p(P)$、电能量 $w(W)$、电荷 $q(Q)$、磁通 Φ 和磁链 Ψ。在分析电路时，要用电压或电流的正方向导出电路方程，但电流或电压的实际方向可能是未知的，也可能是随时间变动的，故需要指定其参考方向。

1．电流

电流是电荷有规则地定向运动形成的，在数值上，电流等于单位时间内通过导体横截面的电荷量。

$$i = \frac{\Delta q}{\Delta t} \quad (\ i = \frac{\mathrm{d}q}{\mathrm{d}t} \ )$$

若电流 i 不随时间而变化，则称为直流电流，常用大写字母 I 表示。早期的科学家规定，电流的正方向是正电荷流动的方向，这个规定沿用至今。后来，科学家发现电流本质上是电子的定向运动，而电子是带负电荷的。因此，电流的正方向是与电子运动的方向相反的。但电流的实际方向往往是未知的或变动的，故在分析计算电路时，先任意选定（假定）某一方向为电流的正方向，这一方向即电流的参考方向。此时电流就可看成代数量，当电流的参考方向与其实际方向相同时，电流为正值，即 $i > 0$；反之电流为负值，即 $i < 0$，如图 1.3 所示。

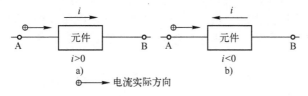

图 1.3　电流的参考方向

电流的参考方向可以用箭标表示，如图 1.3 所示；也可以用双下标表示，在图 1.3a 中，按所选电流参考方向可写作 i_{AB}，表示电流参考方向由 A 指向 B；在图 1.3b 中，按所选电流参考方向可写作 i_{BA}。对同一段电路，有

$$i_{AB} = -i_{BA} \qquad i_{BA} = -i_{AB}$$

在国际单位制中，电流的基本单位是安［培］（A），计量微小电流时也用毫安（mA）或微安（μA）做单位。

$$1mA = 10^{-3}A$$

$$1\mu A = 10^{-6}A$$

2．电压

电压是两点间的电动势差（电位差）。若将 a、b 两点的电位分别用 V_a、V_b 表示，则

$$u_{ab} = V_a - V_b$$

电压体现电场力推动单位正电荷做功的能力。电压 u_{ab} 在数值上等于电场力推动单位正电荷从 a 点移动到 b 点所做的功。为方便分析计算，习惯上规定电压的实际方向为：由高电位端（正极性端）指向低电位端（负极性端），即电位降低的方向。

与电流一样，复杂电路在分析计算之前无法确定电压的实际方向，也要假定参考方向（电源的实际方向一般都给出）。指定了电压参考方向后，电压值即为代数值，如图 1.4 所示。

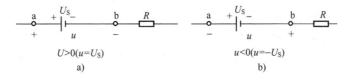

图 1.4　电压的参考方向

一个元件的电流、电压参考方向都可随意设定。当两者参考方向一致时，称电流、电压参考方向关联，否则称为非关联。电压和电动势的国际单位是伏［特］（V），其次还可用千伏（kV）、毫伏（mV）或微伏（μV）做单位。

$$1kV = 10^{3}V$$

$$1mV = 10^{-3}V$$

$$1\mu V = 10^{-6}V$$

1.3 电路的功率

在电路的分析和计算中，能量和功率的计算是十分重要的。因为电路在工作状态下总伴随有电能与其他形式能量的相互交换；另外，电气设备、电路部件本身都有功率的限制，在使用时不能超过额定值。否则，长期过载会致电路设备部件损坏或不能正常工作。

1. 电功率

如果在 $\mathrm{d}t$ 时间内，有 $\mathrm{d}q$ 电荷自元件上电压的"+"极到达电压的"−"极，则电场力所做功，也即元件吸收的能量为

$$\mathrm{d}w = u\mathrm{d}q$$

能量的单位是焦[耳]（J）。

而电功率定义为单位时间内电场力所做的功，即

$$p = \frac{\mathrm{d}w}{\mathrm{d}t}$$

而

$$u = \frac{\mathrm{d}w}{\mathrm{d}q} \qquad\qquad i = \frac{\mathrm{d}q}{\mathrm{d}t}$$

所以

$$p = \frac{\mathrm{d}w}{\mathrm{d}t} = \frac{u\mathrm{d}q}{\mathrm{d}t} = ui$$

功率的单位是瓦[特]（W）。

2. 电路吸收或发出功率的判断

（1）元件上 u、i 取关联参考方向：

$p = ui$ 　　　表示元件吸收的功率

$p > 0$ 　　　吸收正功率（实际吸收）

$p < 0$ 　　　吸收负功率（实际发出）

（2）元件上 u、i 取非关联参考方向：

$p = ui$ 　　　表示元件发出的功率

$p > 0$ 　　　发出正功率（实际发出）

$p < 0$ 　　　发出负功率（实际吸收）

在图 1.5a 中，u、i 为关联参考方向，$u = 5\mathrm{V}$, $i = 2\mathrm{A}$，$p = ui = 10\mathrm{W}$，为正值，元件吸收10W 功率。

在图 1.5b 中，u、i 为非关联参考方向，此时 $u = -5\mathrm{V}$，$i = 2\mathrm{A}$，$p = ui = -10\mathrm{W} < 0$，元件发出负功率，即实际还是吸收10W 功率，与图 1.5a 求得的结果一致。

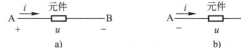

图 1.5　元件的功率

1.4 电路的工作状态

本节以最简单的直流电路为例，分别讨论电源电路的三种工作状态（有载、开路和短路工作状态）时的电流、电压和功率。

1.4.1 电源有载工作状态

1. 额定值与实际值

各种电气设备的电压、电流及功率等都有一个额定值。例如，一盏白炽灯标有电压220V，功率 60W，这就是它的额定值。额定值是制造厂为了使产品能在给定的工作条件下正常运行而规定的正常容许值。额定电流、额定电压和额定功率分别用 I_N、U_N 和 P_N 表示。

额定值是在全面考虑使用的经济性、可靠性、安全性及寿命，特别是工作温度容许值等因素，使产品能在给定的工作条件下正常运行而对产品规定的正常容许值。使用产品时应遵循其额定值，不允许偏离过多。大多数电气设备，如电机、变压器等，其寿命与绝缘材料的耐热性能及绝缘强度有关。当电流超过额定值过多时，绝缘材料将因发热过甚遭损坏；当所加电压超过额定值过多时，绝缘材料可能被击穿。反之，若所加电压和电流远低于其额定值，不仅设备不能正常合理地工作，而且也不能充分利用设备的能力。例如，额定电压 380V 的电磁铁，若接上 220V 的电压，则电磁铁将不能正常吸引衔铁或工件。又如，白炽灯、电阻器的寿命与导体熔点关系很大，当电压过高或电流过大时，其灯丝或电阻丝将被烧毁。

使用时，因电源或负载的因素，电压、电流和功率的实际值不一定等于它们的额定值。例如，额定值为 220V、40W 的白炽灯接在额定电压 220V 的电源上，但当电源电压因经常波动稍低于或稍高于 220V 时，加在白炽灯上的电压就不是 220V，实际功率也不是40W 了。

又如一台直流发电机，标有额定值 10kW、230V，实际使用时一般不允许所接负载功率超过 10kW，实际供出的功率值可能低于 10kW。

在一定电压下和额定功率范围内，电源输出的功率和电流决定于负载的大小，就是负载需要多少电源就供多少，电源通常不一定工作在额定工作状态；对电动机也是这样，它的实际功率和电流决定于其轴上所带机械负载的大小，通常也不一定处于额定工作状态，但一般不应超过额定值。电源设备工作于额定状态时称为满载运行。

考虑客观因素，使用时，允许某些电气设备或元件的实际电压、电流和功率等在其额定值上下有一定幅度的波动，例如 ±1%、±5%、±10%或短时过载。

例 1.1 有一额定值为 5W、500Ω 的电阻器，问其额定电流为多少？在使用时电压不得超过多大数值？

解：
$$P_N = U_N I_N = I_N^2 R$$

故
$$I_N = \sqrt{\frac{P_N}{R}} = \sqrt{\frac{5}{500}} \text{ A} = 0.1\text{A}$$

使用时电压不得超过

$$U_N = RI_N = 500 \times 0.1\text{V} = 50\text{V}$$

也可用 $U_N = \sqrt{P_N \cdot R}$ 计算。

2. 电源有载工作状态

如图 1.6 所示，当开关 S 闭合后，将负载电阻与直流电源接通，这就是电源的有载工作状态。电源有载工作时的电流、电压和功率讨论如下：

（1）电压与电流

由欧姆定律可得电路中的电流为

$$I = \frac{U_{\mathrm{S}}}{R_0 + R} \tag{1.1}$$

式中，R_0 是电源内阻。

负载两端的电压，也即电源端电压为

$$U = RI$$

由以上两式可得

$$U = U_{\mathrm{S}} - R_0 I \tag{1.2}$$

由式（1.2）可见，电源端电压小于电源电压，两者差为电流 I 流过内阻 R_0 所产生的电压降 $R_0 I$。电流 I 越大，U 下降得越多。表示电源端电压 U 与输出电流 I 之间关系的曲线称为电源的外（外部伏安）特性曲线，如图 1.7 所示，其斜率与 R_0 有关。内阻 R_0 一般很小，当 $R_0 \ll R$ 时，则

$$U \approx U_{\mathrm{S}}$$

上式表明，当电流（负载）变动时，电源的端电压变动不大，这说明电源内阻小时带负载能力强。

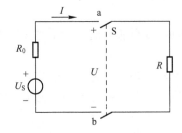
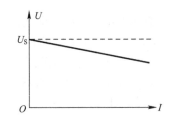

图 1.6　电源有载工作　　　　图 1.7　电源的外特性曲线

（2）功率及功率平衡

将式（1.2）两边乘以电流 I，可得功率平衡式

$$UI = U_{\mathrm{S}} I - R_0 I^2$$

$$P = P_{U_{\mathrm{S}}} - \Delta P$$

式中，$P_{U_{\mathrm{S}}} = U_{\mathrm{S}} I$ 是电源产生的功率；$\Delta P = R_0 I^2$ 是电源内阻上损耗的功率；而 $P = UI$ 是电源输出的功率，也即电阻 R 上消耗的功率。

在国际单位制中，功率的单位是瓦（特）（W）或千瓦（kW）。1s 内转换 1J 的能量，则功率为 1W。

例 1.2　在图 1.6 中，$U_{\mathrm{S}} = 223\mathrm{V}$，$R_0 = 0.6\mathrm{V}$，$R = 44\Omega$，判断功率平衡。

解：

$$I = \frac{U_{\mathrm{S}}}{R_0 + R} = \frac{223}{0.6 + 44}\mathrm{A} = 5\mathrm{A}$$

$$U = U_{\mathrm{S}} - R_0 I = 223\mathrm{V} - 0.6 \times 5\mathrm{V} = 220\mathrm{V}$$

$$（ 或 U = RI = 44 \times 5\mathrm{V} = 220\mathrm{V} ）$$

$$P_{U_\mathrm{S}} = IU_\mathrm{S} = 223 \times 5\mathrm{W} = 1115\mathrm{W}$$

$$\Delta P = I^2 R_0 = 0.6 \times 5^2 \mathrm{W} = 15\mathrm{W}$$

$$P = IU = 220 \times 5\mathrm{W} = 11000\mathrm{W}$$

$$（ 或 P = RI^2 = 44 \times 5^2 \mathrm{W} = 11000\mathrm{W} ）$$

$$P_{U_\mathrm{S}} = P + \Delta P$$

可见，在一个电路中，电源产生的功率与负载取用的功率及内阻上消耗的功率是平衡的。

（3）电源与负载的判别

分析电路时，要判断哪个电路元件是电源（或起电源的作用），哪个是负载（或起负载的作用），有两种方法：

其一是根据电压和电流的实际方向判断。

元件的 u、i 实际方向相反，则发出功率，是电源；

元件的 u、i 实际方向相同，则取用功率，是负载。

其二是由 $P = ui$ 及 u、i 参考方向来判别。

① u、i 参考方向一致（关联）时，$P = ui$ 表示（计算）吸收功率。

$P = ui > 0$ 为负载（元件吸收功率）

$P = ui < 0$ 为电源（元件吸收负功率，即发出功率）

② u、i 参考方向相反（非关联）时，$P = ui$ 表示（计算）发出功率。

$P = ui > 0$ 为电源（元件实际发出功率）

$P = ui < 0$ 为负载（元件实际发出负功率，即吸收功率。）

1.4.2 电源开路

如图 1.8 所示，开关 S 断开，电源就处于开路（空载）状态。开路时，外电路的电阻对电源而言等于无穷大，因此电路中的电流为零。这时电源的端电压（称为开路电压或空载电压 U_0）等于电源电动势，电源不输出功率（电能）。

电源开路时的电气特征可用下列各式表示：

$$I = 0$$

$$U = U_0 = U_\mathrm{S}$$

$$P = 0$$

若电路中某段电路的电流为零，但并未直接断开，在分析和计算其他部分的电流时，可将该段电路看作开路。

1.4.3 电源短路

如图 1.9 所示的电路中，当电源的两端由于某种原因（绝缘老化或操作失误）连接在一起时，电源被短接，处于短路状态。电源短路时，外电路的电阻可视为零，电流有捷径可通，不流过负载（即使开关 S 是闭合的），此电流称为短路电流 I_S。由于在电流的回路中仅有很小的电源内阻 R_0，所以这时的电流很大，有可能使电源遭受机械的（电磁力很大）与热的损伤或毁坏，此时电源产生的电能全部消耗在内阻上。

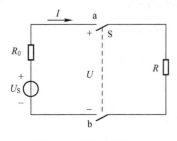

图 1.8　电源开路状态

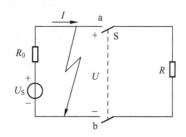

图 1.9　电源短路状态

电源短路时，因为外电路的电阻为零，所以电源的端电压也为零，电源电压全部降在内阻上。

电源短路时的电气特征可用下列各式表示：

$$U = 0$$

$$I = I_S = \frac{U_S}{R_0}$$

$$P_{U_S} = \Delta P = R_0 I_S^2 \qquad P = 0$$

短路也可发生在电路的负载端或其他处。短路通常是一种严重事故，特别是电源短路，应该尽力预防。绝缘损坏、接线不慎或意外事故往往是引发短路的原因，因而经常检查电气设备和线路的绝缘情况是一项很重要的安全措施；此外，为了防止和减轻短路事故所引起的后果，通常在电路中接入熔断器或自动断路器，以便发生短路时，能迅速将故障电路自动切除。但是，有时为了某种需要，可以将电路中的某一段短路（常称为短接）或进行某种短路实验。

若电路中某两点间的电压为零但并未直接连在一起，在分析计算其他部分的电压时可将该两点视为短路。

例 1.3　测得电源的开路电压为 12V，短路电流为 30A，试求该电源的内阻。

解：

电源的内阻　　$R_0 = \dfrac{U_0}{I_S} = \dfrac{12}{30} \Omega = 0.4\Omega$

这是由电源的开路电压和短路电流计算（测量）其内阻的一种方法（常称为开路短路法）。

【练习与思考】

1.4.1　试计算图 1.10 所示电路在开关 S 闭合和断开时的 U_{ab} 和 U_{cd}。

1.4.2　如图 1.11 所示，用"伏安法"测量某直流线圈的电阻 R，电压表读数为 220V，电流表读数为 0.7A。如果测量时误将电流表当作电压表并接在电源上，试问后果如何？已知电流表量程为 1A，内阻为 0.4Ω。

1.4.3　如图 1.12 所示电路，（1）$R_0 \approx 0\Omega$，当 S 闭合时，I_1 是否被分去一些？（2）若 R_0 不能忽略，当 S 闭合时，60W 白炽灯中的电流 I_1 会否变动？（3）在 220V 电压下工作时，60W 和 100W 白炽灯哪个的灯丝电阻大？（4）如果 100W 白炽灯两端碰触（短路），当 S 闭合时，后果如何？100W 白炽灯的灯丝是否被烧毁？（5）设电源的额定功率为 125kW，端电压为 220V，当只接上一只 220V、60W 的白炽灯时，白炽灯会不会被烧毁？

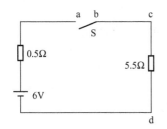

图 1.10　练习与思考 1.4.1 的图

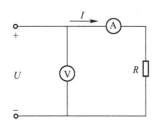

图 1.11　练习与思考 1.4.2 的图

1.4.4　图 1.13 是一电池电路，图 a 中 U =3V，U_S =5V，该电池是作电源（供电）还是作负载（充电）用？图 b 中 U =5V、U_S =3V，电池又作什么用？

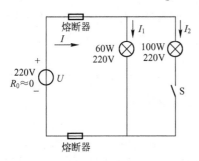

图 1.12　练习与思考 1.4.3 的图

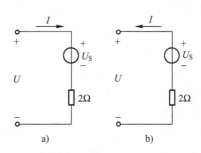

图 1.13　练习与思考 1.4.4 的图

1.4.5　一个电热器从 220V 的电源取用的功率是 1000W，如果将它接到 110V 的电源上，它取用的功率是多少？

1.4.6　额定电流 100A 的电源，只接了 60A 的用电负载，还有 40A 的电流流到哪里去了？

1.4.7　一台直流发电机，其铭牌上标有 I_N、U_N 和 P_N。试问发电机的空载运行、轻载运行、满载运行和过载运行指什么情况？负载的大小一般又指什么而言？

1.5　理想电路元件

1.5.1　无源元件

电路元件是电路最基本的组成单元，可分为无源元件和有源元件。电路元件按与外部连接的端子数又可分为二端、三端、四端元件等；还可分为线性元件和非线性元件、时不变元件和时变元件等。

无源元件主要有电阻元件、电感元件、电容元件，它们都是理想元件。所谓理想，就是突出元件的主要电磁性质，而忽略次要因素。

电阻元件具有消耗电能的性质（电阻性），其他电磁性质均可忽略不计；电感元件突出其中通过电流产生磁场而储存磁场能量的性质（电感性）；对电容元件，突出其加上电压要产生电场而储存电场能量的性质（电容性）。

电阻元件是耗能元件，电感、电容元件为储能元件。下面分别讨论它们的电流、电压关系以及功率和能量的情况。

1．电阻元件

如图 1.14a 所示，设电阻 R 上的 u、i 参考方向关联，根据欧姆定律，得

$$u = iR \tag{1.3}$$

如将式（1.3）两边同乘以 i，并积分，则得

$$\int_0^t ui\mathrm{d}t = \int_0^t Ri^2 \mathrm{d}t$$

上式表示电能全部消耗在电阻上，转换为其他形式的能量（如热能等）。

电阻上电压和电流的关系即电阻元件的伏安特性，如图 1.14b 所示。线性电阻元件的参数 R 是一个正实常数，它的伏安特性是通过原点的一条直线，直线的斜率与电阻元件的参数 R 有关。

非线性电阻元件的伏安特性不是一条通过原点的直线，二极管就是一个典型的非线性电阻元件。由于电阻器的制作材料的电阻率与温度有关，（实际）电阻器通过电流后因发热会使温度改变，因此严格说，电阻器带有非线性因素。

但是在一定条件下，许多实际部件如金属膜电阻器、线绕电阻器等，它们的伏安特性近似为一条直线，所以可用线性电阻元件作为它们的理想模型。

2．电感元件

如图 1.15 所示的单匝和密绕 N 匝线圈中，当通过它的电流 i 发生变化时，电流 i 所产生的磁通也发生变化，则在线圈两端就要产生感应电压 u_L。如图 1.15 所示，u_L 与 i（电流 i 与磁通 Φ 符合右手螺旋法则）的参考方向一致时，有

$$u_L = \frac{\mathrm{d}\Phi}{\mathrm{d}t} \qquad\qquad 单匝线圈$$

$$u_L = N\frac{\mathrm{d}\Phi}{\mathrm{d}t} = \frac{\mathrm{d}\psi}{\mathrm{d}t} \qquad\qquad N\ 匝线圈 \tag{1.4}$$

式中，u_L 的单位为伏（V），时间的单位是秒（s），磁通的单位是伏秒（V·s），通常称为韦伯（Wb）。

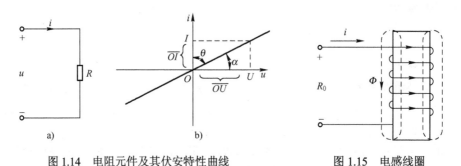

图 1.14　电阻元件及其伏安特性曲线　　　图 1.15　电感线圈

$\Psi = N\Phi$ 称为磁链。当线圈中没有铁磁物质（称为线性电感）时，Ψ（或 Φ）与 i 成正比关系，即

$$\Psi = N\Phi = Li$$

$$L = \frac{\Psi}{i} = \frac{N\Phi}{i}$$

式中，L 称为线圈的电感，也称自感，是电感元件的参数。当线圈无铁磁物质时，L 为常数，单位是亨利（H）或毫亨（mH）。

$$1H = 10^3 mH$$

$$1mH = 10^3 \mu H$$

将 $\Psi = Li$ 代入 $u_L = \frac{d\psi}{dt}$，则得

$$u_L = L\frac{di}{dt} \tag{1.5}$$

此即电感元件上的电压与通过的电流的导数关系式，是分析电感元件电路的基本依据。

式（1.4）和式（1.5）不仅表示了电感电压的大小，且也可确定它的实际方向。当磁通 Φ 增大时，$\frac{d\Phi}{dt} > 0, \frac{di}{dt} > 0$，$u_L$ 为正值，即其实际方向与图 1.15 中所选定参考方向一致。同理，当磁通 Φ 减小时，$\frac{d\Phi}{dt} < 0, \frac{di}{dt} < 0$，$u_L$ 为负值，即其实际方向与图 1.15 中的参考方向相反。

当线圈中的电流为直流时，$\frac{d\Phi}{dt} = 0, \frac{di}{dt} = 0$，$u_L = 0$，电感线圈可视为短路。

将式（1.5）两边积分，便可得出电感元件的电流为

$$i = \frac{1}{L}\int_{-\infty}^{t} u dt = \frac{1}{L}\int_{-\infty}^{0} u dt + \frac{1}{L}\int_{0}^{t} u dt = i_0 + \frac{1}{L}\int_{0}^{t} u dt \tag{1.6}$$

式中，i_0 是初始值，即 $t=0$ 时电感元件中通过的电流。电感元件的电流 i 与其电压 u 具有动态关系，因此电感元件是一个动态元件。从式（1.6）可见，电感元件的电流 i 除与 $0 \sim t$ 的电压值有关外，还与 i_0 值有关。因此，电感元件是一种有"记忆"的元件。与之相比，电阻元件的电压仅与该瞬间的电流值有关，是无"记忆"的元件。

若 $i_0 = 0$，则

$$i = \frac{1}{L}\int_{0}^{t} u dt \tag{1.7}$$

将式（1.5）两边乘上 i 并积分（设 $i_0 = 0$），则得 $t \geqslant 0$ 时电感元件中的电能量（储能）为

$$w_L = \int_{0}^{t} ui dt = \int_{0}^{i} Li di = \frac{1}{2}Li^2 \tag{1.8}$$

式中的 $\frac{1}{2}Li^2$ 就是磁场能量。此式说明当电感元件中的电流绝对值增大时，电感元件储存的磁场能量增大，在此过程中，电能转化为磁能，即电感元件从电源取用能量；当电感中的电流绝对值减小时，磁场能量减小，磁能转换为电能，即电感元件向电源放还能量。

3. 电容元件

如图 1.16 所示，电容器极板（由绝缘材料隔开的两金属导体）上所储存的电量 q 与其上

的电压u成正比，即

$$\frac{q}{u} = C \qquad (1.9)$$

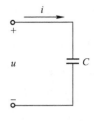

图 1.16　电容元件

式中，C 称为电容器的电容量（简称电容），是电容元件的参数。电容的单位为法[拉]（F）。当电容器充上 1V 的电压时，极板上若储存了 1C 的电荷（量），则该电容器的电容就是 1F。由于法【拉】单位太大，工程上多采用微法（μF）或皮法（pF）。

$$1\mu F = 10^{-6} F$$

$$1pF = 10^{-12} F$$

电容器的电容量与极板的尺寸及其间介质的介电常数有关。若其极板面积为 S（m^2），极板间距离为 d（m），其间介质的介电常数为 ε（F/m），则其电容 C（F）为

$$C = \frac{\varepsilon S}{d} \qquad (1.10)$$

当给电容元件加上电压时，上下极板储集的是等量的正负电荷。线性电容元件的电容 C 是常数。当极板上的电荷量 q 或电压 u 发生变化时，在电路中就要引起电流

$$i = \frac{dq}{dt} = C\frac{du}{dt} \qquad (1.11)$$

式（1.11）是在 u、i 的参考方向相同的情况下得出的，否则要加一个负号。它是电容元件的电流、电压关系式，是分析电容元件的基本依据。

当电容元件两端加恒定的直流电压时，则由式（1.11）可知：$i = 0$，电容元件可视为开路。

将式（1.11）两边积分，便可得出电容元件电压与电流的另一种关系式，即

$$u = \frac{1}{C}\int_{-\infty}^{t} idt = \frac{1}{C}\int_{-\infty}^{0} idt + \frac{1}{C}\int_{0}^{t} idt = u_0 + \frac{1}{C}\int_{0}^{t} idt \qquad (1.12)$$

式中，u_0 为初始值，即在 $t=0$ 时电容元件上的电压。电容元件的电压 u 与其电流 i 具有动态关系，因此电容元件是一个动态元件。从式（1.12）可见，电容元件的电压 u 除与 $0 \sim t$ 的电流值有关外，还与初始值 u_0 有关，因此，电容元件是一种有"记忆"的元件。

若 $u_0 = 0$ 或 $q_0 = 0$，则

$$u = \frac{1}{C}\int_{0}^{t} idt \qquad (1.13)$$

如将式（1.11）两边乘以 u，并积分（设 $u_0 = 0$），则得 $t \geqslant 0$ 后电容元件极板间的电场能量。

$$\int_{0}^{t} uidt = \int_{0}^{u} Cudu = \frac{1}{2}Cu^2 = w_C \qquad (1.14)$$

这说明当电容元件上的电压绝对值增高时，电场能量增大，在此过程中电容元件从电源取用能量（充电）；当电压绝对值降低时，电场能量减小，即电容元件向电源放还能量（放电）。

为便于比较，今将电阻元件、电感元件和电容元件的几个特征列在表 1.1 中。

表 1.1　电阻元件、电感元件和电容元件的特征

特征 ＼ 元件	电阻元件	电感元件	电容元件
电压、电流关系式	$u = iR$	$u = L\dfrac{\mathrm{d}i}{\mathrm{d}t}$	$i = C\dfrac{\mathrm{d}u}{\mathrm{d}t}$
参数意义	$R = \dfrac{u}{i}$	$L = \dfrac{N\varPhi}{i}$	$C = \dfrac{q}{u}$
能量	$\displaystyle\int_0^t Ri^2\mathrm{d}t$	$\dfrac{1}{2}Li^2$	$\dfrac{1}{2}Cu^2$

注：1. 表中所列 u、i 的关系式，是在 u、i 参考方向一致的情况下得出的；否则，式中应有一负号。

2. 电阻、电感、电容都是线性元件。R、L 和 C 都是常数，即相应的 u 和 i、$\varPhi$ 和 i 及 q 和 u 之间都是线性关系。

1.5.2　独立电源（元件）

能向电路独立地提供电压、电流的元件或装置，称为独立电源。如化学电池、太阳电池、发电机、稳压电源、稳流电源等。下面先介绍两个理想电源元件——电压源和电流源，它们是从实际电源抽象得到的理想电路模型，是二端有源元件。

1．电压源

电压源是一个理想的电路元件，它的端电压为 $u(t)=u_S(t)$

$u_S(t)$ 为给定函数，是电路中的激励，与通过电压源元件的电流无关，总保持为这一给定函数。电压源中电流的大小由外电路决定。

电压源的图形符号如图 1.17a 所示。当 $u_S(t)$ 为恒定值时，这种电压源称为恒定电压源或直流电压源，有时用图 1.17b 所示图形符号表示，其中长划表示电源的"+"极性端，电压值则用 U_S 表示。

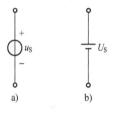

图 1.17　电压源

图 1.18a 示出了电压源接外电路的情况。端子 1、2 之间的电压 $u(t)$ 等于 $u_S(t)$，不受外电路的影响。图 1.18b 示出了电压源在 t_1 时刻的伏安特性，它是一条不通过原点且与电流轴平行的直线，当 $u_S(t)$ 随时间改变时，这条平行于电流轴的直线也将随之改变其位置。图 1.18c 是直流电压源的伏安特性，它不随时间改变。

电压源发出的功率为

$$p(t) = u_S(t)i(t)$$

这也是外电路吸收的功率。

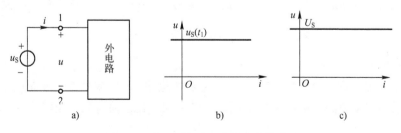

图 1.18　电压源电路及其伏安特性曲线

电压源不接外电路时，电流 i 总为零值，这种情况称为"电压源处于开路"。如果令一个电压源的电压 $u_S =0$，则此电压源的伏安特性为 $i\text{-}u$ 平面上的电流轴，它相当于短路。把电压源短路是没有意义的，因为短路时端电压 $u = 0$，这与电压源的特性不相容。

2．电流源

电流源也是一个理想电路元件。电流源发出的电流 $i(t)$ 为

$$i(t) = i_S(t)$$

式中，$i_S(t)$ 为给定时间函数，也是电路中的激励，与电流源元件的端电压无关，并总保持为给定的时间函数。电流源的端电压由外电路决定。

电流源的图形符号如图 1.19a 所示，图 1.19b 示出了电流源接外电路的情况。图 1.19c 为电流源在 t_1 时刻的伏安特性，它是一条不通过原点且与电压轴平行的直线。当 $i_S(t)$ 随时间改变时，这条平行于电压轴的直线将随之而改变位置。图 1.19d 示出了直流电流源的伏安特性，它不随时间改变。

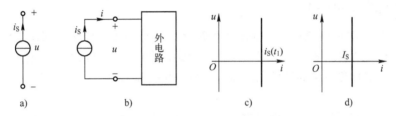

图 1.19　电流源及其伏安特性曲线

由图 1.19b 可得电流源发出的功率为

$$p(t) = u(t)\, i_S(t)$$

这也是外电路吸收的功率。

电流源两端短路时，其端电压 $u = 0$，而 $i = i_S$，电流源的电流即为短路电流。如果令一个电流源的 $i_S =0$，则此电流源的伏安特性为 $i\text{-}u$ 平面上的电压轴，它相当于开路。把电流源开路是没有意义的，因为开路时流出的电流 i 必须为零，这与电流源的特性不相容。

当电压源的电压 $u_S(t)$ 或电流源的电流 $i_S(t)$ 随时间作正弦规律变化时，则称为正弦电压源或正弦电流源。

常见实际电源（如发电机、蓄电池等）的工作机理比较接近电压源，其电路模型是电压源与电阻的串联组合。像光电池一类的器件工作时的特性比较接近电流源，其电路模型是电流源与电阻的并联组合。

上述电压源和电流源常常被称为"独立"电源，"独立"二字是相对于"受控"电源来说的。

1.5.3　受控电源

受控（电）源又称为"非独立"电源。受控电压源的电压或受控电流源的电流与独立电压源的电压或独立电流源的电流有所不同，后者是独立量，前者则受电路中某部分电压或电流的控制。

晶体管的集电极电流受基极电流控制，运算放大器的输出电压受输入电压控制，所以这

类器件的电路模型要用到受控电源。

受控电压源或受控电流源按照控制量是电压或电流，可分为电压控制电压源（VCVS）、电压控制电流源（VCCS）、电流控制电压源（CCVS）和电流控制电流源（CCCS）。这四种受控源的图形符号如图 1.20 所示。为了与独立电源相区别，用菱形符号表示其电源部分。图中 u_1 和 i_1 分别表示控制电压和控制电流，μ、r、g 和 β 分别是有关的控制系数，其中 μ 和 β 是无量纲的量，r 和 g 分别具有电阻和电导的量纲。这些系数为常数时，被控制量和控制量成正比，这种受控源为线性受控源（简称受控源）。

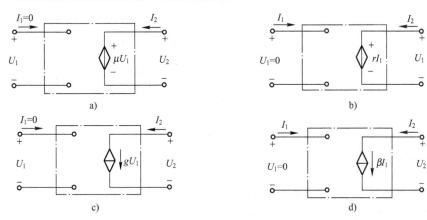

图 1.20　受控电源

在图 1.20 中，把受控源表示为具有四个端子的电路模型，其中受控电压源或受控电流源具有一对端子，另一对端子则或为开路，或为短路，分别对应于控制量是开路电压或短路电流。但一般情况下，不一定要在图中专门标出控制量所在处的端子。

独立电源是电路的"输入"，它表示外界对电路的作用，电路中电压和电流是由于独立电源起的"激励"作用产生的。受控源则不同，它反映的是电路中某处的电压或电流能控制另一处的电压或电流这一现象，或表示一处的电路变量与另一处的电路变量之间的一种耦合关系。在求解具有受控源的电路时，可以把受控电压（电流）源作为电压（电流）源处理，但必须注意前者的电压（电流）是取决于控制量的。

例 1.4　求图 1.21 所示电路中电流 i，其中 VCVS 的电压 $u_2 = 0.5u_1$，电流源的 $i_S = 2A$。

解：先求出控制电压 u_1，由左边回路可得

$$u_1 = 2 \times 5V = 10V$$

故有

$$i = \frac{0.5u_1}{2} = \frac{0.5 \times 10}{2}A = 2.5A$$

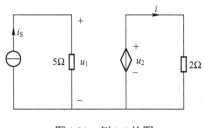

图 1.21　例 1.4 的图

【练习与思考】

1.5.1　绕线电阻是用电阻丝绕制而成的，它除具有电阻外，一般还有电感。有时我们需要一个无电感的绕线电阻，试问如何绕制？

1.5.2　如果一个电感元件两端的电压为零，其储能是否也一定等于零？如果一个电容元

件中的电流为零，其储能是否也一定等于零？

1.5.3 电感元件中通过恒定电流时可视作短路，是否此时电感 L 为零？电容元件两端加恒定电压时可视作开路，是否此时电容 C 为无穷大？

1.5.4 各元件的电流、电压参考方向如图 1.22 所示，写出各元件 u 和 i 的约束方程（元件的 VCR）。

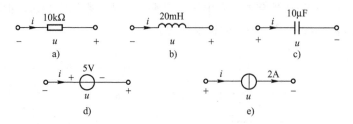

图 1.22 练习与思考 1.5.4 的图

1.6 欧姆定律

流过电阻的电流与电阻两端的电压成正比，这就是欧姆定律。它是分析电路的基本定律之一。对图 1.23a 所示的电路，欧姆定律可用下式表示

$$i = \frac{u}{R} \tag{1.15}$$

式中，R 即为该段电路的电阻。

由式（1.15）可见，当所加电压 u 一定时，电阻 R 越大，则电流 i 越小。显然，电阻 R 具有对电流起阻碍作用的物理性质。

在电路图中所设电流、电压的参考方向不同，欧姆定律的表达式不同。

（1）i 与 u 的参考方向一致时，如图 1.23a 所示，则

$$u = iR \tag{1.16}$$

（2）i 与 u 的参考方向不一致时，如图 1.23b、c 所示，则

$$u = -iR \tag{1.17}$$

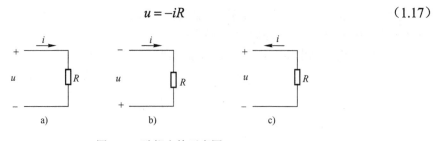

图 1.23 欧姆定律示意图

注意：1）用欧姆定律列方程时，一定要在图中标明参考方向。

2）"+" "–" 号的含义：式中 "+" "–" 号是对电压、电流参考方向是否一致而言；同时，i 与 u 本身数值也有 "+" "–" 号之分，是由 i 与 u 所设参考方向与实际方向是否一致决定的。

例 1.5 应用欧姆定律对图 1.24 的电路列出表达式，并求出电阻 R。

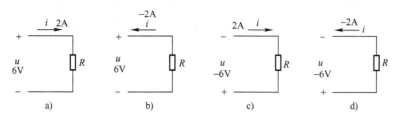

图 1.24　例 1.5 的图

解：

图 1.24a：$\qquad R = \dfrac{u}{i} = \dfrac{6}{2}\Omega = 3\Omega$

图 1.24b：$\qquad R = -\dfrac{u}{i} = -\dfrac{6}{-2}\Omega = 3\Omega$

图 1.24c：$\qquad R = -\dfrac{u}{i} = -\dfrac{-6}{2}\Omega = 3\Omega$

图 1.24d：$\qquad R = \dfrac{u}{i} = \dfrac{-6}{-2}\Omega = 3\Omega$

遵循欧姆定律的电阻称为线性电阻。线性电阻的伏安特性曲线是一根通过坐标原点的直线。

1.7　基尔霍夫定律

基尔霍夫电流定律和电压定律是分析与计算电路时应用十分广泛而且十分重要的基本定律。

电路中的每一分支称为支路，一条支路通过一个电流，称为支路电流。电路中支路的连接点（一般为三条或三条以上支路相连接的点）称为结点。由一条或多条支路构成的闭合路径称为回路。

在图 1.25 所示的电路中，共有三条支路，两个结点 a 和 b，三个回路 abca、abda 和 adbca。

电路中的电流和电压受到两类约束。一类是元件的特性造成的约束，例如，线性电阻元件的电压和电流必须满足 $u = iR$ 的关系，这种关系称为元件的组成关系或电压、电流关系（VCR）。另一类是元件的相互连接给支路电流和支路电压之间带来的约束，这类约束由基尔霍夫定律体现。

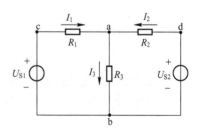

图 1.25　电路示例

1.7.1　基尔霍夫电流定律（KCL）

基尔霍夫电流定律：在任一瞬时，流向某一结点的电流之和等于流出该结点的电流之和。这是因为电流具有连续性，电路中任何一点包括结点在内，均不能创造、存储或者消除电荷。

基尔霍夫电流定律应用于结点，用来确定连接在同一结点上的各支路电流间的关系。

以图 1.25 所示电路为例，对结点 a（见图 1.26）根据 KCL 可以写出：

$$I_1 + I_2 = I_3 \tag{1.18}$$

或

$$I_1 + I_2 - I_3 = 0$$

即

$$\sum I = 0 \tag{1.19}$$

这是 KCL 的另一种表达式：在任一瞬时，任一结点上电流的代数和恒等于零。如果规定（按参考方向）流向结点的电流取正号，则流出结点的电流取负号。

式（1.18）和式（1.19）是基尔霍夫电流定律两种形式的表达式。

观察计算的结果，有些支路电流的值可能为负值，那是由于所选的电流参考方向与其实际方向相反所致。

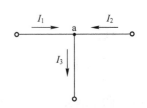

图 1.26 结点上电流

基尔霍夫电流定律可推广应用于包围部分电路的闭合面（"大结点"）。即在任一瞬时，通过任一闭合面的电流的代数和也恒等于零。

如图 1.27a 所示，闭合面包围了一个三角形电路，其中有三个结点。对闭合面应用 KCL：$\sum I = 0$，可得

$$I_A + I_B + I_C = 0$$

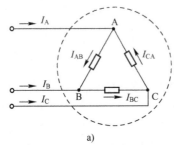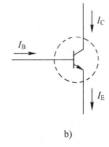

图 1.27 基尔霍夫电流定律的推广应用

取流入闭合面的电流为正，这可由对 A、B、C 三结点列出的 KCL 方程得出，即

$$I_A = I_{AB} - I_{CA}$$

$$I_B = I_{BC} - I_{AB}$$

$$I_C = I_{CA} - I_{BC}$$

三式相加，即得到证明。（思考：I_A、I_B、I_C 三个电流有没有可能都是正值？）

又如图 1.27b 所示，闭合面包围的是一个晶体管，取流入闭合面的电流为正，同样可得

$$I_E = I_B + I_C$$

或

$$I_B + I_C - I_E = 0$$

例 1.6 在图 1.28 所示电路中，$I_1 = 2A$，$I_2 = 3A$，$I_3 = -2A$。试根据基尔霍夫电流定律求出电流 I_4。

解： 由基尔霍夫电流定律可列出

$$I_1 - I_2 + I_3 - I_4 = 0 \qquad （或 I_1 + I_3 = I_2 + I_4）$$

代入数值得

$$2A - 3A + (-2A) - I_4 = 0 \qquad （或 2A + (-2A) = 3A + I_4）$$

从而解出

$$I_4 = -3A$$

"–" 说明 I_4 的实际电流方向与图中所设参考方向相反。

式中有两套正负号，不同 I 前的正负号是由基尔霍夫电流定律按电流参考方向确定的，括号内数字前的正负号则是电流本身的正负（代数值）。

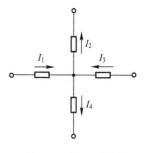

图 1.28　例 1.6 的图

1.7.2　基尔霍夫电压定律（KVL）

基尔霍夫电压定律应用于回路，用来确定回路中各段电压间的关系。

从回路中的任意一点出发，以顺时针或逆时针方向沿回路循行一周，则在这个方向上，回路中所有电位降的代数和等于所有电位升的代数和，这就是基尔霍夫电压定律。这是由于电路中任意一点的瞬时电位都是唯一值。

以图 1.25 所示电路中的 adbca 回路（如图 1.29 所示）为例，电源电压和电路各段电压、电流的参考方向均已给出，按虚线所示回路方向循行一周，根据各段电压参考方向，可列出

$$U_2 + U_3 = U_1 + U_4 \tag{1.20}$$

上式还可写为

$$-U_1 + U_2 + U_3 - U_4 = 0$$

即

$$\sum U = 0 \tag{1.21}$$

这就是基尔霍夫电压定律的另一种表达形式。即：在任何时刻，沿回路某一方向（顺时针或逆时针）循行一周，则在这一方向上各段电压的代数和恒等于零。

式（1.21）中的各段电压 U，如果（按循行方向）电位降取正号，则电位升就取负号。各段电压 U 取代数和时，需要任意指定一个回路的绕行方向。凡支路电压的参考方向与回路的绕行方向一致者，该电压前面取"+"号，反之电压前面取"–"号。

观察计算的结果，有的电压可能为负值（代数值），这就说明该电压的实际极性与其所设的参考极性（方向）相反。

以图 1.30 所示电路为例，对由支路 AB、BC、CD、DA 构成的回路 ABCDA 列写 KVL 方程时，需要先指定各支路电压 U_{AB}、U_{BC}、U_{CD}、U_{DA} 的参考方向，并指定回路的绕行方向为顺时针方向。则根据 KVL，有

$$U_{AB} + U_{BC} + U_{CD} + U_{DA} = 0$$

$$U_{CD} = -U_{AB} - U_{BC} - U_{DA}$$

上式表明，结点 CD 之间的电压是单值的，不论沿支路 CD 还是沿支路 CB、BA、AD 构成的路径，此两点间的电压值是相等的。

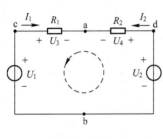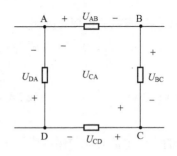

图 1.29　回路　　　　　　　　　图 1.30　　回路示例

结论：电路中任意两点（如 a、b）间的电压（U_{ab}）等于两点间各段电压的代数和，且与路径无关，两点间也可为开路。即

$$U_{ab} = \Sigma U \qquad\qquad (1.22)$$

式（1.22）是 KVL 的又一种表达形式。式中的 U 表示 a 到 b 之间的任意一段电压，其参考方向与回路循行方向（由 a 到 b 点）一致时，电压前取正号，反之取负号。

KVL 实质上是电压与路径无关这一性质的反映。

对于图 1.31a 所示"开口"电路，可列出

$$U_{AB} = U_A - U_B$$

或

$$\Sigma U = -U_{AB} + U_A - U_B = 0$$

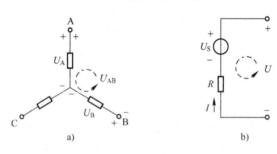

图 1.31　"开口"电路——"假想"回路

对图 1.31b 所示"开口"电路，可列出

$$U = -RI + U_S$$

或

$$\Sigma U = -RI + U_S - U = 0$$

KCL 在支路电流之间施加线性约束关系；KVL 则对支路电压施加线性约束关系。这两个定律仅与元件的相互连接有关，而与元件的性质无关。不论元件是线性的还是非线性的，时变的还是时不变的，KCL 和 KVL 总是成立的。

例 1.7　在图 1.30 所示电路中，已知 U_{AB}=5V，U_{BC}=-4V，U_{DA}=-3V，求 U_{CD} 和 U_{CA}。

解：据 KVL 可列出

$$U_{AB} + U_{BC} + U_{CD} + U_{DA} = 0$$

可得

$$U_{CD} = -U_{AB} - U_{BC} - U_{DA} = -5V - (-4V) - (-3V) = 2V$$

又可列出

$$U_{CA} = -U_{BC} - U_{AB} = -(-4V) - 5V = -1V$$

也可根据 $U_{CA} = U_{CD} + U_{DA}$ 或 $U_{CA} + U_{AB} + U_{BC} = 0$ 求解。

1.7.3 基尔霍夫定律的基本应用

对一个电路应用 KCL 和 KVL 时，应对各结点和支路编号，并指定有关回路的绕行方向，同时指定各支路电流和支路电压的参考方向，一般两者取关联参考方向。

分析求解电路时，可以多次应用 KCL 和 KVL，有时还需要应用元件的 VCR。

例 1.8 在图 1.32 所示电路中，已知 $R_1 = 10k\Omega$，$R_2 = 20k\Omega$，$U_S = 6V$，$U_{S2} = 6V$，$U = -0.3V$，试求：I_1、I_2 及 I_3。

解： 应用 KVL 可列出

$$U = -I_2 R_2 + U_{S2}$$

即

$$-0.3V = -20I_2 + 6V$$

可解得

$$I_2 = 0.315mA$$

又可列出

$$-I_2 R_2 + U_{S2} + U_S - R_1 I_1 = 0$$

$$-20 \times 0.315V + 6V + 6V - 10I_1 = 0$$

解得

$$I_1 = 0.57mA$$

[也可列出 $U = R_1 I_1 - U_S$，解得 $I_1 = 0.57mA$。]

应用 KCL 可列出

$$I_2 = I_1 + I_3$$

可得

$$I_3 = I_2 - I_1 = 0.315mA - 0.57mA = -0.255mA$$

例 1.9 图 1.33 所示电路中，电阻 $R_1 = 1\Omega$，$R_2 = 2\Omega$，$R_3 = 3\Omega$，$U_{S1} = 3V$，$U_{S2} = 1V$。求：电阻 R_1 两端的电压 U_1。

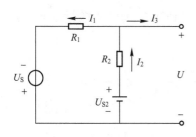
图 1.32 例 1.8 的电路

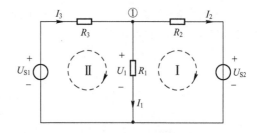
图 1.33 例 1.9 的图

解： 对电路 I（绕行方向见图示）应用 KVL，有

$$R_2 I_2 + U_{S2} - R_1 I_1 = 0$$

即

$$2I_2 + 1V - I_1 = 0 \tag{1}$$

对回路Ⅱ应用 KVL，有

$$R_3 I_3 + R_1 I_1 - U_{S1} = 0$$

即
$$3 I_3 + I_1 - 3V = 0 \qquad (2)$$

对结点①应用 KCL，有

$$I_1 + I_2 - I_3 = 0 \qquad (3)$$

由方程（1）、（2）、（3）解出 $I_1 = \dfrac{9}{11}$ A

故
$$U_1 = I_1 R_1 = \frac{9}{11} \times 1V = \frac{9}{11}V = 0.818V$$

例 1.10　图 1.34 所示的电路中，已知 $R_1 = 0.5\text{k}\Omega$，$R_2 = 1\text{k}\Omega$，$R_3 = 2\text{k}\Omega$，$u_S = 10V$，电流控制电流源的电流 $i_C = 50 i_1$。求：电阻 R_3 两端的电压 u_3。

解：这是一个含受控源的电路，求解过程应为 $i_1 \rightarrow i_C \rightarrow u_3$，可分以下三步进行：

（1）对结点①应用 KCL：

$$i_2 = i_1 + i_C = i_1 + 50 i_1 = 51 i_1$$

（2）对回路 I（绕行方向见图示）应用 KVL：

$$i_1 R_1 + i_2 R_2 - u_S = 0$$

代入 i_2 式及 u_S、R_1、R_2，得

$$i_1 = \frac{10}{500 + 51 \times 10^3} A = \frac{10}{51.5 \times 10^3} A$$

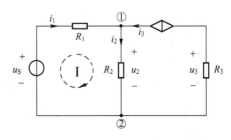

图 1.34　例 1.9 的图

（3）求出 u_3

$$u_3 = -i_C R_3 = -50 i_1 R_3 = -50 \times \frac{10}{51.5 \times 10^3} \times 2 \times 10^3 V = -19.4$$

以上例题主要是为了说明 KCL 和 KVL 的应用。如何根据这两个定律和元件的 VCR 列出电路方程进而求解，将在后面的章节中介绍。

【练习与思考】

1.7.1　在图 1.35 所示的电路中，已知 $I_1 = 1A$，$I_2 = 10A$，$I_3 = 2A$，求 I_4。

1.7.2　电路中各量参考方向如图 1.36 所示。选 ABCDA 为回路循行方向，列回路的 KVL 方程，并写出 U_{AC} 的表达式。

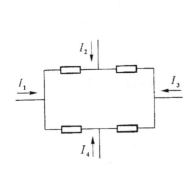

图 1.35　练习与思考 1.7.1 的图

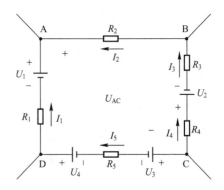

图 1.36　练习与思考 1.7.2 的图

1.7.3 在图 1.37 所示 a 和 b 两个电路中，各有多少支路和结点？U_{ab} 和 I 是否等于零？

1.7.4 按图 1.38a、b 中给出的 I、U 及 U_S 的参考方向，写出两电路中表示三者关系的式子。

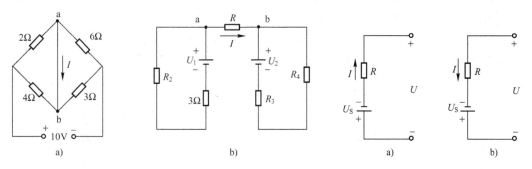

图 1.37 练习与思考 1.7.3 的图　　　　图 1.38 练习与思考 1.7.4 的图

1.8 电位的计算

在分析电子电路时，常用电位这个概念。譬如二极管，只有当它的阳极电位高于阴极电位时，管子才导通，否则截止。分析晶体管的工作状态，也常要分析各个极的电位高低。

两点间的电压表明了两点间电位的相对高低和相差多少，但不表明各点的电位是多少。要计算电路中某点的电位，就要先设立参考点。参考点的电位称为参考电位，通常设其为零。其他各点电位与它比较，比它高的为正电位，比它低的为负电位。电路中各点电位就是各点到参考点之间的电压，故电位计算即电压计算。

参考点在电路图中标以"接地"（⊥）符号。所谓"接地"，并非真正与大地相接。以图 1.39 为例：

在图 1.39a 中，由于无参考点，电位 V_a、V_b、V_c 无法确定。

在图 1.39b 中，选 c 为参考点，则 $V_c=0$，同时可得

$$V_a = U_{ac} = V_a - V_c = U_S = +100\text{V}$$

$$V_b = U_{bc} = V_b - V_c = 5 \times 4\text{V} = +20\text{V}$$

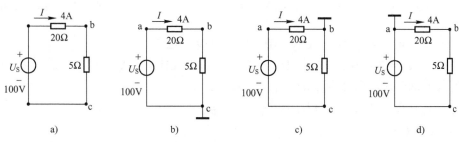

图 1.39 电位计算电路举例

在图 1.39d 中，选 a 为参考点，则 $V_a=0$，而

$$V_b = U_{ba} = -4 \times 20\text{V} = -80\text{V}$$

$$V_c = U_{ca} = -100V$$

由以上结果可以看出：

电路中各点的电位随参考点选择的不同而改变，其高低是相对的；而任意两点间的电压是不变的，与参考点无关，是绝对的。

如图 1.39 中的 b 和 d 可简化为图 1.40 的 a 和 b 表示。电源的另一端标以电位值。

例 1.11 计算图 1.41a 所示电路中 B 点的电位 V_B。

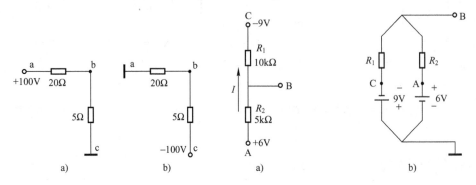

图 1.40 直流电源的简化电位表示

图 1.41 例 1.10 的电路

解： 图 1.41b 所示电路为图 1.41a 的等效电路

$$U_{AB} = V_A - V_B$$

即

$$U_{AB} = \frac{V_A - V_B}{R_1 + R_2} \times R_2 = \frac{6-(-9)}{5+10} \times 5V = 5V$$

$$V_B = V_A - U_{AB} = 6V - 5V = +1V$$

例 1.12 在图 1.42 所示的电路中，已知：$U_{S1} = 6V$，$U_{S2} = 4V$，$R_1 = 4\Omega$，$R_2 = R_3 = 2\Omega$。求开关 S 闭合和断开两种情况下 A 点的电位 V_A。

解： 在 S 闭合时

$$I_1 = I_2 = \frac{U_{S1}}{R_1 + R_2} = \frac{6}{4+2} = 1A \ , \quad I_3 = 0$$

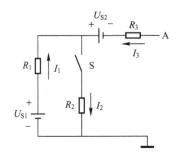

图 1.42 例 1.11 的电路

故

$$V_A = R_3 I_3 - U_{S2} + R_2 I_2 = (0 - 4 + 2 \times 1)V = -2V$$

或

$$V_A = R_3 I_3 - U_{S2} - I_1 R_1 + U_{S1} = (0 - 4 - 4 \times 1 + 6)V = -2V$$

在开关 S 断开时，电路不形成回路，$I_3 = I_1 = 0$

故

$$V_A = R_3 I_3 - U_{S2} - I_1 R_1 + U_{S1} = -U_{S2} + U_{S1} = (-4 + 6)V = +2V$$

【练习与思考】

1.8.1 如图 1.43 所示电路，（1）零电位参考点在哪里？画电路表示出来。（2）当电位器 R_P 的触点向下滑动时，A、B 两点的电位是增高还是降低了？

1.8.2 计算图 1.44 所示电路在开关 S 断开和闭合时 A 点的电位 V_A。

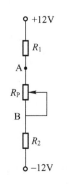

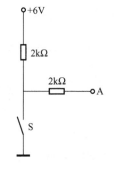

图 1.43　练习与思考 1.8.1 的图　　　　图 1.44　练习与思考 1.8.2 的图

本章小结

本章主要介绍了电流、电压的参考方向等电路的基本概念，电路的基本定律——基尔霍夫两定律和理想电路元件的电压、电流关系。它们都是整个电路分析的基础，务必要很好地掌握。

主要知识点：

1）实际电路与电路模型。

2）电压、电流参考方向的概念，符号表示和作用，二端网络功率的定义及判断。

3）电阻元件、电感元件、电容元件的符号和元件的电压、电流关系。

4）电压源、电流源、受控源的符号和元件的电压、电流关系。

5）基尔霍夫电流和电压定律。

6）应用元件电压、电流关系和基尔霍夫定律列写电路方程的初步知识。

习题

1.1　在图 1.45a 和 b 两个电路中：

① u、i 的参考方向是否关联？②ui 乘积表示什么功率？③如果在图 a 中$u>0$、$i<0$，在图 b 中$u>0$、$i>0$，则元件实际发出功率还是吸收功率？

图 1.45　习题 1.1 的图

1.2　在图 1.46 所示的电路中，已知 $I_1=3mA$，$I_2=1mA$，$I_3=-2mA$，$U_3=60V$。试标出 U_4 和 U_5 的实际极性及数值，说明电路元件 3 是电源还是负载，E_1 和 E_2 各作为电源还是负载？检验整个电路的功率是否平衡。

1.3　有一直流电源，其额定功率 $P_N=200W$，额定电压 $U_N=50V$，内阻 $R_0=0.5\Omega$，通过开关与负载电阻 R 相连，如图 1.47 所示。试求：①额定工作状态下的电流 I_N 及 R；②开路状态下的电源端电压；③电源短路状态下的电流。

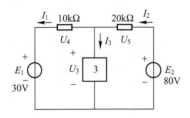 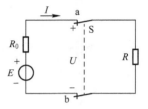

图 1.46 习题 1.2 的图 　　　　　图 1.47 习题 1.3 的图

1.4　有一直流电源，其额定输出电压 U_N=30V，额定输出电流 I_N=2A，从空载到额定负载，其输出的电压变化率为 0.1%（即 $\Delta U = \dfrac{U_0 - U_N}{U_0} = 0.1\%$），求该电源的内阻。

1.5　一只 110V、8W 的指示灯，要接在 380V 的电源上，问需串联多大阻值的电阻？该电阻应选多大瓦数？

1.6　图 1.48 所示为用变阻器 R 调节直流电机励磁电流 I_f 的电路。已知电机励磁绕组的电阻为 315Ω，其额定电压为 220V。若要求励磁电流在 0.35～0.7A 的范围内变动，试在下列三个变阻器中选用一个合适的：①1000Ω，0.5A；②200Ω，1A；③350Ω，1A。

1.7　检验图 1.49 电路中所有元件的功率是否平衡，校核图中解答结果是否正确。

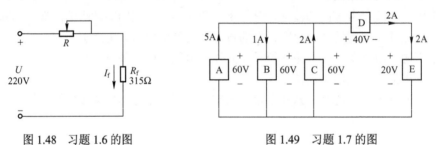

图 1.48 习题 1.6 的图 　　　　　　图 1.49 习题 1.7 的图

1.8　试求图 1.50 所示电路中各电压源、电流源、电阻的功率（说明是发出功率还是吸收功率）。

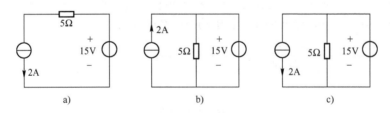

图 1.50 习题 1.8 的图

1.9　试求图 1.51 所示各电路中的 U，并分别讨论其功率是否平衡。

1.10　有两个电阻，其额定值分别为 40Ω、10W 和 200Ω、40W，若将两者串联起来，其两端允许可加的最高电压为多少？

1.11　电路如图 1.52 所示，试求：①图 a 中 i_1 与 u_{ab}；②图 b 中 u_{cb}。

1.12　已知图 1.53 中 I_1=0.01A，I_2=0.3A，I_5=9.61A，求电流 I_3、I_4、I_6。

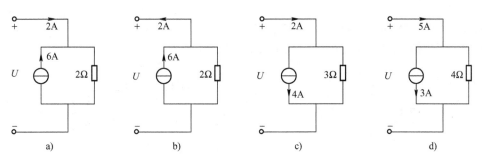

图 1.51 习题 1.9 的图

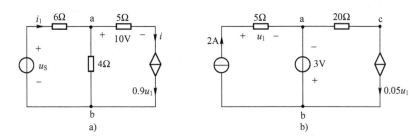

图 1.52 习题 1.11 的图

1.13 在图 1.54 所示电路中，已知 U_1=10V，U_{S1}=4V，U_{S2}=2V，R_1=4Ω，R_2=2Ω，R_3=5Ω。求：1、2 两点间的开路电压 U_2。

1.14 求图 1.55 所示电路中 A 点的电位 V_A。

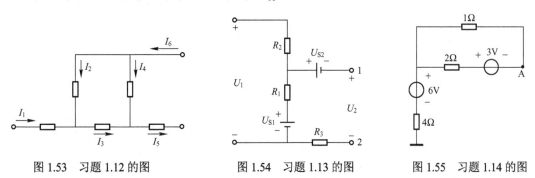

图 1.53 习题 1.12 的图　　　图 1.54 习题 1.13 的图　　　图 1.55 习题 1.14 的图

1.15 试求图 1.56 所示电路中 A 点和 B 点的电位。若将 A、B 两点直接相连或两点间接一电阻，对电路工作有无影响？

1.16 求图 1.57 所示电路在开关 S 断开和闭合两种情况下 A 点的电位。

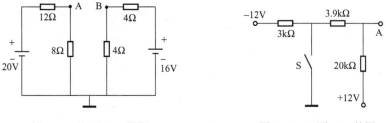

图 1.56 习题 1.15 的图　　　图 1.57 习题 1.16 的图

1.17　求图 1.58 所示电路中 A 点的电位。

1.18　试求图 1.59 所示电路中控制量 u_1 及电压 u。

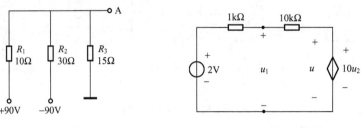

图 1.58　习题 1.17 的图　　　　图 1.59　习题 1.18 的图

第2章 电阻电路的等效变换

本章介绍电路等效变换的概念，包括电阻和电源的串并联等效、电源的等效变换及一端口网络输入电阻的计算。

2.1 电路等效变换的概念

1. 等效变换的概念

一端口网络 A 与 B 具有相同的外部伏安特性（u、i 分别相等），则对外部网络 C 来说，网络 A 与 B 等效，如图 2.1 所示。

2. 电路等效变换需要满足的条件

对电路进行分析和计算时，有时可以将电路中某一复杂部分用一个简单的电路替代该电路。如图 2.2a 中，右方点画线框中的电路可以用一个电阻 R_{eq} 替代，即可等效变换为图 2.2b。进行等效替代变换的条件是使图 2.2a、b 中端子 1-1′ 以右的部分具有相同的伏安特性。电阻 R_{eq} 称为点画线框部分的等效电阻。

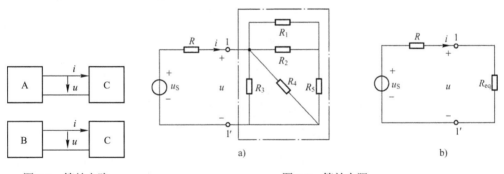

图 2.1 等效电路   图 2.2 等效电阻

另一方面，端子 1-1′ 以右部分被 R_{eq} 替代后，1-1′ 以左部分电路的电流、电压都将维持与原电路相同，这就是电路的"等效"概念。

当电路中某一部分用等效电路替代后，未被替代部分的电压和电流均应保持不变。也就是说，用等效电路的方法求解电路时，电流和电压保持不变的部分仅限于等效电路以外，这就是"对外等效"的概念。

等效电路是被替代部分的简化，因此内部并不等效。例如图 2.2a 电路简化后，按图 2.2b 求得端子 1-1′ 以左部分的电流 i、电压 u，它们分别等于原电路 2.2a 中的电流 i、电压 u。但要求图 2.2a 中点画线框内各电阻的电流，就必须回到原电路，根据已求得的电流 i 和电压 u 来求解。

等效变换的目的主要是为了简化电路，方便计算。

2.2 电阻串、并联等效变换

电路元件最基本的连接方式就是串联和并联。

2.2.1 电阻的串联

当 n 个电阻元件首尾依次相接，且各电阻元件流过同一电流时，即构成 n 个电阻的串联，如图 2.3a 所示。

各电阻元件是否流过同一电流是判断是否串联的依据。

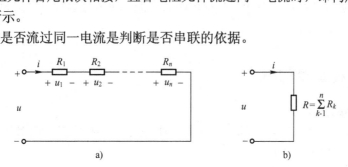

图 2.3　电阻的串联

根据 KVL，电阻串联电路的端口电压等于各电阻电压的和。即

$$u = u_1 + u_2 + \cdots + u_k = \sum_{k=1}^{n} u_k$$

而

$$u_k = R_k i$$

所以

$$\begin{aligned} u &= R_1 i + R_2 i + \cdots + R_n i \\ &= (R_1 + R_2 + \cdots + R_n) i \\ &= Ri \end{aligned}$$

其中

$$R = R_1 + R_2 + \cdots + R_n = \sum_{k=1}^{n} R_k \tag{2.1}$$

称 R 为 n 个电阻串联的等效电阻 R_{eq}，如图 2.3b 所示。

图 2.3b 与图 2.3a 电路的端口特性，即端口的电压、电流关系是等效的。这表明，n 个电阻串联对外可等效为一个由式（2.1）确定的电阻。

显然等效电阻必大于任一个串联的电阻。

在串联电路中，各电阻的电压与端口电压之间满足以下关系

$$u_k = R_k i = \frac{R_k}{R} u \tag{2.2}$$

由式（2.2）可知，串联电路中各电阻上电压的大小与其电阻值的大小成正比。或者说，总电压根据各个串联电阻的值进行分配。式（2.2）称为串联电路分压公式。

第 k 个电阻吸收的功率为

$$p_k = u_k i$$

n 个电阻吸收的总功率为

$$
\begin{aligned}
p &= ui \\
&= (u_1 + u_2 + \cdots + u_n)i \\
&= p_1 + p_2 + \cdots + p_n \\
&= \sum_{k=1}^{n} p_k
\end{aligned}
$$

即电路消耗的总功率等于各个串联电阻消耗功率的和。

2.2.2　电阻的并联

当 n 个电阻元件首尾分别接在一对公共结点之间，即构成电阻的并联连接电路，如图 2.4a 所示。并联电路的特点是各元件上的电压相等（均为 u），这也是判断并联电路的基本依据。

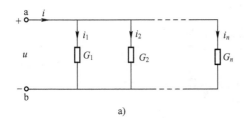
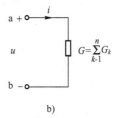

图 2.4　电阻的并联

在图 2.4a 所示的电路中，由 KCL 可得

$$i = i_1 + i_2 + \cdots + i_n = \sum_{k=1}^{n} i_k$$

而

$$i_k = G_k u = \frac{G_k}{G} i$$

所以

$$
\begin{aligned}
i &= G_1 u + G_2 u + \cdots + G_n u \\
&= (G_1 + G_2 + \cdots + G_n)u \\
&= G_{eq} u
\end{aligned}
$$

式中，$G_1, G_2, \cdots, G_n$ 为电阻 $R_1, R_2, \cdots, R_n$ 的电导，而并联后的等效电导 G_{eq} 为

$$
\begin{aligned}
G_{eq} &= G_1 + G_2 + \cdots + G_n \\
&= \sum_{k=1}^{n} G_k
\end{aligned}
\tag{2.3}
$$

$$R_{eq} = \frac{1}{G_{eq}} = \sum_{k=1}^{n} \frac{1}{R_k}$$

n 个电阻元件并联的等效电导 G_{eq} 的倒数为其等效电阻 R_{eq}，如图 2.4b 所示。就端口电压、电流关系而言，图 2.4a、b 是等效的。也就是说，当 a、b 两个端钮与外电路连接时，对外电路的影响是等效的（注意是对外等效）。

可以看出，并联等效电阻小于任何一个并联的电阻。

电阻并联时，各电阻中的电流为

$$i_k = G_k u = \frac{G_k}{G} i \tag{2.4}$$

可见，每个并联电阻的电流与它们各自的电导值成正比。式（2.4）称为并联电阻电路的分流公式。当两个电阻并联时，其等效电阻为

$$R_{eq} = \frac{1}{\frac{1}{R_1} + \frac{1}{R_2}} = \frac{R_1 R_2}{R_1 + R_2}$$

两个并联电阻的电流（分流公式）分别为

$$i_1 = \frac{G_1}{G_{eq}} i = \frac{R_2}{R_1 + R_2} i$$

$$i_2 = \frac{G_2}{G_{eq}} i = \frac{R_1}{R_1 + R_2} i$$

并联电路吸收的总功率为

$$\begin{aligned} p &= ui \\ &= (i_1 + i_2 + \cdots + i_n)u \\ &= p_1 + p_2 + \cdots + p_n \\ &= \sum_{k=1}^{n} p_k \end{aligned}$$

即电阻并联电路消耗的总功率等于各并联电阻消耗功率的总和。

2.2.3 电阻串并联电路

若一个电阻性一端口网络，其内部若干个电阻的连接方式既有串联又有并联，就称为电阻串并联电路。就端口特性而言，此一端口网络可等效为一个电阻，简化的办法是将串联部分求出其等效电阻、并联部分求出其等效电阻，然后再看通过上述简化后得到的这些等效电阻之间的连接关系是串联还是并联，再等效简化，直到简化为一个电阻元件构成的单口网络为止。

下面举例说明简化过程。

例 2.1 电路如图 2.5 所示。求：（1）ab 两端的等效电阻 R_{ab}；（2）cd 两端的等效电阻 R_{cd}。

解：（1）求解 R_{ab} 的过程如图 2.6 所示。

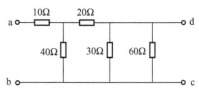

图 2.5 例 2.1 的图

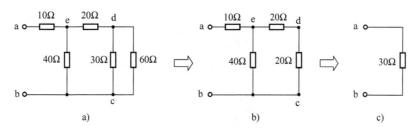

图 2.6 例 2.1 求 R_{ab} 过程的图示

所以

$$R_{\mathrm{dc}} = 30 \mathbin{/\!/} 60\Omega = 20\Omega$$

$$R_{\mathrm{ec}} = 40 \mathbin{/\!/} (20 + 20)\Omega = 20\Omega$$

$$R_{\mathrm{ab}} = 10\Omega + 20\Omega = 30\Omega$$

（2）求 R_{cd} 时，一些电阻的连接关系发生了变化，10Ω 电阻对于求 R_{cd} 不起作用。 R_{cd} 的求解过程如图 2.7 所示。

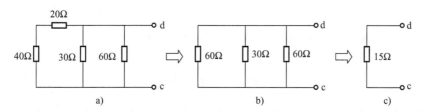

图 2.7 例 2.1 求 R_{cd} 过程的图示

所以

$$R_{\mathrm{cd}} = [(20 + 40) \mathbin{/\!/} 60] \mathbin{/\!/} 30\Omega = 15\Omega$$

例 2.2 已知电路如图 2.8a 所示， $U = 135\mathrm{V}$ ， $R_1 = 10\Omega, R_2 = 5\Omega, R_3 = 2\Omega, R_4 = 3\Omega$ 。

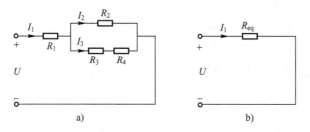

图 2.8 例 2.2 的图

求：（1）该电路的等效电阻 R_{eq} ；

（2）电路中电流 I_1 、 I_2 、 I_3 。

解：（1）

$$R_3' = R_3 + R_4 = 5\Omega$$

$$R = \frac{R_3' R_2}{R_3' + R_2} = \frac{5 \times 5}{10}\Omega = 2.5\Omega$$

$$R_{eq} = R + R_1 = 10\Omega + 2.5\Omega = 12.5\Omega$$

（2）
$$I_1 = \frac{U}{R_{eq}} = 10\text{A}$$

$$I_2 = \frac{R_3 + R_4}{R_2 + R_3 + R_4} \cdot I = \frac{5}{10} \times 10\text{A} = 5\text{A}$$

$$I_3 = \frac{R_2}{R_2 + R_3 + R_4} \cdot I = 5\text{A}$$

例 2.3 求图 2.9a、b 所示电路的等效电阻 R_{ab}。

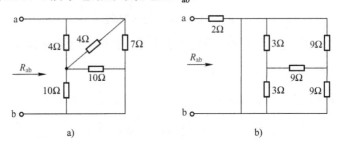

图 2.9 例 2.3 的图

解：图 2.9a 中两个 4Ω电阻并联结果为 2Ω，两个 10Ω电阻并联结果为 5Ω，之后 2Ω的等效电阻与 5Ω的等效电阻串联，结果为 7Ω，最后两个 7Ω的电阻并联，从而

$$R_{ab} = 7//7\Omega = 3.5\Omega$$

图 2.9b 中，导线将除 2Ω电阻以外的所有电阻短路，从而得 $R_{ab} = 2\Omega$。

2.2.4　电路中等电位点的等效

当电路中某两点 a、b 电位相同时，该两点即为等电位点。同时该两点电压 $u_{ab} = V_a - V_b = 0$，则对外电路可以用短路线替代；而又由欧姆定律得 $i_{ab} = 0$，则对外电路又可用开路替代，这样可以让我们的分析计算得到简化。如图 2.10a 所示，图中所有电阻均为 1Ω。

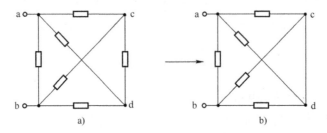

图 2.10　利用等电位点的开路求等效电阻

因为 c、d 两点等电位，故对外电路可用开路替代，则等效电阻

$$R_{ab} = 1//(1+1)//(1+1)\Omega = 0.5\Omega$$

这样等效后，使分析计算变得简单了。

2.3 电阻星形联结与三角形联结的等效变换

2.3.1 电阻的三角形（△）与星形（Y）联结

电阻除了串并联连接以外，还有星形（Y）和三角形（△）联结。

图 2.11 所示桥式电路的各电阻之间既非串联连接又非并联连接，如求 a、b 间的等效电阻，则无法再利用电阻串联、并联的等效简化方法得以求解。

当三个电阻首尾相连，并且三个连接点又分别有 3 个端子与外部相连时，这三个电阻就构成三角形（△）联结。如图 2.11 所示的电桥电路中，R_1、R_2、R_5 构成△联结（R_3、R_4、R_5 也构成△联结）。

当三个电阻的一端接在公共结点上，而另一端分别连接到与外部相连的 3 个端子时，这三个电阻就构成星形（Y）联结。如图 2.11 所示电桥电路中，R_1、R_5、R_3 构成Y联结（R_2、R_5、R_4 也构成Y联结）。

2.3.2 三角形（△）与星形（Y）联结的等效变换

图 2.12a、b 分别表示接于端子 1、2、3 的Y联结与△联结的三个电阻。端子 1、2、3 与电路的其他部分相连，图中没有画出电路的其他部分。

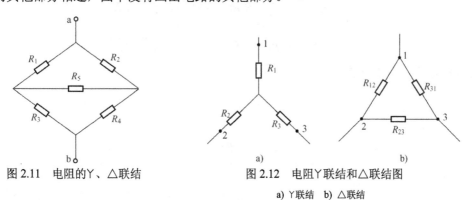

图 2.11　电阻的Y、△联结　　　图 2.12　电阻Y联结和△联结图

a) Y联结　b) △联结

当这两种电路的电阻之间满足一定的关系时，它们在端子 1、2、3 上及端子以外的特性可以相同，也即它们对外可以相互等效变换。

1. 电阻Y—△等效变换的条件

如图 2.13 所示，如果Y、△联结电路的对应端子之间具有相同的电压 u_{12}、u_{23}、u_{31}，而流入对应端子的电流分别相等，即

$$i_1 = i_1', i_2 = i_2', i_3 = i_3'$$

满足了这两个条件，它们就可以相互等效变换。这就是Y—△等效变换的条件。

对于Y联结电路，根据 KCL 和 KVL，可列出的方程为

$$R_1 i_1 - R_2 i_2 = u_{12}$$
$$R_2 i_2 - R_3 i_3 = u_{23}$$
$$i_1 + i_2 + i_3 = 0$$

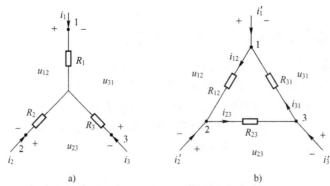

图 2.13 丫联结和△联结的等效变换

a) 丫联结　b) △联结

由此方程组解出三个电流为

$$i_1 = \frac{R_3 u_{12}}{R_1 R_2 + R_2 R_3 + R_3 R_1} - \frac{R_2 u_{31}}{R_1 R_2 + R_2 R_3 + R_3 R_1}$$

$$i_2 = \frac{R_1 u_{23}}{R_1 R_2 + R_2 R_3 + R_3 R_1} - \frac{R_3 u_{12}}{R_1 R_2 + R_2 R_3 + R_3 R_1} \qquad (2.5)$$

$$i_3 = \frac{R_2 u_{31}}{R_1 R_2 + R_2 R_3 + R_3 R_1} - \frac{R_1 u_{23}}{R_1 R_2 + R_2 R_3 + R_3 R_1}$$

对于△联结电路，由欧姆定律可得

$$i_{12} = \frac{u_{12}}{R_{12}}$$

$$i_{23} = \frac{u_{23}}{R_{23}}$$

$$i_{31} = \frac{u_{31}}{R_{31}}$$

根据 KCL，端子电流为

$$i_1' = \frac{u_{12}}{R_{12}} - \frac{u_{31}}{R_{31}}$$

$$i_2' = \frac{u_{23}}{R_{23}} - \frac{u_{12}}{R_{12}} \qquad (2.6)$$

$$i_3' = \frac{u_{31}}{R_{31}} - \frac{u_{23}}{R_{23}}$$

2．电阻丫→△的等效变换

由于不论 u_{12}、u_{23}、u_{31} 为何值，两个等效电路的对应端子电流均相等，故式（2.5）与

式（2.6）中电压 u_{12}、u_{23}、u_{31} 前面的系数应该对应相等。于是得到

$$R_{12} = \frac{R_1 R_2 + R_2 R_3 + R_3 R_1}{R_3}$$

$$R_{23} = \frac{R_1 R_2 + R_2 R_3 + R_3 R_1}{R_1} \quad\quad (2.7)$$

$$R_{31} = \frac{R_1 R_2 + R_2 R_3 + R_3 R_1}{R_2}$$

这就是由Y联结电阻等效变换为△联结电阻的公式。

3. 电阻△→Y的等效变换

如果电阻 R_{12}、R_{23}、R_{31} 已知，由式（2.7）可解得

$$R_1 = \frac{R_{12} R_{31}}{R_{12} + R_{23} + R_{31}}$$

$$R_2 = \frac{R_{23} R_{12}}{R_{12} + R_{23} + R_{31}} \quad\quad (2.8)$$

$$R_3 = \frac{R_{31} R_{23}}{R_{12} + R_{23} + R_{31}}$$

式（2.8）即是根据△联结的电阻确定Y联结的电阻的公式。

以上等效变换公式可归纳为

$$R_\triangle = \frac{Y 两两电阻乘积之和}{Y 不相邻电阻}$$

$$R_Y = \frac{\triangle 相邻电阻乘积}{\sum R_\triangle}$$

特殊地，若三个电阻相等（对称），如图 2.14a、b 所示，则有：$R_\triangle = 3R_Y$（或 $R_Y = \frac{R_\triangle}{3}$）。

例 2.4 求图 2.15 所示电路的等效电阻 R_{ab}。

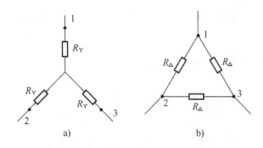 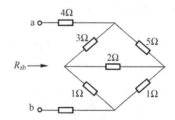

图 2.14　对称电阻Y、△联结电路　　　　图 2.15　例 2.4 的图

解：将电路上面的△联结部分等效为Y联结，如图 2.16 所示。

其中：

$$R_1 = \frac{3 \times 5}{3 + 5 + 2}\Omega = 1.5\Omega$$

$$R_2 = \frac{2 \times 5}{3 + 5 + 2}\Omega = 1\Omega$$

$$R_3 = \frac{2 \times 3}{3 + 5 + 2}\Omega = 0.6\Omega$$

$$\therefore R_{ab} = 4\Omega + 1.5\Omega + \frac{2 \times 1.6}{2 + 1.6}\Omega = 5.5\Omega + 0.89\Omega = 6.39\Omega$$

另解：也可以将原电路图中 1Ω、2Ω 和 3Ω 三个丫联结的电阻变换成△联结，如图 2.17 所示。

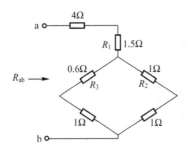

图 2.16 例 2.4△→丫等效变换的图

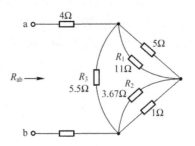

图 2.17 例 2.4丫→△等效变换的图

其中：

$$R_1 = \frac{1 \times 2 + 2 \times 3 + 3 \times 1}{1}\Omega = 11\Omega$$

$$R_2 = \frac{1 \times 2 + 2 \times 3 + 3 \times 1}{3}\Omega = 3.67\Omega$$

$$R_3 = \frac{1 \times 2 + 2 \times 3 + 3 \times 1}{2}\Omega = 5.5\Omega$$

所以

$$R_{ab} = 4\Omega + \frac{5.5 \times 4.224}{5.5 + 4.224}\Omega = 6.39\Omega$$

两种方法求出的结果完全相等。

例 2.5 求图 2.18a 所示电路的等效电阻 R_{12}。

解： 将电路上面的△联结部分等效变换成为丫联结，如图 2.18b 所示。由图 2.18b 可得图 2.18c。从而得

$$R_{12} = 0.8\Omega + \frac{2.4 \times 1.4}{3.8}\Omega + 1\Omega = 2.684\Omega$$

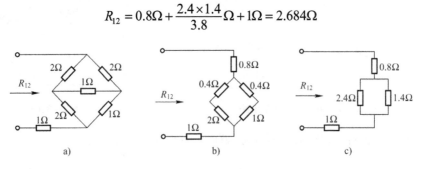

图 2.18 例 2.5 求 R_{12} 的图

例 2.6 求图 2.19a 所示电路的等效电阻 R_{ab}。

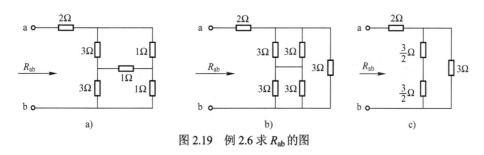

图 2.19　例 2.6 求 R_{ab} 的图

解：将电路 2.19a 图中右边的三个 1Ω Y联结的电阻变换成 Δ 联结，如图 2.19b 所示，进而得图 2.19c，由此可求出

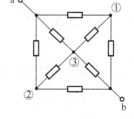

$$R_{ab} = \left(2 + \frac{\left(\frac{3}{2} + \frac{3}{2}\right) \times 3}{\left(\frac{3}{2} + \frac{3}{2}\right) + 3}\right)\Omega = 3.5\Omega$$

例 2.7　电路如图 2.20 所示，各电阻的阻值均为 1Ω。试求 a、b 间的等效电阻。

解：本题可利用△与Y联结之间的等效变换进行求解，但也可利用电路的对称性进行求解。这里采用后面一种方法。

图 2.20　例 2.7 的图

在 a、b 间施加电压时，结点①和结点②是两个对称结点，为等电位点。因此可将结点①与结点②短接，如图 2.21a 所示。

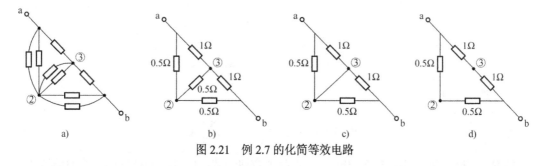

图 2.21　例 2.7 的化简等效电路

图 2.21b 所示电路为图 2.21a 的等效电路，该电路满足电桥平衡条件，故结点②与结点③可视为短路（见图 2.21c）。另外，电桥平衡时，图 2.21b 中结点②与结点③间的支路电流为零，所以结点②与结点③之间也可视为开路，如图 2.21d 所示。由图 2.21c 或图 2.21d 均可求得

$$R_{ab} = \frac{2}{3}\Omega$$

例 2.8　求图 2.22a 电路中的电流 i。

解：将点画线框中三个三角形联结的电阻变换成星形联结，可得图 2.22b，继续等效变换可得图 2.22c，由此图可求得

$$i = \frac{5\text{V}}{\left(\frac{1}{3} + \frac{2}{3}\right)\text{k}\Omega}\text{A} = 5\text{mA}$$

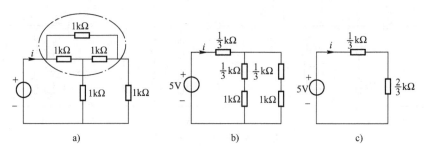

图 2.22　例 2.8 的图

2.4　电源的等效变换

2.4.1　理想电压源、电流源的串、并联等效变换

1．电压源的串联与并联

当电路中有多个理想电压源串联时，以图 2.23a 所示的 n 个理想电压源串联为例，对于外电路来说，可以等效成一个理想电压源，如图 2.23b 所示。

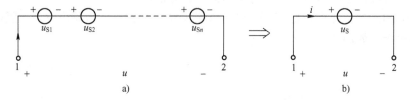

图 2.23　理想电压源的串联与等效

这个等效电压源的电压为

$$u_S = u_{S1} + u_{S2} + \cdots + u_{Sn} = \sum_{k=1}^{n} u_{Sk} \tag{2.9}$$

如果 u_{Sk} 的参考方向与图 2.23b 中 u_S 的参考方向一致，则式（2.9）中 u_{Sk} 的前面取 "+" 号，不一致时取 "–" 号。

即：多个理想电压源串联时，其等效电压源的电压为各个电压源电压的代数和。

关于理想电压源的并联，则必须满足大小相等、方向相同这一条件方可进行，否则违背 KVL。并且其等效电压源的电压就是其中任一个电压源的电压。但是这个并联组合向外部提供的电流在各个理想电压源之间如何分配则无法确定。

2．理想电流源的并联与串联

当电路中有多个理想电流源并联时，以图 2.24a 所示的 n 个理想电流源并联为例，对于外电路来说可以等效成一个理想电流源，如图 2.24b 所示。

等效电流源的电流为

$$i_S = i_{S1} + i_{S2} + \cdots + i_{Sn} = \sum_{k=1}^{n} i_{Sk} \tag{2.10}$$

如果 i_{Sk} 的参考方向与图 2.24b 中 i_S 的参考方向一致，则式（2.10）中 i_{Sk} 的前面取"+"号，不一致时取"−"号。

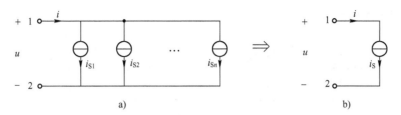

图 2.24　理想电流源的并联与等效电路

即：多个理想电流源并联时，其等效电流源的电流为各个电流源电流的代数和。

关于理想电流源的串联，则必须严格满足大小相等、方向相同这一条件，否则违背KCL。并且其等效电流源的电流就是其中任一个理想电流源的电流。但是这个串联组合的总电压如何在各个理想电流源之间分配则无法确定。

3．多余元件

由于等效电路是针对外电路而言的，故一个电压源与一个电流源并联时，可等效为一个电压源，如图 2.25a 所示，即此时电流源被视为多余元件；而当一个电流源与一个电压源串联时，可等效为一个电流源，如图 2.25b 所示，即电压源被视为多余元件，可以去掉。

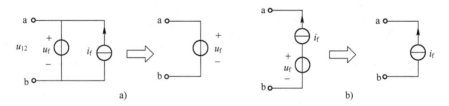

图 2.25　多余的电源

同理有电路图 2.26a、b（左）所示的电阻分别与理想电压源、理想电流源并联、串联的情况，这些电阻对外电路可视为多余，其等效电路如图 2.26a、b（右）所示。

4．举例

例 2.9　电路如图 2.27a 所示。求：10Ω 电阻和 5A 电流源上的电压。

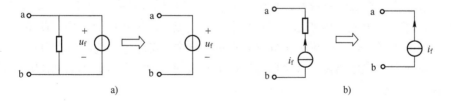

图 2.26　多余的电阻

解：设所求电压分别为 u_1 和 u_2，如图 2.27a 所示。

求 u_1 时，由于理想电流源与电压源串联，故对电阻而言，只有电流源起作用，电压源可去掉，如图 2.27b 所示。因此

$$u_1 = 5 \times 10V = 50V$$

求电流源上的电压 u_2 时，则不能将电压源去掉，应回到原电路去求解。根据 KVL 知
$$u_2 = -10V + 50V = 40V$$

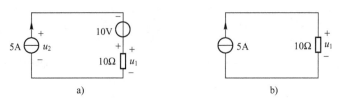

图 2.27　例 2.9 的图

2.4.2　实际电源的等效变换及应用

1．实际电源的两种模型及其等效变换

用等效变换方法来分析电路，不仅需要对负载进行等效变换，还常常需要对电源进行等效变换。而实际电源，如图 2.28 所示，无论是干电池还是发电机，在对外输出功率的同时，不可避免地存在内部的功率损耗。也就是说，实际电源是存在内阻的。以干电池为例，带上负载后，端电压低于开路电压 U_{oc}，负载电流越大，端电压越小。

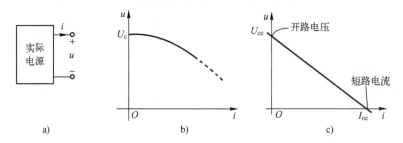

图 2.28　实际电源及其伏安特性

图 2.28a 所示为一个实际电源模型，如干电池，图 2.28b 为其输出电压和输出电流的伏安特性曲线。可见电压 u 随电流 i 的增大而减小，而且不呈线性关系。电流 i 不可以超出一定的限值，否则会导致电源损坏，但在一定时间段内电压和电流的关系近似呈线性。如果把此线性加以延长，作为电源的外特性，可以看出它在 u 和 i 轴分别有一个交点，前者相当于 i 为零时的电压，即开路电压，后者相当于 u 为零时的电流，即短路电流。根据此特性，可以用电压源和电阻的串联组合或电流源和电导的并联组合作为实际电源的电路模型。

一个实际电源的电压源模型（电压源串电阻）如图 2.29a 所示，端口处的电压 u 与（输出）电流 i 的关系为

$$u = u_S - R_S i$$

一个实际电源的电流源模型（电流源并电阻）如图 2.29b 所示，端口处的电压 u 与（输出）电流 i 的关系为

$$i = i_S - \frac{u}{R_S'}$$

即
$$i_S = \frac{u}{R_S'} + i$$

它们对外电路的作用完全相同。

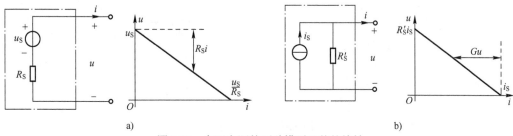

图 2.29　实际电源的两种模型及其外特性

a) 电压源模型及其外特性　b) 电流源模型及其外特性

如果对外电路而言，端口处 u、i 完全相同，即两电路端口处的电压 u、电流 i 分别相等，则称这两种电源模型对外电路等效，那么这两种电源模型就可以等效变换。

对于图 2.29a 所示电压源串电阻的端口，根据 KVL 得

$$u = u_S - R_S i$$

即
$$i = i_S - \frac{u}{R_S}$$

对于图 2.29b 所示电流源并电阻的端口，根据 KCL 得

$$i = i_S - \frac{u}{R_S'}$$

因为两电路等效，故两电路端口处的电压 u、电流 i 分别相等，比较以上两式得到

$$\left. \begin{array}{l} i_S = \dfrac{u_S}{R_S} \\ R_S' = R_S \end{array} \right\}$$

由此可将理想电压源和电阻的串联组合等效变换为理想电流源和电阻的并联组合，反之亦然。电源的等效变换如图 2.30 所示。

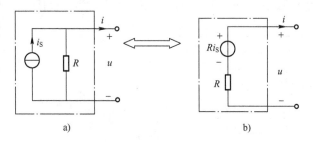

图 2.30　电源的等效变换

这里需要指出的是，两电源模型进行等效变换时，其方向（极性）应满足图 2.30a 和图 2.30b 的关系，即 i_S 的参考正方向应与 U_S 的正极相对应。

电源等效变换只是对外等效，电源内部并不等效，如内阻的功率损耗并不相等。以负载

开路为例，电压源模型的内阻不消耗功率，而电流源模型的内阻消耗功率（为 i_S^2R）。

2．应用举例

例 2.10 将图 2.31a 所示电路等效为电压源串电阻的形式。

图 2.31 例 2.10 的图

解：$U_S = I_S R_S = 2 \times 10\text{V} = 20\text{V}$ ，10Ω 电阻不变，得其电压源串电阻的等效电路如图 2.31b 所示。

电压源串电阻与电流源并电阻进行等效变换后，可以通过下面两种方法检查等效正确与否：

1）等效变换前后两电路端口处的开路电压应相等。如图 2.31 所示电路，$i=0$（开路）时，a、b 两电路的开路电压均为 $u_{oc} = -20\text{V}$（设 a 端为正极性）。

2）等效变换前后两电路端口处的短路电流应相等。如图 2.31 所示电路，a、b 两电路的短路电流均为 $i_{sc} = -2\text{A}$（设电流由 a 端流向 b 端）。

注意：理想电压源和理想电流源不能进行等效变换。

例 2.11 电路如图 2.32a 所示，用电源等效变换法求流过负载 R_L 的电流 I 。

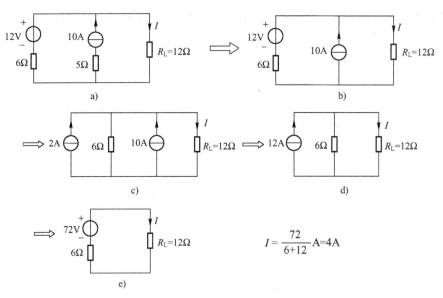

图 2.32 例 2.11 的求解过程

解：由于 5Ω 电阻与电流源串联，对于求解电流 I 来说，5Ω 电阻为多余元件，可去掉，如图 2.32b 所示。以后的等效变换过程分别如图 2.33c、d、e 所示。最后由简化后的电路

（图 2.33d 或 e）便可求得电流 I 。

例 2.12 电路如图 2.33a 所示，用电源等效变换法求流过 7Ω 电阻的电流 I 。

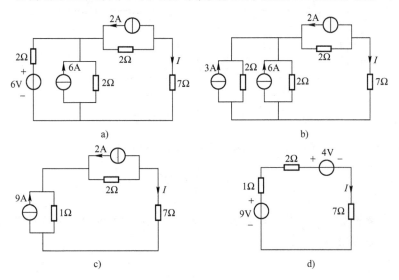

图 2.33 例 2.11 的图

解： 首先将并联部分的电压源变换为电流源，如图 2.33b 所示。以后的等效变换过程分别如图 2.33c、d 所示。最后由化简后的电路即图 2.33d 可求得电流 I 。

$$I = \frac{9-4}{1+2+7}\text{A} = 0.5\text{A}$$

例 2.13 电路如图 2.34 所示，已知 $u_{S1} = 12\text{V}, u_{S2} = 6\text{V}, R_1 = 6\Omega, R_2 = 3\Omega, R_3 = 1\Omega$ ，用电源等效变换法求 I 。

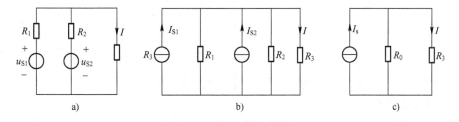

图 2.34 例 2.12 的图

解：
$$I_{S1} = \frac{u_{S1}}{R_1} = \frac{12}{6}\text{A} = 2\text{A} , \quad I_{S2} = \frac{u_{S2}}{R_2} = \frac{6}{3}\text{A} = 2\text{A}$$

$$I_S = 2\text{A} + 2\text{A} = 4\text{A} , \qquad R_0 = R_1 /\!/ R_2 = 2\Omega$$

$$I = \frac{R_0}{R_0 + R_3} I_S = \frac{2}{3} \times 4\text{A} = \frac{8}{3}\text{A}$$

例 2.14 图 2.35a 所示电路中，已知 $u_S = 12\text{V}$ ， $R = 2\Omega$ ， $i_C = 2u_R$ ，用电源等效变换法求 u_R 。

解： 将受控电流源进行等效变换，如图 2.35b 所示。

$$u_C = Ri_C = 4u_R$$

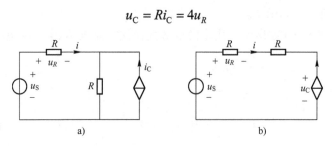

图 2.35　例 2.13 的图

根据 KVL 得　　　　　$Ri + Ri + u_C = u_S$　　即　　$2u_R + 4u_R = u_S$

则　　　　　　　　　　　　　$u_R = \dfrac{u_S}{6} = 2\text{V}$

注意：受控源和独立源一样可以进行等效变换；变换过程中注意不要丢失控制量（控制量要保留，其所在支路不能变换）。

2.5　无源二端网络电路的输入电阻

1. 输入电阻的定义

电路或网络的一个端口是它向外引出的一对端子，这对端子可以与外部电源或其他电路相连接。这种向外引出一对端子并且从它的一个端子流入的电流一定等于从另一个端子流出的电流的电路或网络称为一端口（网络）或二端网络。

如果一个一端口网络的内部仅含电阻和受控源，不含任何独立电源，可以证明，不论内部如何复杂，端口电压与端口电流成正比。因此，定义无源一端口网络的输入电阻为（见图 2.36）

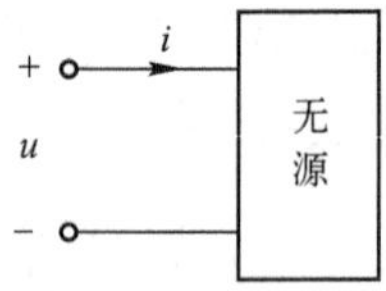

$$R_{\text{in}} = \frac{u}{i}$$

图 2.36　无源二端网络

端口的输入电阻等于端口的等效电阻，但两者的含义有区别。

2. 求输入电阻的一般方法

1）如果一端口内部仅含电阻，则应用电阻串、并联和△—Y等效变换的方法就可以求它的等效电阻。

2）对含有受控源和电阻的电路，则必须用加电压求电流法（或加电流求电压法）才可求出电路的输入电阻。即在端口加电压源 u_S（假设为已知），求出端口电流 i；或在端口加电流源 i_S（假设为已知），然后求出端口电压 u。根据

$$R_{\text{in}} = \frac{u_S}{i} = \frac{u}{i_S}$$

得端口输入电阻 R_{in}。这种方法简称为电压、电流法或电流、电压法。

例 2.15　求图 2.37a 所示电路的输入电阻。

解：图 2.37a 等效变换后得图 2.37b。采用加电压求电流法，并由基尔霍夫定律得

$$u_S = -\alpha R_2 i + (R_2 + R_3)i_1 \qquad u_S = R_1 i_2$$

$$i = i_1 + i_2 \qquad i_1 = i - i_2 = i - \frac{u_S}{R_1}$$

$$u_S = -\alpha R_2 i + (R_2 + R_3)\left(i - \frac{u_S}{R_1}\right)$$

$$\left(1 + \frac{R_2 + R_3}{R_1}\right)u_S = (R_2 - \alpha R_2 + R_3)i$$

$$\therefore \qquad R_{in} = \frac{u_S}{i} = \frac{R_1 R_3 + (1-\alpha)R_1 R_2}{R_1 + R_2 + R_3}$$

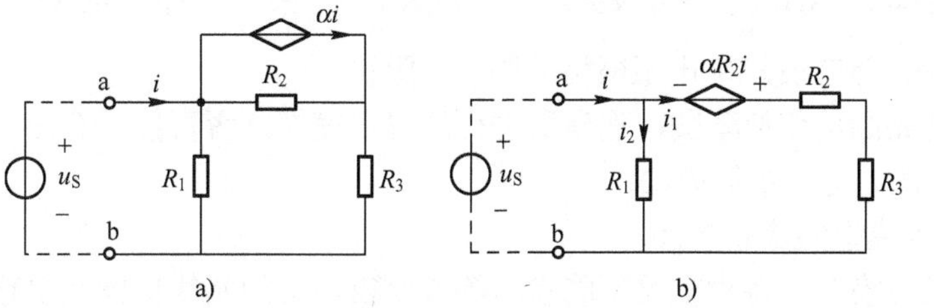

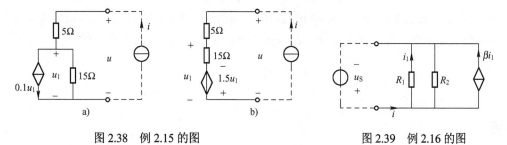

图 2.37 例 2.14 的图

例 2.16 求图 2.38a 所示电路的输入电阻 R_{in}。

解：图 2.38a 等效变换后得图 2.38b，由基尔霍夫定律得

$$u = 5i + 15i - 1.5u_1, \quad u_1 = 15i - 1.5u_1$$

$$u_1 = 6i, \quad u = 11i$$

故
$$R_{in} = \frac{u}{i} = 11\Omega$$

例 2.17 求图 2.39 的端口输入电阻 R_{in}。

图 2.38 例 2.15 的图   图 2.39 例 2.16 的图

解：由电压、电流法（注意 u_S 极性）并根据 KCL 得

$$i = i_1 + \beta i_1 + \frac{u_S}{R_2} \qquad i_1 = \frac{u_S}{R_1}$$

$$i = \frac{(1+\beta)u_S}{R_1} + \frac{u_S}{R_2}$$

$$\therefore \qquad R_{\mathrm{in}} = \frac{u_{\mathrm{S}}}{i} = \frac{R_1 R_2}{(1+\beta)R_2 + R_1}$$

本章小结

1. 利用电阻的串、并联简化求电阻网络的等效电阻

对于此类问题，在求解时，一般先从电路的局部等效简化开始，采用逐步等效、逐步化简的方法。凡通过同一电流的元件为串联，凡承受同一电压（连接在两个公共点之间）的元件为并联。无电流通过的元件可开路，电位相同的结点可短路。

2. 电阻串、并联电路的计算

利用欧姆定律、KCL、KVL 及分压、分流公式和 $\frac{U^2}{R}$ 等，即可完成此类问题的计算。

3. 利用 Y—△等效变换求电阻网络的等效电阻

先按求解思路画出变换草图，观察所进行的等效变换是否直接、有效，如有必要可多画几种草图进行比较，选出最简方法。

4. 两种电源模型的等效变换

在进行等效变换时，待求支路不能参与等效变换，必须始终保留在电路中。对于若干个电源串联的部分，应将电流源与电阻并联的形式等效变换为电压源与电阻串联的形式后，才能将它们合并。对于若干个电源并联的部分，应将电压源与电阻串联的形式等效变换成电流源与电阻并联的形式后，才能将它们合并。若将上述等效变换一直进行下去，最终可得到一个单支路回路，待求支路电流即可求出。

5. 含受控源电路的计算

首先求出控制量，然后根据欧姆定律、KCL、KVL 及 $P = RI^2 = \frac{U^2}{R}$ 等，即可求出待求量。一定要记住受控电压源与受控电流源都与其控制量有关，其大小、方向（极性）都受其控制量控制。当控制量为零时，受控电压源为短路，受控电流源为开路。

6. 含受控源和电阻的一端口网络的输入电阻的计算

采用外加电源法求一端口网络的输入电阻，首先按关联参考方向标出端口的电压 u 和电流 i，根据欧姆定律、基尔霍夫定律列出有关方程，求出 u 与 i 的关系式，得

$$R_{\mathrm{in}} = \frac{u}{i}$$

习题

2.1　求图 2.40a、b 所示电路 AB、AC、BC 间的总电阻 R_{AB}、R_{AC}、R_{BC}。

2.2　求图 2.41a、b 所示电路的等效电阻 R_{ab} 和 R_{cd}。

2.3　求图 2.42a、b 所示一端口网络的等效电阻 R_{ab}。

2.4　求图 2.43a、b 所示电路在开关 S 打开和闭合两种情况下的等效电阻 R_{ab}。

2.5　求图 2.44 所示电路当开关 S 打开和闭合时的等效电阻 R_{ab}。

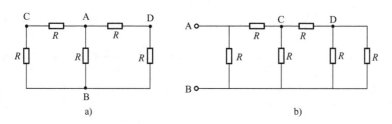

图 2.40 习题 2.1 的图

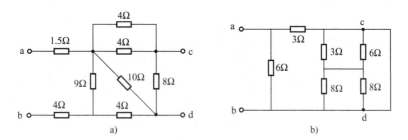

图 2.41 习题 2.2 的图

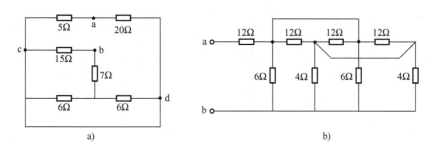

图 2.42 习题 2.3 的图

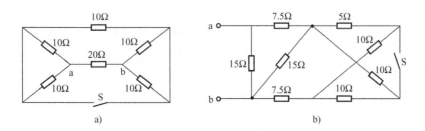

图 2.43 习题 2.4 的图

2.6 如图 2.45 所示电路，若使电流 $I = 2A$，求 R 值。

2.7 如图 2.46a、b 所示电路，求 U 及 I。

2.8 求图 2.47a、b 所示电路中电阻 R、电流 I、电压 U。

2.9 求图 2.48a、b 所示电路的 i、u 及电源发出的功率。

2.10 求图 2.49 所示电路中的 u 和 i。

2.11 求图 2.50 所示电路中的电流 i_1、i_2、i_3 和 i_4。

2.12 计算图 2.51 所示电路中的 U 和 I。

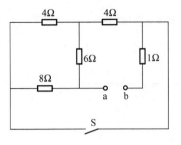

图 2.44　习题 2.5 的图

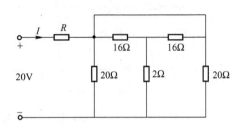

图 2.45　习题 2.6 的图

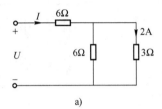

a)

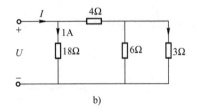

b)

图 2.46　习题 2.7 的图

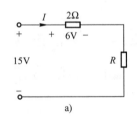

a)

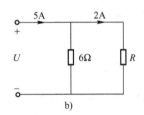

b)

图 2.47　习题 2.8 的图

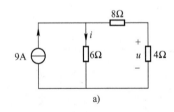

a)

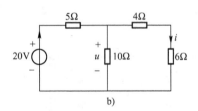

b)

图 2.48　习题 2.9 的图

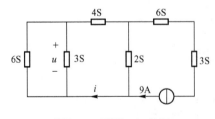

图 2.49　习题 2.10 的图

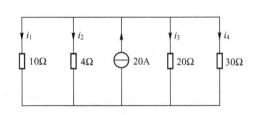

图 2.50　习题 2.11 的图

2.13　求图 2.52 所示电路中的 U 和 I 。

2.14　如图 2.53 所示两个电路，求 a、b 两端的等效电阻。

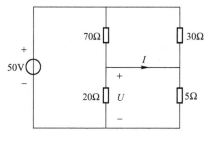

图 2.51　习题 2.12 的图

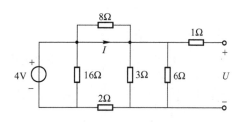

图 2.52　习题 2.13 的图

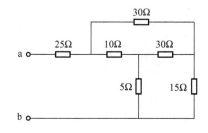

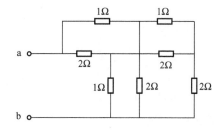

图 2.53　习题 2.14 的图

2.15　求图 2.54 所示两个电路中的等效电阻 R_{ab}，已知图 b 中所有电阻均为 3Ω。

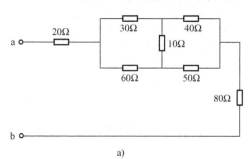

a)

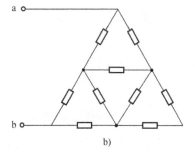

b)

图 2.54　习题 2.15 的图

2.16　求图 2.55 所示各电路的等效电源模型。

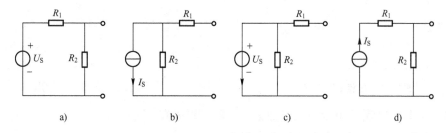

a)　　　　　　b)　　　　　　c)　　　　　　d)

图 2.55　习题 2.16 的图

2.17　利用电源等效变换求图 2.56 所示电路中的电压 u_{ab} 和电流 i。

2.18　计算图 2.57 所示电路中 5Ω 电阻所消耗的功率。

2.19　求图 2.58 所示电路中的 U_1 和受控源的功率。

2.20　求图 2.59 所示电路中的 U_0。

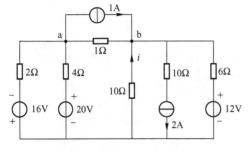

图 2.56　习题 2.17 的图

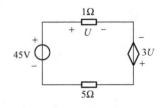

图 2.57　习题 2.18 的图

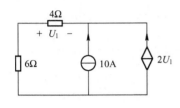

图 2.58　习题 2.19 的图

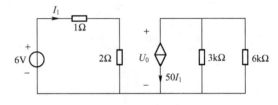

图 2.59　习题 2.20 的图

2.21　在图 2.60 所示电路中，求 6kΩ 电阻上的电压、流过它的电流和所消耗的功率。

2.22　求图 2.61 所示电路中的电流 I_2。

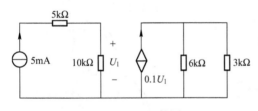

图 2.60　习题 2.21 的图

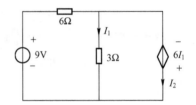

图 2.61　习题 2.22 的图

2.23　求图 2.62 所示电路中受控源的功率。

2.24　在图 2.63 所示电路中，已知 $U_{ab} = -5V$，求电压源 u_S 值。

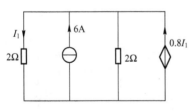

图 2.62　习题 2.23 的图

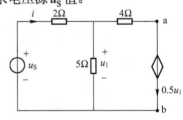

图 2.63　习题 2.24 的图

2.25　在图 2.64 所示电路中，已知 $u_{ab} = 2V$，求 R 值。

2.26　求图 2.65 所示两电路的输入电阻 R_{ab}。

2.27　求图 2.66 所示两电路的输入电阻 R_{ab}。

2.28　求图 2.67 所示两电路的输入电阻 R_{ab}。

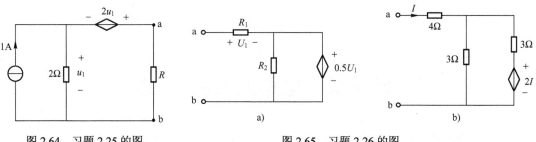

图 2.64 习题 2.25 的图   图 2.65 习题 2.26 的图

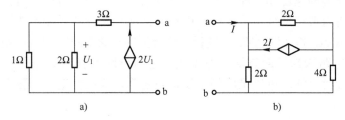

图 2.66 习题 2.27 的图

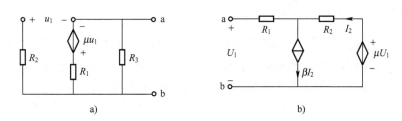

图 2.67 习题 2.28 的图

第3章 电路的分析方法

用等效变换法分析电路的主旨就是元件的等效合并，特别是同类元件的等效合并。当所求电路中需要求解的电压和电流较多且比较分散时，就不适合用等效变换法。本章讨论线性电阻电路中更为普遍的分析方法——电路方程法。该方法是在不改变电路结构的前提下，依据 KCL、KVL 和元件 VCR，选择一组合适的电路变量（电压、电流）列写电路方程，从而求解出电路未知量的方法。对于线性电阻电路而言，该方程是一组线性代数方程。本章介绍的分析方法还可以推广到正弦稳态电路、非线性电路、暂态电路和运算（频域分析）电路中。

*3.1 电路的（拓扑）图

电路图又称电路拓扑图。电路图论是数学图论中的一个重要分支。它根据电路图的几何结构与性质，对电路图进行分析和研究。电路图论的知识不仅为正确地选取电路变量、列写电路方程提供了依据，也为利用计算机建立电路方程打下了基础。

由于 KCL、KVL 只与电路中各支路的连接有关，而与各支路的具体（内容）组成无关，故可用线段来表示这些支路。这些线段仍称为支路，每一支路的两个端点称为结点，由此得到的结点和支路的组合图形即为电路的图。用电路的图来表达电路的连接关系是非常简洁、有效的。

一个图 G 是给定连接关系的结点和支路的集合，每条支路的两端都连到相应的结点上。支路依附于结点而存在，即允许有孤立的结点存在，而不允许有孤立的支路存在。移去一条支路，其连接的结点并不同时移去；而移去一个结点，则应当把与该结点相连的全部支路都同时移去。

对于图 3.1a 所示的电路，如果认为每个二端元件构成一条支路，则对应该电路的图为图 3.1b。它共有 5 个结点和 7 条支路。有时为了分析问题方便，可以将理想（受控）电压源与电阻的串联组合、理想（受控）电流源与电阻的并联组合，分别作为一条支路处理。这样对应图 3.1a 所示电路的图就是图 3.1c。

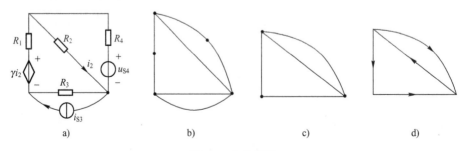

图 3.1 电路的图

电路的图的每一条支路的方向规定为该支路电流（与电压参考方向关联）的参考方向。赋予支路参考方向的图称为"有向图"，未赋予支路参考方向的图称为"无向图"。图 3.1d 即为图 3.1c 的有向图，在图中，默认支路电压和支路电流的参考方向相同。

可以利用电路的图讨论如何列出 KCL 和 KVL 方程，并讨论它们的独立性。

3.2　KCL、KVL 的独立方程与 $2b$ 方程法

从原则上讲，对任意一个结点都可以列写 KCL 方程，对任意一个回路都可以列写 KVL 方程，但只有线性无关（彼此独立）的方程组成方程组，才能求解出与独立方程数一样多的变量。即有多少个变量，就应当有多少个独立的方程。

图 3.2 表示一个电路的图，它的结点和支路已分别用加圆圈的数字和不加圆圈的数字进行了编号，并给出了各支路的电压和电流的参考方向。

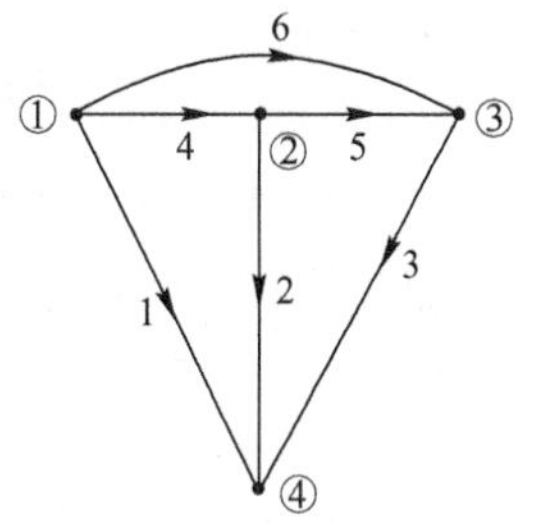

对于结点①②③④分别列写 KCL 方程，有

$$i_1 + i_4 + i_6 = 0$$

$$i_2 - i_4 + i_5 = 0$$

$$i_3 - i_5 - i_6 = 0$$

图 3.2　独立的 KCL 方程示例

$$-i_1 - i_2 - i_3 = 0$$

如果对所有结点都列写 KCL 方程的话，因每一支路都与 2 个结点相连，且每个支路电流必然从其中一个结点流入，而从另一结点流出。因此，在所有的 KCL 方程中，每个支路电流必然出现 2 次，其中一次为正（流出），另一次为负（流入）。若把这些结点的 KCL 方程的左边、右边分别相加，就会出现一个左边、右边都为零的恒等式，所以这 4 个方程不是相互独立的，但其中任意 3 个是独立的。

对于连通的电路的图而言，可以证明，对于具有 n 个结点的电路，对任意（n-1）个结点必定可以得出（n-1）个独立的 KCL 方程。相应的（n-1）个结点就称为独立结点。

从一个图 G 的某一结点出发，沿着一些支路移动而到达另一结点（或回到起始点），这样的一系列支路构成图 G 的一条路径。当然，一条支路也是一条路径。当图 G 的任意两个结点之间至少存在一条路径时，图 G 就是连通图。通常电路的图都是连通图。

如果一条路径的起点和终点重合，而经过的其他结点不出现重合，这条闭合路径就构成图 G 的一个回路。按照定义，图 3.3 中的支路（1、2、3、4）是一条闭合路径，但不构成一个回路。实际上支路（1、4）和支路（2、3）分别构成图 G 的一个回路。

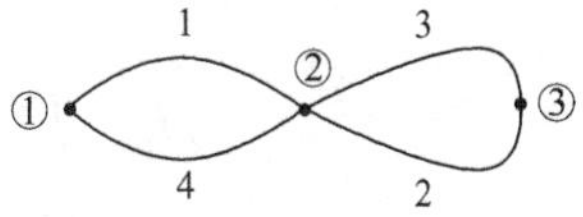

对应于一组独立 KVL 方程的回路称为独立回路。

对图 3.4 所示电路的图，支路（1、5、8）（2、5、6）（1、2、3、4）（1、2、6、8）构成 4 个回路。只要有一个支路不同，就算一个新回路。所以在图 3.4 中还可以找到另外 9 个回路，总共有 13 个不同的回路，但是独立回路数就没有这么多。

图 3.3　闭合路径

如果把一个图画在平面上，能使它的各条支路除结点外就不再交叉，这样的图称为平面图，否则就是非平面图（见图3.5）。

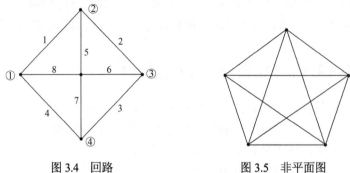

图3.4　回路　　　　　图3.5　非平面图

对于一个平面图，可以用网孔来确定 KVL 独立方程。

平面图的一个网孔是它的一个自然的"孔"，它限定的区域内不再有其他支路。在图 3.4 中，支路（1、5、8）、（2、5、6）、（3、6、7）、（4、7、8）就是 4 个内网孔，而支路（1、2、3、4）为外网孔。但支路（1、4、5、7）和（1、2、6、8）却不构成网孔。可以证明，平面图的全部内网孔是一组独立回路，即对它们列写 KVL 方程，其方程是独立的。以后所指的网孔都是指内网孔（而不包括外网孔）。图 3.4 中共有 13 个回路，但只有 4 个网孔，即 4 个独立回路。

对于非平面图，或是平面图但不选网孔作为独立回路，就要利用"树"的概念来寻找一个图的独立回路，从而得到独立的 KVL 方程（组）。

连通图 G 的树（一棵"树"）是同时满足下面三个条件的一个子图（应注意构成树的三个条件缺一不可）：

① 此子图是连通的；

② 它包括了原图中的全部结点；

③ 它不包含任何闭合回路。

对于图 3.4 所示的连通图 G 中，符合上述定义的树有很多，图 3.6a、b、c 所示就是其中的三个，但图 3.6d、e 不是该图的树。因为图 3.6d 中包含了回路；图 3.6e 则是非连通的。树中包含的支路称为树支，而其他支路则称为连支。例如图 3.6a 所示的树中，树支为（1、3、4、8），而未画出的（2、5、6、7）为对应的连支。如果对图 3.6a、b、c 所示图 G 的每一棵树研究就会发现，它们都具有（$n-1$）条树支。

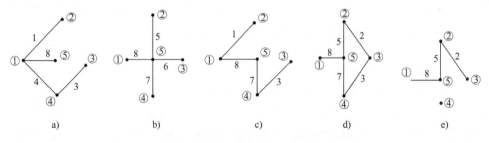

a)　　　　b)　　　　c)　　　　d)　　　　e)

图3.6　图3.4 的树

连通图 G 的一棵树连接所有结点又不形成回路。所以每加入一条连支，就会形成一个回路，并且此回路除所加的连支外其他都由树支构成，这种回路称为单连支回路或基本回路。对于图 3.7a，选定支路 1、3、4、8 为树支，而支路 2、5、6、7 为连支。由此得图 3.7a 的单连支回路分别为（2、1、3、4）（5、1、8）（6、3、4、8）（7、4、8）共 4 个回路。如果规定连支电流的方向为其所在回路的循环方向，则得单连支回路如图 3.7b、c、d、e 所示。

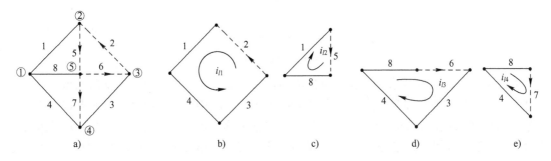

图 3.7　单连支回路

对于一个具有 b 条支路和 n 个结点的电路，连支数为 $l=b-n+1$，这也就是一个图的独立回路的数目。选择不同的树，可以得到不同的基本（独立）回路（组），但独立回路的数目均为（$b-n+1$）个。可以证明，对于任意一个具有 b 条支路和 n 个结点的电路，可以列出的独立的 KVL 方程数为（$b-n+1$）个，即独立的 KVL 方程数等于独立回路数（一个独立回路只能列出一个独立的 KVL 方程）。

例3.1　图 3.8a 所示电路中，已知结点电压 u_{12}、u_{23}、u_{25}、u_{37}、u_{67}，试尽可能多地确定元件的电压。

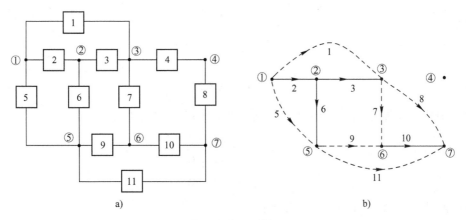

图 3.8　例 3.1 的图

解：电路中有 7 个结点，11 条支路，将已知电压用实线画出——如图 3.8b 所示，并且用虚线表示未知支路电压。在图中，除结点④是孤立的以外，其他部分是连通的。而实线就是该连通部分的一个树，而 u_{12}、u_{23}、u_{25}、u_{37}、u_{67} 是树支电压。在单连支回路中，只有一条支路是连支，则根据 KVL，连支电压可用树支电压来表示。

在规定了各支路（各元件）的电流、电压参考方向后，可确定如下电压：

$$u_2 = u_{12}$$

$$u_3 = u_{23}$$

$$u_6 = u_{25}$$

$$u_{10} = u_{67}$$

$$u_1 = u_{12} + u_{23}$$

$$u_5 = u_{12} + u_{25}$$

$$u_7 = u_{37} - u_{67}$$

$$u_9 = u_{23} + u_{37} - u_{25} - u_{67}$$

$$u_{11} = u_{23} + u_{37} - u_{25}$$

(3.1)

对于一个具有 n 个结点和 b 条支路的电路，共有 b 个支路电压和 b 个支路电流。如果将其作为列写电路方程的变量，则总计有 $2b$ 个未知量。由 KCL 可列写（$n-1$）个独立的电流方程，又根据 KVL 可列写（$b-n+1$）个独立的电压方程，再由元件的 VCR 可得 b 个方程，总计 $2b$ 个独立方程。由这 $2b$ 个独立方程就可解出 $2b$ 个变量（b 个支路电压和 b 个支路电流），这就是 $2b$ 方程法。

现以图 3.9a 所示的电路为例说明 $2b$ 方程法。将电压源 u_{S1} 和电阻 R_1 的串联组合作为一条支路；将理想电流源 i_{S5} 和电阻 R_5 的并联组合作为另一条支路，并转换为理想电压源 $i_{S5}R_5$ 和电阻 R_5 的串联，得图 3.9b。画出该电路的图，如图 3.9c 所示。

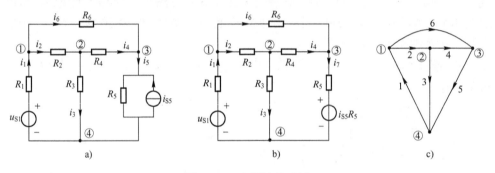

图 3.9 $2b$ 方程法的示例

电路中共有 6 条支路，4 个结点，对结点①②③列写 KCL 方程：

$$-i_1 + i_2 + i_6 = 0$$

$$-i_2 + i_3 + i_4 = 0$$

$$-i_4 + i_5 - i_6 = 0$$

(3.2)

选择网孔作为独立回路列写 KVL 方程：

$$u_1 + u_2 + u_3 = 0$$

$$-u_3 + u_4 + u_5 = 0$$

$$-u_2 - u_4 + u_6 = 0$$

(3.3)

对 6 条支路列写 VCR 方程：

$$u_1 = -u_{S1} + R_1 i_1$$

(3.4)

$$u_2 = R_2 i_2$$
$$u_3 = R_3 i_3$$
$$u_4 = R_4 i_4$$
$$u_5 = R_5 i_5 + R_5 i_{S5}$$
$$u_6 = R_6 i_6$$

将式（3.2）、式（3.3）、式（3.4）联立求解，解出 6 个支路电压和 6 个支路电流，这就是 2b 方程法。所以 2b 方程法就是电路独立的 KCL、KVL 与 VCR 方程的组合。

3.3 支路电流法

为减少求解的方程数，可结合元件的 VCR，将支路电压用支路电流表示，再代入 KVL 方程，从而得到以支路电流为未知量的 b 个电路方程，这就是支路电流法。

仍以图 3.9a 所示的电路为例，将式（3.4）代入式（3.3），得出以支路电流为变量的方程为

$$\begin{aligned}
-u_{S1} + R_1 i_1 + R_2 i_2 + R_3 i_3 &= 0 \\
-R_3 i_3 + R_4 i_4 + R_5 i_5 + R_5 i_{S5} &= 0 \\
-R_2 i_2 - R_4 i_4 + R_6 i_6 &= 0
\end{aligned} \tag{3.5}$$

式（3.5）中的 KVL 方程可归纳为

$$\sum R_k i_k = \sum u_{Sk} \tag{3.6}$$

此式为回路电压的代数和。式（3.6）的左边是电阻元件电压的代数和。当电阻 R_k 上的 i_k 参考方向与回路绕向一致时，为电压降，取 "+"；不一致时，为电压升，取 "-"。方程右边是理想电压源的代数和，当 u_{Sk} 的参考方向与回路绕向一致时，为电压降，取 "-"；不一致时，为电压升，取 "+"。即左边电阻的电压降之和等于右边理想电压源的电压升之和。

将式（3.2）和式（3.5）联立，就是支路电流法的方程（组）。列写支路电流法方程的步骤如下：

1）确定支路 b 和结点 n，并规定支路电流的参考方向。

2）对（n-1）个独立结点列写独立的 KCL 方程。

3）对（b-n+1）个独立回路，按指定绕行方向列写独立的 KVL 方程。

上述支路电流法中，只有理想电压源和电阻两类元件。

当电路含有理想电流源和受控电流源时，就需要补充理想电流源和受控电流源的端电压作为新增变量。当出现新增变量后，就要补充理想电流源和受控电流源的 VCR，并且受控源的控制量也要用支路电流来表示。总之，补充了多少个变量，就需要补充多少个独立方程。

例 3.2 求图 3.10 所示电路中的 U_1 和 I_2。

解：该电路有 4 个结点和 6 条支路。规定 I、I_1、I_2、I_3、I_4 和 U_1 的参考方向如图 3.10 所示，列方程如下：

$$\begin{aligned}
I_1 + I_2 - 0.5 &= 0 \\
-I - I_1 + I_3 &= 0
\end{aligned} \tag{3.7}$$

$$I - I_2 + I_4 = 0$$
$$-20I_1 + U_1 - 20I_3 = 0$$
$$20I_2 + 30I_4 - U_1 = 0$$
$$20I_3 - 30I_4 - 20 = 0$$

解得 $I = 0.95\text{A}$ $I_1 = -0.25\text{A}$ $I_2 = 0.75\text{A}$ $I_3 = 0.7\text{A}$

$I_4 = -0.2\text{A}$ $U_1 = 9\text{V}$

例 3.3 对图 3.11 所示电路列写支路电流方程。

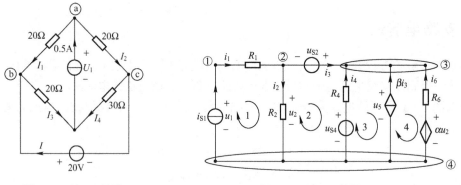

图 3.10 例 3.2 的图   图 3.11 例 3.3 的图

解： 电路共有 7 条支路，其中理想电压源 u_{Sk} 和 R_4 串联，受控电压源 αu_2 与 R_6 串联，分别看成一条支路。分别设定支路电流 i_1、i_2、i_4、i_6 的参考方向和理想电流源、受控电流源的端电压 u_1、u_5 的参考方向如图所示。电路共有 u_1、i_1、i_2、i_3、i_4、u_5 和 i_6 7 个变量，则需 7 个 KCL 和 KVL 独立方程。图中结点③和结点④分别为一个结点。

$$\left. \begin{aligned} i_1 &= i_{S1} \\ -i_1 + i_2 + i_3 &= 0 \\ -i_3 - i_4 - \beta i_3 - i_6 &= 0 \end{aligned} \right\} \text{KCL} \qquad (3.8)$$

$$\left. \begin{aligned} R_1 i_1 + R_2 i_2 - u_1 &= 0 \\ -R_2 i_2 - R_4 i_4 &= u_{S2} - u_{S4} \\ R_4 i_4 + u_5 &= u_{S4} \\ -R_6 i_6 + \alpha u_2 - u_5 &= 0 \end{aligned} \right\} \text{KVL} \qquad (3.9)$$

补充方程为： $\qquad\qquad\qquad u_2 - R_2 i_2 = 0$ (3.10)

3.4 网孔回路电流法

网孔回路电流法是以网孔回路电流作为电路的独立变量，它仅适用于平面电路。下面以图 3.12 所示电路的图为例说明，此图共有 6 条支路、3 个网孔，对其进行编号且规定网孔的循环方向为顺时针方向。

设想在网孔 1、2、3 中分别有网孔回路电流 i_{m1}、i_{m2}、i_{m3} 在其中流动，此时的支路可分为两种：一种是某网孔的独有支路（支路 1、2、6 分别为 3 个网孔的独有支路）；而另一种是两个网孔的公共支路（支路 3、4、5 为两网孔的公共支路）。例如支路 5 是网孔 1 和 2 的公共支路。

由于独有支路仅属于某一网孔，所以可用网孔回路电流表示其支路电流。当网孔回路电流与支路电流参考方向一致时，取"+"号；不一致时，取"−"号。而公共支路上的电流是两个网孔电流的代数和。当网孔电流与支路电流参考方向一致时，取"+"号；不一致时，取"−"号。

根据以上分析，用网孔回路电流 i_{m1}、i_{m2}、i_{m3} 表示图 3.13 中的支路电流为

$$\left.\begin{aligned} i_1 &= -i_{m1} \\ i_2 &= i_{m2} \\ i_6 &= i_{m3} \end{aligned}\right\} \tag{3.11}$$

$$\left.\begin{aligned} i_3 &= i_{m2} - i_{m3} \\ i_4 &= -i_{m1} + i_{m3} \\ i_5 &= i_{m1} - i_{m2} \end{aligned}\right\} \tag{3.12}$$

将式（3.11）代入式（3.12）中，就可以发现此时的表达式就是结点①②③的 KCL 方程。即网孔电流体现了 KCL 的约束关系，并且将 6 条支路电流用 3 个网孔电流加以表示。由于网孔是一组独立回路，因而对应的 KVL 方程是独立的，且 KVL 独立方程的个数等于电路变量数（网孔回路电流数）。

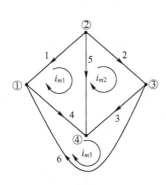

图 3.12　网孔回路电流法示例

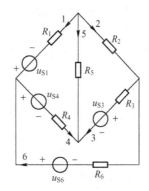

图 3.13　网孔电流法的示例电路

图 3.13 所示电路的图就是图 3.12。分别对网孔 1、2、3 列写 KVL 方程。和支路电流法相同，方程左边为电阻元件的压降，而右边为理想电压源的电位升，并用网孔电流表示支路电流。

$$\left.\begin{aligned} -R_1(-i_{m1}) + R_5(i_{m1} - i_{m2}) - R_4(-i_{m1} + i_{m3}) &= -u_{S1} + u_{S4} \\ R_2(i_{m2}) + R_3(i_{m2} - i_{m3}) - R_5(i_{m1} - i_{m2}) &= -u_{S3} \\ -R_3(i_{m2} - i_{m3}) + R_4(-i_{m1} + i_{m3}) + R_6(i_{m3}) &= u_{S3} - u_{S4} + u_{S6} \end{aligned}\right\} \tag{3.13}$$

式（3.13）经过整理后，就得到网孔回路电流法的标准方程：

$$\left.\begin{array}{r}(R_1 + R_4 + R_5)i_{m1} - R_5 i_{m2} - R_4 i_{m3} = -u_{S1} + u_{S4} \\ -R_5 i_{m1} + (R_2 + R_3 + R_5)i_{m2} - R_3 i_{m3} = -u_{S3} \\ -R_4 i_{m1} - R_3 i_{m2} + (R_3 + R_4 + R_6)i_{m3} = u_{S3} - u_{S4} + u_{S6}\end{array}\right\} \qquad (3.14)$$

由此归纳出网孔回路电流方程的一般形式：

$$\left.\begin{array}{r}R_{11}i_{m1} + R_{12}i_{m2} + \cdots + R_{1m}i_{mm} = u_{S11} \\ R_{21}i_{m1} + R_{22}i_{m2} + \cdots + R_{2m}i_{mm} = u_{S22} \\ \vdots \\ R_{m1}i_{m1} + R_{m2}i_{m2} + \cdots + R_{mm}i_{mm} = u_{Smm}\end{array}\right\} \qquad (3.15)$$

式中，m 为电路的网孔数，$i_{mi}(i = 1, 2, \cdots, m)$ 为网孔 i 的网孔电流。且电路中只有理想电压源和电阻两类元件，式（3.15）的本质为 KVL 方程，可表示为

$$\sum 电阻的压降 = \sum 理想电压源的电位升 \qquad (3.16)$$

方程（3.15）有如下规律特点：

1）R_{ii} 是 i 网孔中所有电阻元件的电阻之和，称为自（电）阻，并且总取 "+" 号。

2）R_{ij} 是 i、j 两网孔之间公共支路上的电阻之和，称为互（电）阻。如果两网孔电流在公共支路上循环方向一致，则取 "+" 号；不一致则取 "–" 号。如果所有网孔均选取顺时针（或逆时针）循环方向，互（电）阻 R_{ij} 全为 "–" 号。当电路只含有电阻和理想电压源时，$R_{ij} = R_{ji}$；当 i、j 两网孔之间无公共支路或有公共支路但公共支路上无电阻时，$R_{ij} = 0$。

3）u_{Sii} 为 i 网孔中所有理想电压源的电位升之和，当某理想电压源的电压参考方向与网孔电流参考方向一致时，取 "–" 号；不一致时取 "+" 号。

根据上述规律特点并按照方程的一般形式，就不难写出规范的网孔回路电流方程（组）。

例 3.4 在图 3.14 所示电路中，电阻和电压源均已知，试用网孔回路电流法求各支路电流。

解： 此平面电路共有 3 个网孔回路，设网孔回路电流为 I_1、I_2、I_3，且参考方向都为顺时针（见图 3.14）。

列网孔回路电流方程

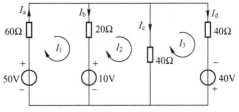

图 3.14　例 3.4 的图

$$\left.\begin{array}{r}(60 + 20)\,I_1 - 20I_2 = -10 + 50 \\ -20I_1 + (20 + 40)\,I_2 - 40I_3 = 10 \\ -40I_2 + (40 + 40)\,I_3 = 40\end{array}\right\}$$

解之得

$$I_1 = 0.786\text{A}$$

$$I_2 = 1.143\text{A}$$

$$I_3 = 1.071\text{A}$$

从而得各支路电流为

$$I_a = I_1 = 0.786\text{A}$$

$$I_b = -I_1 + I_2 = 0.357\text{A}$$

$$I_c = I_2 - I_3 = 0.072\text{A}$$

$$I_d = -I_3 = -1.071\text{A}$$

当电路含有除电阻和理想电压源外的其他电路元件时，就需要对式（3.16）进行补充。所谓补充就是电阻和理想电压源仍可按式（3.15）来写，只需在式（3.16）中补充其余元件的电压降即可，可进一步表示为

$$\sum \text{电阻的压降} + \sum \left.\begin{array}{l}\text{理想电流源}\\ \text{受控电压源}\\ \text{受控电流源}\end{array}\right\} \text{的压降} = \sum \text{理想电压源的电位升} \qquad （3.17）$$

当电路中有理想电流源且有电阻与之并联时，称为有伴理想电流源，此时可将其等效变换为理想电压源与电阻的串联。如果理想电流源没有电阻与之并联，则为无伴电流源。这时可采取两种方法：一是不必列写该理想电流源所在网孔的 KVL 方程，条件是该理想电流源只属于该网孔，是该网孔的独有支路，此种情况下，理想电流源所在网孔的网孔电流就等于该理想电流源的电流；二是补充理想电流源的端电压为新增变量，出现新增变量，就要补充新的方程——补充理想电流源电流与网孔电流关系的方程。

当电路中出现受控电压源时，直接将受控电压源的电压写在式（3.17）的左边，且压降取"+"号，电位升取"-"号。由于受控电压源的端电压是用控制量表示的，所以必须要补充控制量条件（用网孔电流表示）方程。

当电路中出现受控电流源时，处理方法同理想电流源。但不同的是，还要补充受控电流源的控制量条件（用网孔电流表示）方程。补充控制量条件方程时，不能与网孔回路的 KVL 方程重复。

总之，m 个网孔回路电流就需要 m 个独立 KVL 方程来解。如果出现一个新的变量，就要用相应的方程来补充，且要保证补充的方程与已列出的方程相互独立。

例 3.5 用网孔回路电流法对图 3.15 的电路列写方程并表示电阻 R_3 的电流。

解： 对网孔进行 1、2、3 编号且规定网孔回路电流方向（如图所示）。对理想电流源，补充其端电压 u（如图所示）。

$$(R_1 + R_3)i_{m1} - R_3 i_{m3} + u = 0$$
$$(R_2 + R_4)i_{m2} - R_4 i_{m3} - u = 0$$
$$-R_3 i_{m1} - R_4 i_{m2} - (R_3 + R_4)i_{m3} = u_S$$
$$-i_{m1} + i_{m2} = i_S$$
$$i_3 = -i_{m1} + i_{m3}$$

例 3.6 用网孔回路电流法列写图 3.16 所示电路的方程，其中 $i_5 = \beta i_3$，$u_6 = \alpha u_2$。

解：

$$\left.\begin{array}{l}i_{m1} = i_{S1}\\ -R_2 i_{m1} + (R_2 + R_4)i_{m2} - R_4 i_{m3} = u_{S3} - u_{S4}\\ -R_4 i_{m2} + R_4 i_{m3} + u_5 = u_{S4}\\ R_6 i_{m4} + \alpha u_2 - u_5 = 0\end{array}\right\}$$

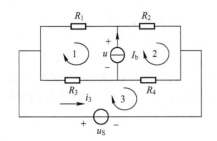

图 3.15　例 3.5 的图

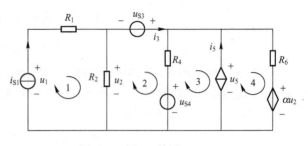

图 3.16　例 3.6 的图

补充控制量条件方程：

$$i_5 = -i_{m3} + i_{m4}$$

$$\left.\begin{array}{r} i_5 = -i_{m3} + i_{m4} \\ i_5 = \beta i_3 \\ i_3 = i_{m2} \end{array}\right\} \tag{3.18}$$

$$u_2 = R_2(i_{m1} - i_{m2})$$

补充方程的列法可形象地称为跟踪补充法。出现一个除网孔回路电流以外的新变量，就要补充一个新方程。如果在新补的方程中又出现了新变量，则要继续补充方程，一直补充到网孔回路电流变量为止。

同时要注意，u_2 仅为受控源的控制量，不要重复出现在网孔回路的 KVL 方程中。

列写网孔回路电流方程的步骤如下：

1）确定电路的网孔数，对其编号并规定网孔电流的参考方向。为方便起见，可以规定所有网孔电流都为顺时针或逆时针。

2）按式（3.15）列写网孔回路电流方程。如果电路含有除电阻和理想电压源外的其他电路元件，可以补充新的未知量（变量）。新增未知量（变量）以及控制量要用网孔电流表示（补充方程），且补充的方程要和已有的方程相互独立。

3）求解网孔回路电流方程，解出网孔电流。

4）用网孔电流求出其他电压、电流及功率等物理量。

3.5　回路电流分析法

网孔回路电流法只适用于平面电路，而回路电流分析法不受此限制，它适用于平面或非平面电路。平面电路的网孔是直观的、确定的。但平面或非平面电路回路的选择具有多样性，但前提是必须选择独立回路。

如同网孔回路电流是在网孔回路中连续流动的假想电流一样，回路电流是在回路中连续流动的假想电流。回路电流分析法是以一组独立回路电流为电路变量的求解方法。通常选择基本回路作为独立回路，这样，回路电流就将是相应的连支电流。

以图 3.17 所示电路的图为例，如果选支路（1、2、3）为树（图中用实线画出），可以得出以支路（4、5、6）为连支的单连支回路。设单连支回路电流为 i_{l1}、i_{l2}、i_{l3}，则有

$$i_4 = i_{l1}$$
$$i_5 = i_{l2}$$
$$i_6 = i_{l3}$$

$$(3.19)$$

根据回路 1、2、3 的绕行方向还有

$$i_1 = i_{l1} - i_{l2} - i_{l3}$$

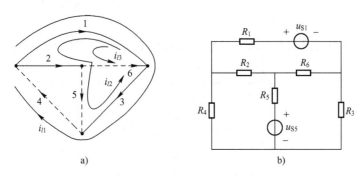

图 3.17　回路电流分析法示例

同理，支路电流 i_2 和 i_3 分别为

$$i_2 = i_{l2} + i_{l3}$$

$$i_3 = i_{l1} - i_{l2}$$

至此，所有的支路电流都可以用回路电流来表示。注意：在网孔回路中，公共支路只能是两网孔的公共支路；而在回路电流法中，可能有三个或以上的回路都经过该支路。

进一步对三个单连支回路列写以回路电流 i_{l1}、i_{l2}、i_{l3} 为变量的 KVL 方程如下：

$$R_1(i_{l1} - i_{l2} - i_{l3}) + R_3(i_{l1} - i_{l2}) + R_4 i_{l1} + u_{S1} = 0$$
$$-R_1(i_{l1} - i_{l2} - i_{l3}) + R_2(i_{l2} + i_{l3}) + R_5 i_{l2} - R_3(i_{l1} - i_{l2}) - u_{S1} - u_{S5} = 0$$
$$-R_1(i_{l1} - i_{l2} - i_{l3}) + R_2(i_{l2} + i_{l3}) + R_6 i_{l3} - u_{S1} = 0$$

经过整理后，可得

$$(R_1 + R_3 + R_4)i_{l1} - (R_1 + R_3)i_{l2} - R_1 i_{l3} = -u_{S1}$$
$$-(R_1 + R_3)i_{l1} + (R_1 + R_2 + R_3 + R_5)i_{l2} + (R_1 + R_2)i_{l3} = u_{S1} + u_{S5}$$
$$-R_1 i_{l1} + (R_1 + R_2)i_{l2} + (R_1 + R_2 + R_6)i_{l3} = u_{S1}$$

$$(3.20)$$

式（3.20）的回路电流方程是 KVL 方程，等式左边各项是电阻元件的电压降之和，等式右边是各理想电压源的电位升之和。它们与网孔回路电流方程（3.15）相似。对于具有 l 个独立回路的电路，可得出回路电流方程的一般形式为

$$R_{11}i_{l1} + R_{12}i_{l2} + R_{13}i_{l3} + \cdots + R_{1l}i_{ll} = u_{S11}$$
$$R_{21}i_{l1} + R_{22}i_{l2} + R_{23}i_{l3} + \cdots + R_{2l}i_{ll} = u_{S22}$$
$$\vdots$$
$$R_{l1}i_{l1} + R_{l2}i_{l2} + R_{l3}i_{l3} + \cdots + R_{ll}i_{ll} = u_{Sll}$$

$$(3.21)$$

式中的 R_{11}、R_{22}、R_{ll} 等是各回路的自电阻，总取"+"号。而 R_{12}、R_{23}，R_{ij} 等是两回路间的互电阻，互电阻的正负是由相应的两个经过互电阻的回路电流的流向决定的。互电阻上两回路电流的流向相同时取"+"号；相反时取"−"号。

式（3.21）右边的 u_{S11}、u_{S22}、u_{Sll} 等分别为回路1、2、l 等中所有理想电压源的电位升之和。当 u_S 方向与回路电流方向一致时，u_S 为电压降，取"−"号；不一致时，则取"+"号。

当电路除电阻和理想电压源元件外，还含有别的元件时，可按网孔回路电流法式（3.17）及相应的原则来处理。

例3.7 试用回路电流法列写图3.18所示电路的电路方程，其中 $i_5 = \beta i_3$。

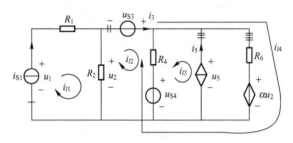

图 3.18 例 3.7 的图

解： 此电路中含有无伴理想电流源和无伴受控电流源支路（注意：电阻 R_1 与理想电流源 i_{S1} 是串联的）。如果将其选为回路 1、3 的连支，则不必列写其所在回路的 KVL 方程。考虑到 i_3 是控制量，也将其所在支路选为回路 2 的连支，最后选择回路 4 如图中所示。每个回路的连支都用与导线垂直的小直线段表示（几段就表示第几号回路的单连支）。

列回路电流方程为

$$i_{l1} = i_{S1}$$
$$-R_2 i_{l1} + (R_2 + R_4)i_{l2} + R_4 i_{l3} - R_4 i_{l4} = u_{S3} - u_{S4}$$
$$i_{l3} = i_5 = \beta i_3 = \beta i_{l2}$$
$$-R_4 i_{l2} - R_4 i_{l3} + (R_4 + R_6)i_{l4} + \alpha u_2 = u_{S4}$$
$$u_2 = R_2(i_{l1} - i_{l2})$$

例3.8 试列写图3.19所示电路的回路电流方程，并求各支路电流。

解： 回路电流法特别适合于理想电流源较多的电路。此图有 4 个结点，9 条支路，则树支数=4-1=3，而连支数=9-3=6，即应该有 6 个独立回路。

选独立回路 l_1、l_2、l_3、l_4、l_5、l_6 如图3.19所示。

因 1A、2A、3A、4A、5A 的理想电流源所在支路分别为回路 l_1、l_2、l_3、l_4、l_5 的独有支路，故有：

$$i_{l1} = 1A$$
$$i_{l2} = 2A$$
$$i_{l3} = 3A$$
$$i_{l4} = 4A$$
$$i_{l5} = 5A$$

而回路 6 的方程为： $-2i_{l1}-2i_{l2}-3i_{l3}-4i_{l4}+(4+3)i_{l5}+(2+2+3+4)i_{l6}=10-5-7+12$

解之得 $\qquad\qquad i_{l6}=\dfrac{6}{11}\mathrm{A}$

由这 6 个回路电流，即可求出图中所有支路的电流（求解略）。

应用回路电流法选择独立回路时，可以采用单连支回路，也可以直接选择，但要保证每一个所选回路都是独立的。列写回路电流方程的其他步骤与网孔回路电流法相同。

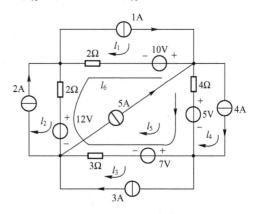

图 3.19　例 3.8 的图

3.6　结点电压法

在电路中任意选择某一个结点为参考结点，其他结点与此参考结点之间的电压称为结点电压。结点电压的参考极性是以参考结点为 "–"，其余独立结点为 "+"。在具有 n 个结点的电路中，有 $(n-1)$ 个独立结点，也即有 $(n-1)$ 个结点电压。结点电压用 $u_{n1},u_{n2},\cdots,u_{n(n-1)}$ 来表示。结点电压法就是以这 $(n-1)$ 个结点电压为变量列电路方程的方法。

以图 3.20 所示电路为例，对结点和支路进行编号（如图所示），同时规定支路的参考方向，选◎为参考结点。结点电压用 u_{n1}、u_{n2}、u_{n3} 来表示，支路电压有 u_1、u_2、u_3、u_4、u_5、u_6。根据 KVL，支路电压用结点电压表示为

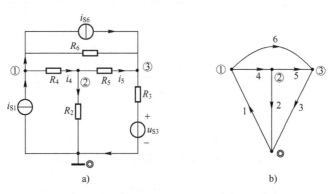

图 3.20　结点电压法示例

$$\left.\begin{aligned}
u_1 &= -u_{n1}\\
u_2 &= u_{n2}\\
u_3 &= u_{n3}\\
u_4 &= u_{n1}-u_{n2}\\
u_5 &= u_{n2}-u_{n3}\\
u_6 &= u_{n1}-u_{n3}
\end{aligned}\right\}\qquad(3.22)$$

对结点①②③列写 KCL 方程为

$$\left.\begin{array}{r} -i_1 + i_4 + i_6 = 0 \\ i_2 - i_4 + i_5 = 0 \\ i_3 - i_5 - i_6 = 0 \end{array}\right\} \tag{3.23}$$

而各支路电流又为

$$\left.\begin{array}{l} i_1 = i_{S1} \\[4pt] i_2 = \dfrac{u_2}{R_2} \\[6pt] i_3 = \dfrac{u_3}{R_3} - \dfrac{u_{S3}}{R_3} \\[6pt] i_4 = \dfrac{u_4}{R_4} \\[6pt] i_5 = \dfrac{u_5}{R_5} \\[6pt] i_6 = \dfrac{u_6}{R_6} + i_{S6} \end{array}\right\} \tag{3.24}$$

先将式（3.24）代入式（3.23），再将式（3.22）代入式（3.23），即得到只含结点电压变量的 KCL 方程，也即结点电压方程为

$$\left.\begin{array}{l} \left(\dfrac{1}{R_4} + \dfrac{1}{R_6}\right)u_{n1} - \dfrac{1}{R_4}u_{n2} - \dfrac{1}{R_6}u_{n3} = i_{S1} - i_{S6} \\[10pt] -\dfrac{1}{R_4}u_{n1} + \left(\dfrac{1}{R_2} + \dfrac{1}{R_4} + \dfrac{1}{R_5}\right)u_{n2} - \dfrac{1}{R_5}u_{n3} = 0 \\[10pt] -\dfrac{1}{R_6}u_{n1} - \dfrac{1}{R_5}u_{n2} + \left(\dfrac{1}{R_3} + \dfrac{1}{R_5} + \dfrac{1}{R_6}\right)u_{n3} = i_{S6} + \dfrac{u_{S3}}{R_3} \end{array}\right\} \tag{3.25}$$

式（3.23）可写成

$$\left.\begin{array}{l} (G_4 + G_6)u_{n1} - G_4 u_{n2} - G_6 u_{n3} = i_{S1} - i_{S6} \\[4pt] -G_4 u_{n1} + (G_2 + G_4 + G_5)u_{n2} - G_5 u_{n3} = 0 \\[4pt] -G_6 u_{n1} - G_5 u_{n2} + (G_3 + G_5 + G_6)u_{n3} = i_{S6} + \dfrac{u_{S3}}{R_3} \end{array}\right\} \tag{3.26}$$

式中，$G_1, G_2, \cdots, G_6$ 为支路 1，2，$\cdots$，6 的电导。

由式（3.26）归纳总结，得出具有（$n-1$）个独立结点的结点电压方程为

$$\left.\begin{array}{l} G_{11}u_{n1} + G_{12}u_{n2} + G_{13}u_{n3} + \cdots + G_{1(n-1)}u_{n(n-1)} = i_{S11} \\[4pt] G_{21}u_{n1} + G_{22}u_{n2} + G_{23}u_{n3} + \cdots + G_{2(n-1)}u_{n(n-1)} = i_{S22} \\[4pt] \qquad\qquad\qquad\cdots \\[4pt] G_{(n-1)1}u_{n1} + G_{(n-1)2}u_{n2} + G_{(n-1)3}u_{n3} + \cdots + G_{(n-1)(n-1)}u_{n(n-1)} = i_{S(n-1)(n-1)} \end{array}\right\} \tag{3.27}$$

方程式（3.27）左边（对角线系数）的 $G_{11}, G_{22}, \cdots, G_{(n-1)(n-1)}$ 为结点①、②、③的自电导。G_{ii} 表示与 i 结点相连的所有起作用的支路电导的和，总取"+"。在式（3.27）中，

$G_{11} = G_4 + G_6$，$G_{22} = G_2 + G_4 + G_5$，$G_{33} = G_3 + G_5 + G_6$。

方程式（3.27）左边的（非对角线系数）G_{12}，G_{23}，…，G_{ij} 为相应两结点之间的互电导，总为"-"。当电路中不含受控电源时，$G_{ij} = G_{ji}$。G_{ij} 为 i、j 两个结点之间公共支路上的所有起作用的电导之和。式（3.27）中，$G_{12} = G_{21} = -G_4$，$G_{13} = G_{31} = -G_6$，$G_{23} = G_{32} = -G_5$。

方程式（3.27）的右边分别是对应结点上电源电流的代数和。电源的电流流入结点为正，流出结点为负。

式（3.27）体现的是：

$$\sum 电阻支路的流出电流 = \sum 电源支路的流入电流$$

例 3.9 电路如图 3.21 所示，用结点电压法求支路电流 I_2 及输出电压 U_O。

解： 取参考结点如图所示，其他 3 个独立结点的结点电压分别为 u_{n1}、u_{n2}、u_{n3}。

结点电压方程为

$$\left(\frac{1}{2} + \frac{1}{3} + \frac{1}{6}\right)u_{n1} - \left(\frac{1}{3} + \frac{1}{6}\right)u_{n2} = -\frac{15}{3}$$

$$-\left(\frac{1}{3} + \frac{1}{6}\right)u_{n1} + \left(\frac{1}{2} + \frac{1}{3} + \frac{1}{6}\right)u_{n2} - \frac{1}{2}u_{n3} = \frac{15}{3} - 5 + 10$$

$$-\frac{1}{2}u_{n2} + \left(\frac{1}{2} + \frac{1}{2}\right)u_{n3} = 5$$

解之得

$$u_{n1} = 5V$$

$$u_{n2} = 20V$$

$$u_{n3} = 15V$$

故

$$U_O = u_{n3} = 15V$$

$$I_2 = \frac{u_{n2} - u_{n1}}{6} = 2.5A$$

例 3.10 列出图 3.22 所示电路的结点电压方程。

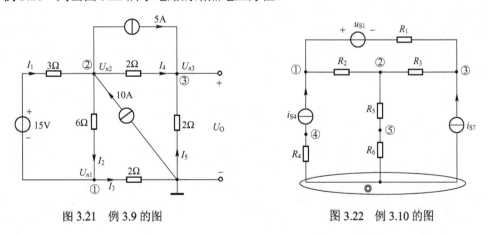

图 3.21　例 3.9 的图　　　　　　图 3.22　例 3.10 的图

解： 将电阻 R_5、R_6 串联（$R_5 + R_6$）作为一条支路，而将 R_4 与 i_{S4} 的串联作为另一条支路。

电路有 3 个独立结点①、②、③其结点电压分别用 u_{n1}、u_{n2}、u_{n3} 来表示,选◎为参考结点。

结点电压方程如下:

$$
\left.
\begin{aligned}
&\left(\frac{1}{R_1}+\frac{1}{R_2}\right)u_{n1}-\frac{1}{R_2}u_{n2}-\frac{1}{R_1}u_{n3}=i_{S4}+\frac{u_{S1}}{R_1} \\
&-\frac{1}{R_2}u_{n1}+\left(\frac{1}{R_2}+\frac{1}{R_3}+\frac{1}{R_5+R_6}\right)u_{n2}-\frac{1}{R_3}u_{n3}=0 \\
&-\frac{1}{R_1}u_{n1}-\frac{1}{R_3}u_{n2}+\left(\frac{1}{R_1}+\frac{1}{R_3}\right)u_{n3}=i_{S7}-\frac{u_{S1}}{R_1}
\end{aligned}
\right\}
$$

如果电路还含有无伴电压源(理想电压源没有电阻与之串联)及受控源元件,就需要对式(3.27)进行补充为

$$
\sum \text{电阻支路的流出电流}+\sum \begin{matrix}\text{理想电压源支路的流出电流}\\ \text{受控电压源支路的流出电流}\\ \text{受控电流源支路的流出电流}\end{matrix}=\sum \text{其他电源支路的流入电流}
$$

（3.28）

当电路含有无伴电压源时,可采用两种方案:一是不必列写该理想电压源正极所在结点的 KCL 方程,条件是理想电压源负极所在结点必须是参考结点(注意:一个电路只有一个参考结点);二是补充理想电压源的电流,按式(3.28)列写,电流流出为"+"号,流入为"−"号。在这种情况下,出现了新的变量,就要补充用理想电压源电压表示的结点电压方程。

当电路中出现受控电流源时,直接将其电流按式(3.28)列写,且电流流出为"+",流入为"−"。同时必须要补充受控电流源控制量条件方程(用结点电压表示)。

当电路中出现受控电压源时,如果是有伴的,可等效变换为受控电流源与电阻的并联。如果受控电压源是无伴的,处理方法同无伴电压源。最后,仍要补充受控电压源的控制量条件方程(用结点电压表示)。

所有补充的方程要和已有方程相互独立。

例 3.11 对图 3.23 所示的电路列写结点电压方程。

解: 电路中存在无伴理想电压源、无伴受控电压源和无伴受控电流源(电阻 R_5 与受控电流源 βi_2 是串联的)。选结点④为参考结点。补充无伴理想电压源、无伴受控电压源的电流,则方程为

$$
\left(\frac{1}{R_2}+\frac{1}{R_4}\right)u_{n1}-\frac{1}{R_2}u_{n2}+i_1-\frac{\gamma i_2}{R_4}=0
$$

$$
-\frac{1}{R_2}u_{n1}+\left(\frac{1}{R_2}+\frac{1}{R_3}\right)u_{n2}-\frac{1}{R_3}u_{n3}+\beta i_2=0
$$

$$
-\frac{1}{R_3}u_{n2}+\frac{1}{R_3}u_{n3}+i_6-i_1=0
$$

$$
u_{n1}-u_{n3}=u_S
$$

$$
i_2=\frac{u_{n1}-u_{n2}}{R_2}
$$

$$u_{n3} = \alpha u_3 = \alpha(u_{n2} - u_{n3})$$

如果选结点③为参考结点，则结点电压方程为

$$u_{n1} = u_S$$

$$-\frac{1}{R_2}u_{n1} + \left(\frac{1}{R_2} + \frac{1}{R_3}\right)u_{n2} + \beta i_2 = 0$$

$$u_{n4} = -\alpha u_3 = -\alpha(u_{n2} - u_{n3})$$

$$i_2 = \frac{u_{n1} - u_{n2}}{R_2}$$

$$u_{n4} = -\alpha u_3 = -\alpha u_{n2}$$

$$i_2 = \frac{u_{n1} - u_{n2}}{R_2}$$

结点电压方程数量减少，使分析计算更简单明了。

例 3.12 对图 3.24 所示的电路列写结点电压方程。

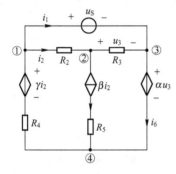
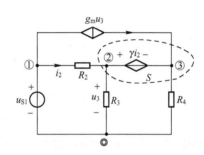

图 3.23 例 3.11 的图   图 3.24 例 3.12 的图

解：选理想电压源的负极所在结点◎为参考结点，独立结点①、②、③的结点电压为 u_{n1}、u_{n2}、u_{n3}。对结点①不必列写 KCL 方程，而对无伴 CCVS，可选择包含结点②和③的闭合面 S 列写 KCL 方程为

$$u_{n1} = u_S$$

$$\frac{u_{n2} - u_{n1}}{R_2} + \frac{u_{n2}}{R_3} - g_m u_3 + \frac{u_{n3}}{R_4} = 0$$

$$u_{n2} - u_{n3} = \gamma i_2$$

$$u_3 = u_{n2}$$

$$i_2 = \frac{u_{n1} - u_{n2}}{R_2}$$

整理后得到以 u_{n1}、u_{n2}、u_{n3} 为变量的结点电压方程为

$$\left.\begin{array}{c}u_{n1} = u_S \\ -\dfrac{1}{R_2}u_{n1} + \left(\dfrac{1}{R_2} + \dfrac{1}{R_3} - g_m\right)u_{n2} + \dfrac{1}{R_4}u_{n3} = 0 \\ -\dfrac{\gamma}{R_2}u_{n1} + \left(1 + \dfrac{\gamma}{R_2}\right)u_{n2} - u_{n3} = 0\end{array}\right\}$$

本章小结

本章介绍了分析电路的 $2b$ 方程法、支路电流法、网孔回路电流法（以及回路电流法）和结点电压法。其中 $2b$ 方程法的变量数为 $2b$，支路电流法的变量数为 b，网孔（回路）电流法的变量数为（$b-n+1$），而结点电压法的变量数为（$n-1$）。这些都不包括补充的变量。网孔（回路）电流法和结点电压法是分析电路的常用方法。网孔回路电流法选取独立回路简便、直观，但仅适用于平面电路；结点电压法的结点电压易选择，无须选取独立回路，较易使用和掌握。

在结束本章前，用一道典型例题加以总结。

例 3.13　分别用回路电流法和结点电压法列写图 3.25 所示电路的电路方程。

解：（a）用结点电压法列写方程（0 结点为参考结点）：

$$\left(1+\frac{1}{2}\right)U_{n1}-\frac{1}{2}U_{n2}-U_{n4}=1$$

$$U_{n2}=-2\text{V}$$

$$-U_{n2}+(1+2)U_{n3}+2I_2=0$$

$$U_{n4}=-2U_1$$

$$U_1=U_{n1}-U_{n2}$$

$$I_2=U_{n3}-U_{n2}$$

（b）电路的图及其独立回路如图 3.26 所示（$n=5$，独立回路数 $=5-1=4$）。

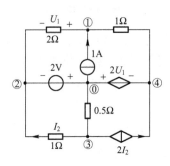

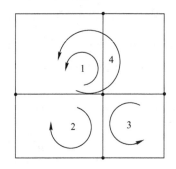

图 3.25　例 3.13 的图　　　图 3.26　例 3.13 电路的图及其独立回路

用回路电流法列写方程：

$$I_{l1}=1\text{A}$$

$$(1+0.5)I_{l2}+0.5I_{l3}=2$$

$$I_{l3}=2I_2=2I_{l2}$$

$$2I_{l1}+(2+1)I_{l4}+2U_1=2$$

$$U_1=2(I_{l1}+I_{l4})$$

72

习题

3.1 画出图 3.27a、b 所示电路的图，并说明其结点数和支路数。理想（受控）电压源和电阻的串联组合，理想（受控）电流源和电阻的并联组合分别作为一条支路处理。

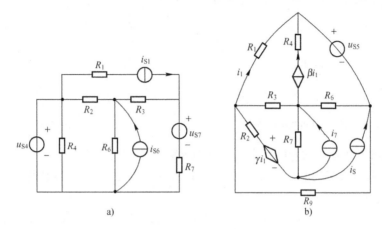

图 3.27 习题 3.1 的图

3.2 指出图 3.27a、b 所示电路各有多少个独立 KCL、KVL 方程，并规定支路的参考方向，列写独立 KCL 方程和独立 KVL 方程（选网孔回路）。

3.3 在图 3.28a、b 中各画出两棵不同的树，同时确定每棵树对应的单连支回路。

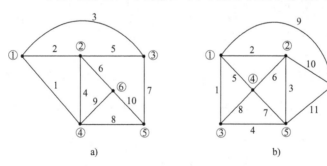

图 3.28 习题 3.3 的图

3.4 对图 3.29 所示的有向图，试画出 2 种不同的树，同时写出每棵树对应的单连支回路的 KVL 方程。

3.5 用 2b 方程法列写求图 3.30 所示电路中电流 i_G 的方程。

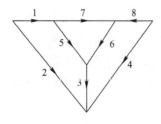

图 3.29 习题 3.4 的图

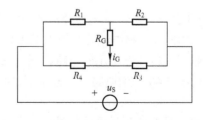

图 3.30 习题 3.5 的图

3.6 用 2b 方程法和支路电流法分别求解图 3.31 中的电流 i。

3.7 用支路电流法求解图 3.32 中的电流 I_S 和 I_o。

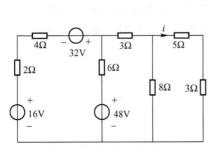 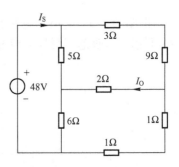

图 3.31 习题 3.6 的图   图 3.32 习题 3.7 的图

3.8 用网孔回路电流法和回路电流法分别求图 3.33 中的电流 I_1。

3.9 图 3.34 中，已知 $R_1 = R_2 = 2\Omega$，$R_3 = R_4 = 1\Omega$，$u_S = 10V$，用网孔回路电流法和回路电流法分别求 u_o。

3.10 在图 3.35 中，$i_{S1} = 8A$，$u_{S2} = 20V$，$u_{S4} = 30V$，$i_{S5} = 17A$，$R_2 = 5\Omega$，$R_3 = 10\Omega$，$R_4 = 10\Omega$，试分别用回路电流法和结点电压法求 u_{ab} 与 i_4。

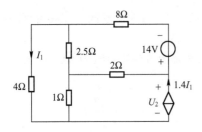 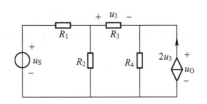

图 3.33 习题 3.8 的图   图 3.34 习题 3.9 的图

3.11 对图 3.36 分别用回路电流法和结点电压法列写电路方程。

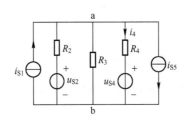 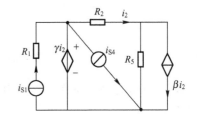

图 3.35 习题 3.10 的图   图 3.36 习题 3.11 的图

3.12 对图 3.37 中 a、b 电路分别列写结点电压方程。

3.13 试用网孔回路电流法和结点电压法分别列写图 3.38 的电路方程。

3.14 对图 3.39a、b 所示的电路，试用回路电流法和结点电压法分别列写其电路方程。

3.15 对图 3.40 中的电路，试分别用网孔回路电流法、回路电流法和结点电压法列写其电路方程。

3.16 列出图 3.41 所示电路的结点电压方程。

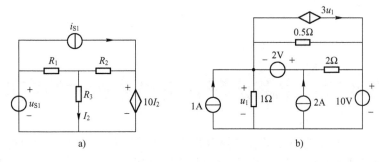

图 3.37 习题 3.12 的图

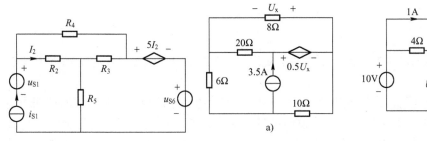

图 3.38 习题 3.13 的图

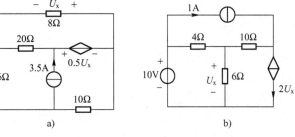

图 3.39 习题 3.14 的图

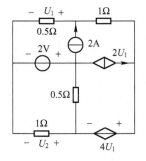

图 3.40 习题 3.15 的图

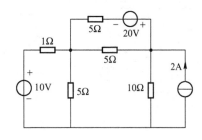

图 3.41 习题 3.16 的图

3.17 列出图 3.42 所示电路的结点电压方程。

3.18 列出图 3.43 所示电路的结点电压方程。

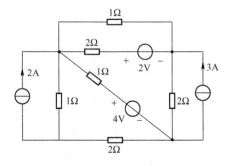

图 3.42 习题 3.17 的图

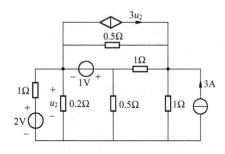

图 3.43 习题 3.18 的图

第4章　电路定理在电路分析中的应用

本章介绍一些重要的电路定理在电路分析中的应用，有叠加定理（包括齐性定理）、替代定理、戴维南定理与诺顿定理以及对偶原理。它们在电路分析中有着广泛和重要的应用。

4.1　叠加定理

电路定理是电路基本性质的体现。叠加定理是线性电路可叠加性的体现，并贯穿于线性电路的分析中。

叠加定理可表述为：在线性电路中，任何一条支路中的电流或电压都可以看成是由电路中各独立电源（电压源或电流源）单独作用时在该支路所产生的电流或电压分量的代数和（电压源不作用时短接，电流源不作用时开路，但所有独立电源的内阻保留）。叠加定理可由图 4.1 所示电路加以说明。

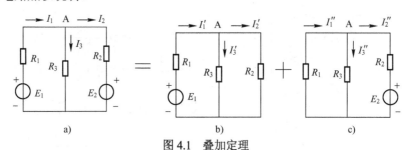

图 4.1　叠加定理

a) 原电路　b) E_1 单独作用　c) E_2 单独作用

则
$$I_1 = I_1' + I_1''$$
$$I_2 = I_2' + I_2''$$
$$I_3 = I_3' + I_3''$$

叠加定理的正确性可用下例说明：

以图 4.2a 中的支路电流 I_3 为例，应用结点电压法先求出 U_{ab}，再求 I_3。

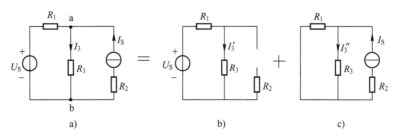

图 4.2　叠加定理的例子

$$U_{ab} = \frac{\dfrac{U_S}{R_1} + I_S}{\dfrac{1}{R_1} + \dfrac{1}{R_3}} = \frac{R_3(U_S + R_1 I_S)}{R_1 + R_3}$$

$$I_3 = \frac{U_{ab}}{R_3} = \frac{U_S + R_1 I_S}{R_1 + R_3} = \frac{U_S}{R_1 + R_3} + \frac{R_1}{R_1 + R_3} I_S = I_3' + I_3''$$

I_3 可认为是由两个分量 I_3' 和 I_3'' 组成。其中 I_3' 是由 U_S 单独作用时（电流源置零）产生的分量，I_3'' 是由 I_S 单独作用时（电压源 U_S 置零）产生的分量。

而由图 4.2b 和 c 可分别求出 U_S 和 I_S 单独作用时所产生的电流分量 I_3' 和 I_3''。

$$I_3' = \frac{U_S}{R_1 + R_3} \qquad\qquad I_3'' = \frac{R_1}{R_1 + R_3} I_S$$

与用结点电压法求出的结果完全一致。

可见，原电路的响应为各电源单独工作时电路响应的代数和。

运用叠加定理求解电路的步骤：

1）画出原电路和各电源单独作用时的电路图，并规定参考方向。

2）分别求解各电源单独作用时的分量。不工作的电压源要短路，不工作的电流源要开路，电阻和受控源要保留。

3）将各分量求代数和。分量的参考方向与原电路的参考方向一致取正，相反取负。

注意：叠加定理只适用于线性电路，且只能求电压和电流响应，原电路的功率不等于各分量电路计算所得的功率的叠加。这是因为功率是电压和电流的乘积。

例如：

$$P_3 = I_3^2 R_3 = (I_3' + I_3'')^2 R_3$$
$$\neq (I_3')^2 R_3 + (I_3'')^2 R_3$$

4）叠加的方式是任意的，根据电路的特点，可以一次使一个独立电源单独作用，也可以一次使几个独立电源同时作用，方式的选择取决于分析问题的方便。

例 4.1 求图 4.3 所示电路中的 I 和 U。

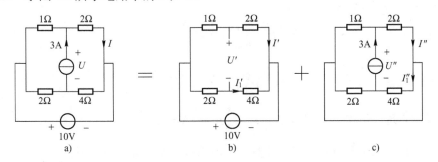

图 4.3 例 4.1 的电路

解：在图 4.3b 所示的电路中

$$I' = \frac{10}{1+2}A = \frac{10}{3}A$$

$$I_1' = \frac{10}{2+4}A = \frac{5}{3}A$$

$$U' = 2I' - 4I_1' = \left(2 \times \frac{10}{3} - 4 \times \frac{5}{3}\right)V = 0V$$

在图 4.3c 所示的电路中

$$I'' = \frac{1}{1+2} \times 3A = 1A$$

$$I_1'' = \frac{2}{2+4} \times 3A = 1A$$

$$U'' = 2I'' + 4I_1'' = 6V$$

运用叠加定理求出分量的代数和，即得

$$I = I' + I'' = \left(\frac{10}{3} + 1\right)A = \frac{13}{3}A$$

$$U = U' + U'' = (0 + 6)V = 6V$$

如果对该电路列写支路电流方程，将有 6 个以支路电流为变量的方程。但用叠加定理求解时，只需画出分量图（标清楚分量的参考方向），求出相应的分量，然后将分量叠加即可求解。

例 4.2 试用叠加定理计算图 4.4 中 12Ω 电阻上的电流 I_3。

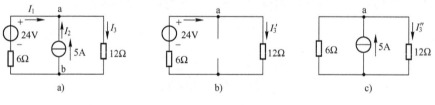

图 4.4 例 4.2 的图

解： 根据叠加定理，图 a 就等于图 b 和图 c 的叠加。其中图 b 是电压源独立作用时的电路；图 c 是电流源独立作用时的电路。

对图 b $$I_3' = \frac{24}{6+12}A = \frac{4}{3}A$$

对图 c $$I_3'' = \frac{6}{6+12} \times 5A = \frac{5}{3}A$$

根据叠加定理，可得 $$I_3 = I_3' + I_3'' = \frac{4}{3}A + \frac{5}{3}A = 3A$$

叠加定理只适用于电压和电流的计算，不能用叠加定理计算电功率。

例 4.3 电路如图 4.5a 所示，试用叠加定理求电压 u_3。

解： 由叠加定理分别画出电压源与电流源分别作用时的电路，如图 4.5b、c 所示。由图 b 可得

$$i_1^{(1)} = \frac{10}{6+4}\text{A} = 1\text{A}$$

$$u_3^{(1)} = -10i_1^{(1)} + 4i_1^{(1)} = -6\text{V}$$

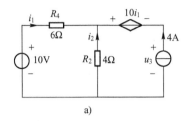
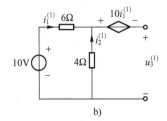
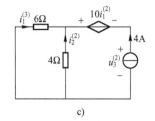

图 4.5　例 4.3 的图

由图 c 可得

$$i_1^{(2)} = -\frac{4}{6+4} \times 4\text{A} = -1.6\text{A}$$

$$u_3^{(2)} = -10i_1^{(2)} - 6i_1^{(2)} = 25.6\text{V}$$

$$u_3 = u_3^{(1)} + u_3^{(2)} = 19.6\text{V}$$

注意：含有受控电压源或受控电流源的线性电路，在使用叠加定理分析计算时，受控电压源或受控电流源不要单独作用，而应把受控电压源或受控电流源作为一般元件始终保留在电路中。这是因为受控电压源或受控电流源不是独立电源，受控电压源的电压和受控电流源的电流受电路的结构和各元件的参数所约束——受控电压源的电压或受控电流源的电流在分量电路中受控制分量电压、分量电流的控制，其大小、极性（方向）随控制分量的改变而改变。

齐性定理：在线性电路中，当所有激励（电压源和电流源）都同时增大或缩小 K 倍时，响应（电压或电流）也将增大或缩小同样的倍数（K 倍）。

齐性定理由叠加定理推得。注意：这里的激励是指独立的电压源和电流源，并且必须是全部激励同时增大或缩小 K 倍，否则齐性定理不成立。

当电路中只有一个激励（电源）时，响应（电压或电流）的大小必与激励的大小成正比。

用齐性定理分析梯形电路比较方便。

例 4.4　电路如图 4.6 所示，试用齐性定理求各支路电流。

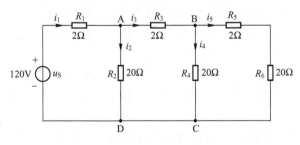

图 4.6　例 4.4 的图

解：设 $i_5 = i_5' = 1\text{A}$　　则

$$u_{BC}' = (R_5 + R_6)i_5' = 22\text{V}$$

$$i_4' = \frac{u_{BC}'}{R_4} = 1.1\text{A}$$

$$i_3' = i_4' + i_5' = 2.1\text{A}$$

$$u_{AD}' = R_3 i_3' + u_{BC}' = 26.2\text{V}$$

$$i_2' = \frac{u_{AD}'}{R_2} = 1.31\text{A}$$

$$i_1' = i_2' + i_3' = 3.41\text{A}$$

$$u_S' = R_1 i_1' + u_{AD}' = 33.02\text{V}$$

因为 $u_S = 220\text{V}$，是 u_S' 的 $K = \dfrac{120}{33.02} = 3.63$ 倍，故各支路电流将增大同样的倍数（K 倍）。即实际各支路电流为

$$i_1 = Ki_1' = 12.38\text{A}$$

$$i_2 = Ki_2' = 4.76\text{A}$$

$$i_3 = Ki_3' = 7.62\text{A}$$

$$i_4 = Ki_4' = 3.99\text{A}$$

$$i_5 = Ki_5' = 3.63\text{A}$$

这种计算方法称为"倒推法"——先假设一个便于计算的数值，然后再按齐性定理加以修正。

4.2　替代定理

替代定理：对于给定的任意一个电路，若某一支路电压为 u_k、电流为 i_k，那么这条支路就可以用一个电压等于 u_k 的独立电压源，或者用一个电流等于 i_k 的独立电流源，或用 $R_k = \dfrac{u_k}{i_k}$ 的电阻来替代，替代后电路中全部电压和电流均保持原有值（解答唯一）不变。第 k 条支路可以是电阻、电压源和电阻的串联或电流源和电阻的并联组合。

替代定理的证明：在图 4.7a 所示线性电阻电路中，N 表示第 k 条支路以外的电路其余部分，第 k 条支路的电压和电流分别为 u_k 和 i_k。

如图 4.7b 所示，用电压源 u_k 替代第 k 条支路后，其余各支路的电压不变（KVL），故其余各支路电流也不变，所以第 k 条支路电流 i_k 也不变（KCL）。如果第 k 条支路用电流源 i_k 替代，如图 4.7c 所示，其余各支路的电流不变（KCL），则其余各支路的电压不变，故第 k 条支路的电压 u_k 也不变（KVL）——因为替代前后 KCL、KVL 关系相同，所以替代前后各

支路的 u、i 不变。

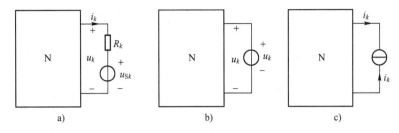

图 4.7　替代定理

但要注意的问题是：

1）替代定理既适用于线性电路，也适用于非线性电路。

2）替代后电路必须有唯一解。

3）替代后其余支路及参数不能改变。

4）如果第 k 条支路中的部分电压或电流为 N 中受控源的控制量，且第 k 条支路被替代后该部分电压或电流不复存在（例如图 4.7a 中 R_k 两端的电压为控制量时），则该支路不能被替代。

替代定理的应用：图 4.8 是替代定理应用的实例。由图 4.8a 可求得 $u_3 = 8V$，$i_3 = 1A$。现将 u_3、i_3 所在的支路 3 分别以 $u_3 = u_S = 8V$ 的电压源（见图 4.8b）或 $i_3 = i_S = 1A$ 的电流源替代（见图 4.8c），不难求出，替代前后各支路的 u、i 不变。替代前图 4.8a 中：$i_1 = 2A$，$i_2 = 1A$；替代后图 4.8b 和图 4.8c 中：$i_1 = 2A$，$i_2 = 1A$ 不变。

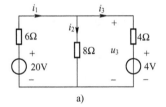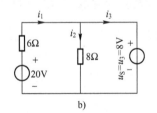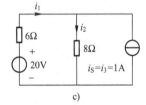

图 4.8　替代定理示例

4.3　戴维南定理与诺顿定理

对于一个二端（一端口）网络 N_1，如果 N_1 只由电阻和受控源构成，而无独立的电压源或电流源，则称为无源二端网络，可以等效为一个电阻（为该一端口网路的输入电阻或等效电阻）；如果 N_1 内有独立的电压源或电流源，则 N_1 称为有（含）源一端口网络，可以等效为一个电压源（模型）或等效为一个电流源（模型）。

4.3.1　戴维南定理

戴维南定理：任何一个含源线性一端口网络，对外电路来说，都可以用一个（理想）电压源和一个电阻的串联组合来等效，如图 4.9 所示。

等效电压源的电压等于有源二端网络 N_S 的开路电压 u_{OC}；等效电压源的电阻等于有源二端网络中所有独立电源均除去（理想电压源短路，理想电流源开路，受控源保留）后所对应的无源二端网络 N_0 的等效电阻 R_{eq}，如图 4.10 所示。

图 4.9　戴维南等效电路　　　　　　　　　图 4.10　戴维南等效电源电压与等效电阻

上述电压源和一个电阻的串联组合称为戴维南等效电路。等效电路中的电阻有时称为戴维南等效电阻 R_{eq}。

用戴维南定理化简有源二端网络，称为求戴维南等效电路。求戴维南等效电路时，必须要先求出开路电压 u_{OC}。u_{OC} 是负载开路（负载上电流 $i=0$）时的端口电压，且最后只能通过 KVL 方程求解。最后（电路可以先简化、变换）找到一个包含 u_{OC} 在内的开口回路，该回路中除 u_{OC} 以外的其余电压都已知，则列出该开口回路的 KVL 方程后，便可求出开路电压 u_{OC}。

在选择开口回路时优先选择有电压源的支路，避开有电流源的支路，因为电流源两端的电压是未知的。若有电阻应先求出流过电阻的电流，求电流时可以用以前讲过的各种方法。

当含源线性一端口网络用戴维南等效电路等效替代后，外电路中的电流、电压保持不变，故戴维南等效电路的等效替代是对外等效，如图 4.11 所示。

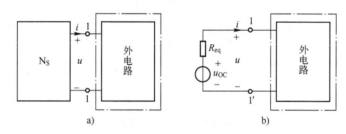

图 4.11　戴维南等效电路对外等效

戴维南定理的证明：图 4.12a 为含源二端网络 N_S，外电路（等效为负载电阻 R_L）中的电压、电流为 u、i。根据替代定理，用 $i_S=i$ 的电流源替代负载电阻 R_L 支路，得到图 4.12b。对该图应用叠加定理，即得图 4.13。

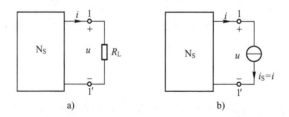

图 4.12　用电流源替代含源二端网络 N_S 的负载支路

由图 4.13 { N_0 为有源二端网络中所有独立电源均除去（电压源短路，电流源开路，受控源保留）后所对应的无源二端网络，其等效电阻为 R_{eq} } 得

$$u = u^{(1)} + u^{(2)}$$
$$u^{(1)} = u_{OC}$$
$$u^{(2)} = -iR_{eq}$$

即

$$u = u_{OC} - iR_{eq}$$

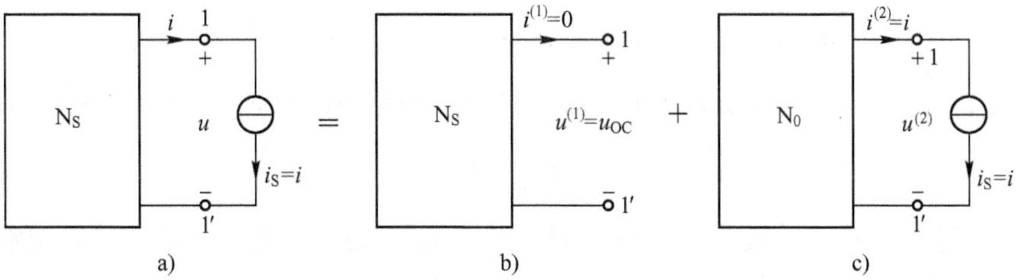

图 4.13　应用叠加定理求外电路电压 u 的叠加图

其对应的等效电路即下面的图 4.14，戴维南定理得证。

戴维南定理的应用：

戴维南定理属于等效变换，所以其步骤如下：

1）将整个电路划分为内、外电路，要求解的支路作为外电路，不需要求解的部分作为内电路。

2）求内电路的戴维南等效电路。

开路电压 u_{OC} 的计算：

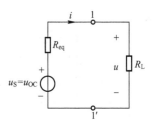

图 4.14　图 4.12a 的等效电路

戴维南等效电路中电压源电压等于将外电路断开时的开路电压 u_{OC}，电压源方向与所求开路电压方向有关。计算 u_{OC} 的方法视电路形式可选择前面学过的任意方法，使易于计算。

等效电阻的计算：

等效电阻为将一端口网络内部独立电源全部置零（电压源短路，电流源开路）后，所得无源一端口网络的输入电阻。常用下列方法计算：

1）当网络内部不含有受控源时，可采用电阻串并联和△—Y互换的方法计算等效电阻。

2）当网络内部含有受控源时，可采用外加电源法（加电压求电流或加电流求电压）。

3）求（含源一端口网络端口）开路电压时，可采用短路电流法。

$$R_{eq} = \frac{u_{OC}}{i_{SC}}$$

求出戴维南等效电路后，将戴维南等效电路与外电路连接，利用戴维南等效电路很容易地就可以求出外电路的电流、电压。

注意：

① 外电路可以是任意的线性或非线性电路，外电路发生改变时，含源一端口网络的等效电路不变（伏—安特性等效）。

② 当一端口内部含有受控源时，该受控源与其控制电路都必须包含在被化简的同一端口内。

例4.5 已知电路如图4.15所示。试用戴维南定理求 I_3。

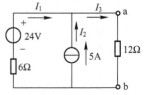

图4.15 例4.5的图

解：（1）先断开待求（12Ω 电阻）支路，得端口开路的有源二端网络，如图 4.16a 所示。求该有源二端网络的开路电压 U_{OC} 如下：

$$I_1 = -I_2 = -5A$$

$$U_{OC} = 24V - 6I_1 = 24V - 6 \times (-5)V = 54V$$

（2）再求有源二端网络除源后所得无源二端网络的等效电阻 R_{eq}，电路如图 4.16b 所示。

$$R_{eq} = 6Ω$$

（3）将有源二端网络等效为一个电压源，把待求（12Ω 电阻）支路与等效电源连接，得到图 4.16c 所示的戴维南等效电路，则

$$I_3 = \frac{54}{6+12}A = \frac{54}{18}A = 3A$$

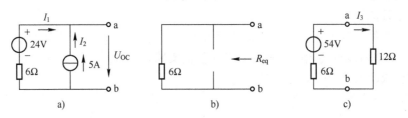

图4.16 例4.15求解 U_{OC}、R_{eq} 的图及其等效电路图

例4.6 求下列二端网络的戴维南等效电路。

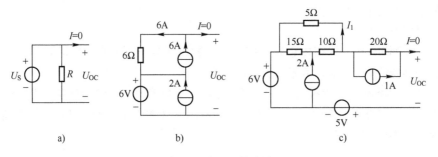

图4.17 例4.6的电路

解： 图 4.17a 所示电路中，$U_{OC} = U_S$；而当除源（将电压源短路）后，$R_{eq} = 0$，故该有源二端电路等效为一个电阻等于 0 的理想电压源，如图 4.18a 所示。

图 4.17b 所示电路中，由于 $I = 0$，所以 6Ω 电阻的电流为 6A，则 $U_{OC} = (6 \times 6 + 6)V = 42V$；当电压源短路和电流源开路后，$R_{eq} = 6Ω$，其戴维南等效电路如图 4.18b 所示。

图 4.17c 所示电路中，当 $I = 0$ 时，20Ω 电阻的电流为 1A，同时 5Ω 与 10Ω 电阻串联后

与 15Ω 电阻并联，而并联总电流为 2A，故

$$I_1 = \frac{15}{15 + (10 + 5)} \times 2\text{A} = 1\text{A}$$

所以
$$U_{\text{OC}} = (20 \times 1 + 5 \times 1 + 6 - 5)\text{V} = 26\text{V}$$

图 4.17c 除源后（电压源短路，电流源开路）的电路如图 4.18c 所示，故

$$R_{\text{eq}} = [20 + 5 /\!/ (10 + 15)]\Omega = 24\frac{1}{6}\Omega$$

其戴维南等效电路如图 4.18d 所示。

注意：以上各题图中，等效电源的参考极性应与 U_{OC} 的参考极性一致。

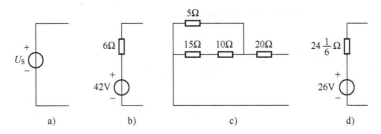

图 4.18 例 4.6 的戴维南等效电路

例 4.7 用戴维南定理求图 4.19 电路中的电流 I_{G}。

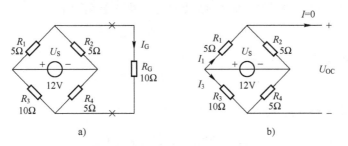

图 4.19 例 4.7 的电路

解：内电路（含源二端网络）如图 4.19b 所示，由于 $I = 0$，所以 R_1 和 R_2 串联，R_3 和 R_4 也串联，并且都接在电压源 U_{S} 上。

$$I_1 = \frac{U_{\text{S}}}{R_1 + R_2} = \frac{12}{5 + 5}\text{A} = 1.2\text{A}$$

$$I_3 = \frac{U_{\text{S}}}{R_3 + R_4} = \frac{12}{10 + 5}\text{A} = 0.8\text{A}$$

$$U_{\text{OC}} = -R_1 I_1 + R_3 I_3 = (-5 \times 1.2 + 10 \times 0.8)\text{V} = 2\text{V}$$

将电压源 U_{S} 短路，求等效电阻 R_{eq}，如图 4.20a 所示。

$$R_{\text{eq}} = R_1 /\!/ R_2 + R_3 /\!/ R_4 = \left[\frac{5 \times 5}{5 + 5} + \frac{5 \times 10}{5 + 10}\right]\Omega = 5.83\Omega$$

最后由等效电路求出电流 I_{G}，如图 4.20b 所示。

$$I_G = \frac{U_{OC}}{R_{eq} + R_G} = \frac{2}{5.83 + 10}A = 0.126A$$

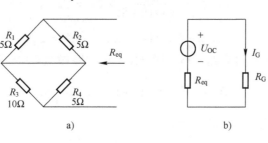

图 4.20　例 4.7 的等效电路

例 4.8　用戴维南定理求图 4.21a 中的电流 I。

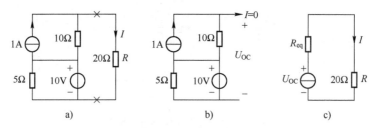

图 4.21　例 4.8 的电路

解：内电路（含源二端网络）如图 4.21b 所示，由于 $I=0$，所以

$$U_{OC} = (1 \times 10 + 10)V = 20V$$

将电压源短路和电流源开路后，得

$$R_{eq} = 10\Omega$$

将戴维南等效电路和外电路连接，得图 4.21c，故

$$I = \frac{U_{OC}}{R_{eq} + R} = \frac{20}{10 + 20}A = \frac{2}{3}A$$

4.3.2　诺顿定理

诺顿定理：任何一个有源二端线性网络，对外电路来说，都可以用一个电流源和一个电阻的并联组合（实际电流源模型）来等效替代。等效电流源的电流就等于该有源二端网络的短路电流 i_{SC}；等效电流源的内电阻 R_{eq} 等于有源二端网络中所有独立电源均除去后所对应的无源二端网络的等效电阻。

用诺顿定理化简有源二端网络，称为求诺顿等效电路。

求诺顿等效电路时，必须先求出短路电流 i_{SC}。i_{SC} 是与外电路相连接的端口的短路（端口电压 $U=0$）电流，且只能通过 KCL 方程求解。

求短路电流 i_{SC} 可以应用以前讲过的各种方法。求等效内电阻 R_{eq} 的方法与求戴维南等效电路时相同。

注意： 图 4.22a 中 i_{SC} 的参考正方向必须与图 4.22b 中 i_{SC} 的参考正方向一致。判断 i_{SC} 正方向正确与否的依据是：原电路与等效电路（连接外部负载的）端口短路时，i_{SC} 流向是否一致。

戴维南等效电路和诺顿等效电路统称为一端口的等效电源电路。戴维南定理和诺顿定理统称为等效电源定理。

例 4.9 求图 4.23a、b 点画线框内部分的诺顿等效电路。

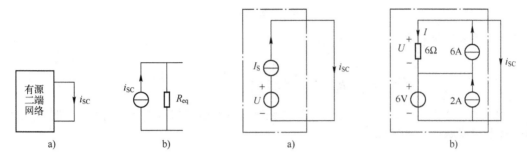

图 4.22　诺顿等效电路　　　　　　　图 4.23　例 4.9 的电路

解： 图 4.23a 中，$i_{SC}=I_S$，而 $R_{eq}=\infty$，其诺顿等效电路模型仍为电流源 I_S，如图 4.24a 所示。

图 4.24b 中，由 KVL 得

$$U+6\text{V}=0，\quad U=-6\text{V}，\quad I=\frac{U}{6}=-1\text{A}$$

又由 KCL 得：$I_{SC}=6\text{A}-I=\left[6-(-1)\right]\text{A}=7\text{A}$

而　　　　　　　　　　$R_{eq}=6\Omega$

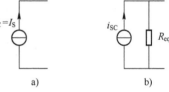

图 4.24　例 4.9 的等效电路

故其诺顿等效电路如图 4.24b 所示。

求出诺顿等效电路后，就可用等效电路求解外电路的电压、电流。其步骤与应用戴维南定理求解电路相似，只需将步骤中戴维南等效电路改成诺顿等效电路即可。

例 4.10 试用诺顿定理求图 4.25a 所示电路中的 I_G。

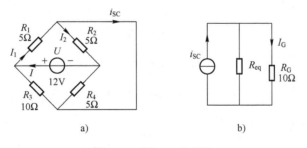

图 4.25　例 4.10 的电路

解： 在图 4.25a 中，R_1 与 R_3 并联，R_2 与 R_4 并联，然后再串联，故得 I、I_1、I_2 如下：

$$I=\frac{E}{(R_1\ //\ R_3)+(R_2\ //\ R_4)}=\frac{12}{5.83}\text{A}=2.06\text{A}$$

$$I_1 = \frac{R_3}{R_1 + R_3} I = \left(\frac{10}{5 + 10} \times 2.06 \right) A = 1.37A$$

$$I_2 = \frac{R_4}{R_2 + R_4} I = \left(\frac{5}{5 + 5} \times 2.06 \right) A = 1.03A$$

$$i_{SC} = I_1 - I_2 = 0.34A$$

R_{eq} 与例 4.7 中的 R_{eq} 相同，即

$$R_{eq} = 5.83\Omega$$

最后，由诺顿等效电路，即图 4.25b 求出

$$I_G = \frac{R_{eq}}{R_{eq} + R_G} I_{SC} = \left(\frac{5.83}{5.83 + 10} \times 0.345 \right) A = 0.126A$$

例 4.11 求图 4.26a 所示含源一端口的戴维南等效电路和诺顿等效电路。一端口内部有电流控制电流源，$i_C = 0.75i_1$。

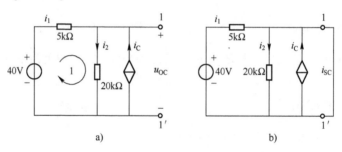

图 4.26 例 4.11 的电路

解： 先求开路电压 u_{OC}。当端口 1-1′ 开路时，由 KCL 得

$$i_2 = i_1 + i_C = 1.75i_1$$

对网孔 1 列 KVL 方程，得

$$5i_1 + 20i_2 = 40$$

由以上 2 个方程可以求得

$$i_1 = 10mA$$

故开路电压

$$u_{OC} = 20i_2 = 35V$$

当端口 1-1′ 短路时，

$$i_1 = \frac{40}{5} mA = 8mA$$

端口 1-1′ 的短路电流为

$$i_{SC} = i_1 + i_C = 1.75i_1 = 14mA$$

故得

$$R_{eq} = \frac{u_{OC}}{i_{SC}} = 2.5k\Omega$$

如果一个有源二端网络既有戴维南等效电路，又有诺顿等效电路，那么两者是可以相互等效的。

如图 4.27a 中戴维南等效电路的短路电流 $i_{SC} = \dfrac{U_{OC}}{R_{eq}}$；同样图 4.27b 中诺顿等效电路的开路电压 $U_{OC} = R_{eq} \times i_{SC}$。其等效关系是：

$$U_{OC} = R_{eq}i_{SC} \qquad 或 \qquad i_{SC} = \frac{U_{OC}}{R_{eq}}$$

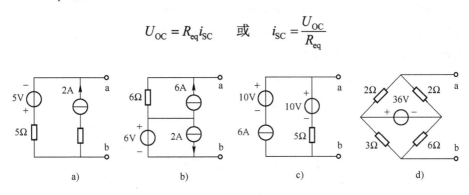

图 4.27　戴维南与诺顿等效电路的相互转化

也就是说，只需求出开路电压、短路电流和等效电阻三个量中的任意两个，就可求出戴维南和诺顿两种等效电路。

注意：

① 若一端口网络的等效电阻 $R_{eq}=0$，则该一端口网络只有戴维南等效电路，无诺顿等效电路。

② 若一端口网络的等效电阻 $R_{eq}=\infty$，则该一端口网络只有诺顿等效电路，无戴维南等效电路。

戴维南定理和诺顿定理在电路分析中应用广泛。如果只需求解电路中的某一部分，而其他部分又构成一个含源二端网络，在这种情况下就可以应用这两个定理，把这部分（含源一端口）电路等效为仅有 2 个元件的简单组合，以便于求解。特别是分析电路中负载何时可以获得最大功率时，这两个定理尤其适用。

本节的重点是戴维南定理，对诺顿定理进行初步了解即可。

【练习与思考】

4.3.1　分别应用戴维南定理和诺顿定理求图 4.28 所示各电路的两种等效电路模型。

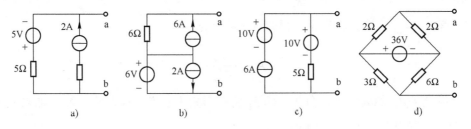

图 4.28　练习与思考 4.3.1 的图

4.3.2 分别应用戴维南定理和诺顿定理计算图 4.29 所示电路中流过 8 kΩ 电阻的电流。

4.4 最大功率传输定理

一个含源线性一端口电路，当所接负载不同时，一端口电路传输给负载的功率就不同，讨论负载为何值时能从电路获取最大功率及最大功率的值是多少的问题是有工程意义的。

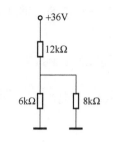

图 4.29 练习与思考 4.3.2 的图

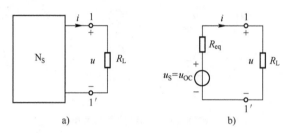

图 4.30 含源线性一端口网络及其戴维南等效电路与负载的连接

如图 4.30 所示，当含源线性一端口网络处于有载工作状态时，外接负载电阻 R_L 的大小经常变动，则由图 4.30b 所示的含源线性一端口网络的戴维南等效电路得

$$i = \frac{u_{OC}}{R_{eq} + R_L}$$

因此电流 i 大小也变动，那么输出给负载的功率就变动。

$$P = i^2 R_L$$

电源一定（u_{OC}，R_{eq} 不变），负载 R_L 变化，当负载 R_L 上获得最大功率时，就是电源的最大功率传输。

下面来分析 R_L 等于何值时，负载 R_L 能获得最大功率。

$$P = i^2 R_L = \frac{u_{OC}^2}{(R_{eq} + R_L)^2} \cdot R_L$$

R_L 变化时，最大功率发生在 $\frac{dP}{dR_L} = 0$ 的条件下。

这时有 $R_L = R_{eq}$，且负载 R_L 能获得的最大功率为

$$P_{max} = \frac{u_{OC}^2}{4R_{eq}}$$

当满足 $R_L = R_{eq}$ 的条件时，负载电阻 R_L 将获得最大功率，此时称负载（电阻）与电源（内阻）匹配，这就是最大功率传输定理。

例 4.12 电路如图 4.31a 所示，求负载电阻 R 等于何值时，负载 R 能获得最大功率，该

最大功率等于多少？

解： 先将负载电阻 R 开路，不难求得

$$u_{OC} = 4V$$

将端口 1-1' 以左的电路除源，即 3mA 电流源开路、10V 电压源短路，得

$$R_{eq} = 16k\Omega + 5 // 20k\Omega = 20k\Omega$$

图 4.31a 的戴维南等效电路如图 4.31b 所示。

由图 4.31b 可知，当满足 $R = R_{eq} = 20k\Omega$ 的条件时，负载电阻 R 将获得最大功率。该最大功率为

$$P_{max} = \frac{u_{OC}^2}{4R_{eq}} = \frac{4^2}{4 \times 20 \times 10^3} W = 0.2mW$$

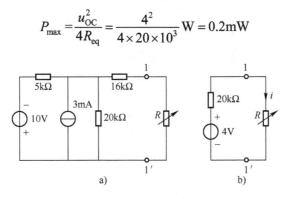

图 4.31 例 4.12 的电路

注意：

① 最大功率传输定理用于一端口电路给定、负载电阻可调的情况。

② 一端口等效电阻消耗的功率一般并不等于端口内部消耗的功率，因此当负载获取最大功率时，电路的传输效率并不一定是 50%。

③ 计算最大功率问题时结合戴维南定理求解更方便。

4.5 对偶原理

1. 对偶原理

电阻 R 的电压、电流关系为：$u = Ri$；

电导 G 的电流、电压关系为：$i = Gu$；

对于电流控制电压源（CCVS）：$u_d = ri_g$，i_g 为控制电流；

对于电压控制电流源（VCCS）：$i_d = gu_g$，u_g 为控制电压。

在以上这些关系式中，如果把电压 u 和电流 i 互换，电阻 R 和电导 G 互换，r 和 g 互换，则对应关系可以彼此转换，这些互换元素称为对偶元素。所以"电压"和"电流"、"电阻"和"电导"、"CCVS"和"VCCS"、"r"和"g"等都是对偶元素。

电路中某些元素之间的关系（或方程）用它们的对偶元素对应地置换后，所得新关系（或新方程）也一定成立，后者和前者互为对偶，这就是对偶原理。

对偶原理是电路分析中出现的大量相似性的归纳和总结。

2. 对偶原理的应用

根据对偶原理，如果在某电路中导出某一关系式和结论，就等于导出了和它对偶的另一个电路中的关系式和结论，所以对偶原理对电路分析有重要意义。

例 4.13 串联电路和并联电路的对偶。

图 4.32a 为 n 个电阻的串联电路，图 b 为 n 个电导的并联电路。

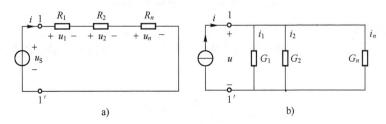

图 4.32 串联电路和并联电路的对偶

对图 4.32a 有：

$$
\left.
\begin{array}{ll}
\text{总电阻} & R = \sum_{k=1}^{n} R_k \\[3mm]
\text{电流} & i = \dfrac{u}{R} \\[3mm]
\text{分压公式} & u_k = \dfrac{R_k}{R} u
\end{array}
\right\}
$$

对图 4.32b 有：

$$
\left.
\begin{array}{ll}
\text{总电导} & G = \sum_{k=1}^{n} G_k \\[3mm]
\text{电压} & u = \dfrac{i}{G} \\[3mm]
\text{分流公式} & i_k = \dfrac{G_k}{G} i
\end{array}
\right\}
$$

将串联电路中的电压 u 与并联电路中的电流 i 互换，电阻 R 与电导 G 互换，串联电路中的公式就成为并联电路中的公式，反之亦然。除了电压与电流、电阻与电导为互换元素（对偶元素）外，串联与并联也是对偶元素——串联电路与并联电路是对偶电路。

例 4.14 结点电压与网孔电流的对偶。

图 4.23a 和 b 分别为两个对应的平面电路，图 b 的独立结点对应图 a 的网孔（规定网孔电流为顺时针方向）。

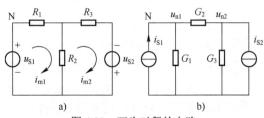

图 4.33 互为对偶的电路

对于图 4.33a，其网孔电流方程为

$$\left.\begin{array}{r}(R_1 + R_2)i_{m1} - R_2 i_{m2} = u_{S1} \\ -R_2 i_{m1} + (R_2 + R_3)i_{m2} = u_{S2}\end{array}\right\}$$

对于图 4.33b，其结点电压方程为

$$\left.\begin{array}{r}(G_1 + G_2)u_{n1} - G_2 u_{n2} = i_{S1} \\ -G_2 u_{n1} + (G_2 + G_3)u_{n2} = i_{S2}\end{array}\right\}$$

如果把 R 和 G、u_S 和 i_S、网孔电流 i_m 和结点电压 u_n 等对应元素互换，则上面两个方程组彼此转换。所以，"网孔电流"和"结点电压"是对偶元素，图 4.33a、b 这两个平面电路为对偶电路。

注意："对偶"和"等效"是两个不同的概念，不可混淆。

对偶原理不局限于电阻电路。例如，电感和电容的电压、电流关系式（VCR）对偶，电容电流（$i_C = C\dfrac{\mathrm{d}u_C}{\mathrm{d}t}$）和电感电压（$u_L = L\dfrac{\mathrm{d}i_L}{\mathrm{d}t}$）互为对偶元素，又如"开路"和"短路"、"KCL"和"KVL"等都分别互为对偶。

本章小结

本章介绍了电路分析的一些重要电路定理——叠加定理、替代定理、戴维南定理、诺顿定理以及最大功率传输定理和对偶原理。电路定理是分析线性电路的常用工具，合理地运用电路定理，可以使电路分析计算得到简化。

重点：1）掌握用叠加定理求解电路的思想方法和步骤。

2）掌握用戴维南定理分析计算电路的思想方法和基本步骤。

3）了解应用替代定理、诺顿定理分析计算电路的思想方法和步骤。

4）掌握用最大功率传输定理求解电路和负载的最大功率。

5）理解对偶元素、对偶原理的概念。

习题

4.1 试用叠加定理求图 4.34 所示电路中两电流源的端电压、功率及各电阻上所消耗的功率。

4.2 用叠加定理求解图 4.35 所示电路中的 I、I_1、U_S；判断 20V 电压源和 5A 电流源是电源还是负载。

4.3 试用戴维南定理求 4.36 所示电路中的电流 I。

4.4 在图 4.37 所示的电路中，已知 $E_1 = 15\text{V}$，$E_2 = 13\text{V}$，$E_3 = 4\text{V}$，$R_1 = R_2 = R_3 = R_4 = 1\Omega$，$R_5 = 10\Omega$。用戴维南定理求电流 I_5。

4.5 用叠加定理和戴维南定理求图 4.38 所示的电路中 R_1 上的电流。

4.6 用叠加定理和诺顿定理求图 4.39 所示电路中的 U，并计算电流源的功率。

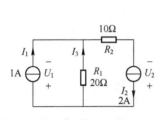

图 4.34 习题 4.1 的图

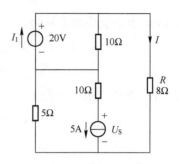

图 4.35 习题 4.2 的图

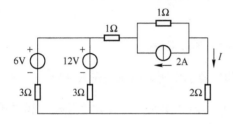

图 4.36 习题 4.3 的图

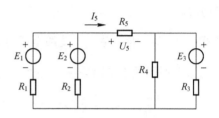

图 4.37 习题 4.4 的图

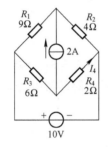

图 4.38 习题 4.5 的图

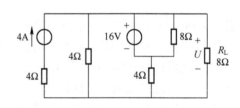

图 4.39 习题 4.6 的图

4.7 用叠加定理和戴维南定理求图 4.40 所示电路中 1Ω 电阻上的电流。

4.8 用戴维南定理和诺顿定理求图 4.41 所示电路中电阻 R_L 上的电流 I_L。

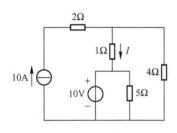

图 4.40 习题 4.7 的图

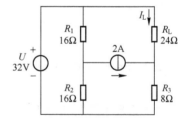

图 4.41 习题 4.8 的图

4.9 图 4.42 所示的电路中，$I_S = 2A, U_1 = 10V, U_2 = 20V, R = 4\Omega$，试求电流 I。

4.10 用戴维南定理和诺顿定理求图 4.43 电路中的 I_3。

4.11 应用叠加定理求图 4.44 所示电路中的电压 u_{ab}。

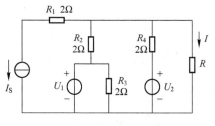

图 4.42　习题 4.9 的图

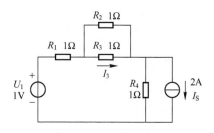

图 4.43　习题 4.10 的图

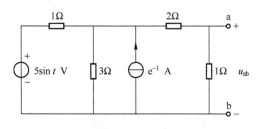

图 4.44　习题 4.11 的图

4.12　试求图 4.45 所示梯形电路中各支路的电流、结点电压及 $\dfrac{u_O}{u_S}$，其中 $u_S = 10\text{V}$。

4.13　应用叠加定理求图 4.46 所示电路中的电压 U。

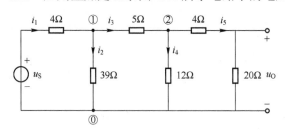

图 4.45　习题 4.12 的图

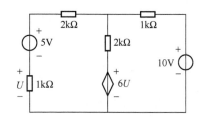

图 4.46　习题 4.13 的图

4.14　图 4.47a 所示含源一端口电路的外特性曲线如图 4.47b 所示，求其等效电源。

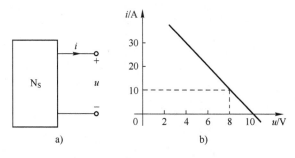

图 4.47　习题 4.14 的图

4.15　求图 4.48 所示电路的戴维南等效电路。

4.16　图 4.49 所示电路的负载电阻 R_L 可变，试求 R_L 等于何值时可以获得最大功率，并求出此最大功率。

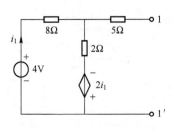

图 4.48 习题 4.15 的图

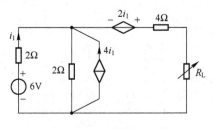

图 4.49 习题 4.16 的图

4.17 在图 4.50 所示的电路中，试求：R 等于何值时，它吸收的功率最大？求此最大功率。

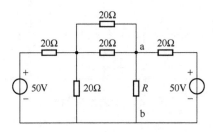

图 4.50 习题 4.17 的图

第5章　正弦交流电路的相量表示法

当电路的电源（激励）按正弦规律变化时，会在线性时不变电路中产生与电源频率相同的正弦稳态响应。正弦交流电路应用广泛。

学习正弦交流电路的分析方法——相量法，有着十分重要的意义。它是分析计算正弦交流电路既简便又有效的方法。

5.1　复数

应用相量法，需要运用复数和复数的运算。本节对复数和复数运算的有关知识做扼要介绍。

一个复数有多种表示形式。复数 A 可以表示为

$$A = a + jb \qquad \text{（代数式）}$$
$$A = r(\cos\psi + j\sin\cos\psi) \qquad \text{（三角形式）}$$
$$A = re^{j\psi} \qquad \text{（指数形式）}$$
$$A = r\angle\psi \qquad \text{（极坐标形式）}$$

式中，$j = \sqrt{-1}$ 为虚单位；a 为实部；b 为虚部；r 为复数的模；ψ 为辐角。其中复数的三角形式、指数形式、极坐标形式并无本质区别，但极坐标形式最为简洁。可利用以下关系式对极坐标形式与代数式进行转换。

$$r = \sqrt{a^2 + b^2}; \quad \psi = \arctan\frac{b}{a} \qquad (-\pi \leqslant \psi \leqslant \pi)$$
$$a = r\cos\psi; \quad b = r\sin\psi$$

复数 A 可以与复平面上的一个点对应，常用原点至该点的向量表示，如图 5.1 所示。

下面介绍复数的运算。

1）复数的相加和相减必须用代数形式进行。

若
$$A_1 = a_1 + jb_1, \quad A_2 = a_2 + jb_2$$
$$A_1 \pm A_2 = (a_1 + jb_1) \pm (a_2 + jb_2)$$
$$= (a_1 \pm a_2) + j(b_1 \pm b_2)$$

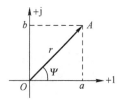

图 5.1　复数的向量表示

复数的加、减法运算可以按向量求和的平行四边形（或三角形）原则（图解法）而得，如图 5.2 所示。

2）复数的乘除运算用指数形式或极坐标形式进行。

若
$$A_1 = r_1\angle\Psi_1, A_2 = r_2\angle\Psi_2$$
则
$$A_1 \cdot A_2 = r_1 e^{j\psi_1} \cdot r_2 e^{j\psi_2}$$
$$= r_1 \cdot r_2 e^{j(\psi_1 + \psi_2)} = r_1 \cdot r_2 \angle(\psi_1 + \psi_2)$$

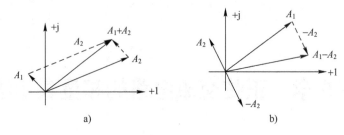

图 5.2 复数加、减运算的图解法

复数乘法：模相乘，角相加。

$$\frac{A_1}{A_2}=\frac{r_1\mathrm{e}^{\mathrm{j}\psi_1}}{r_2\mathrm{e}^{\mathrm{j}\psi_2}}=\frac{r_1}{r_2}\mathrm{e}^{\mathrm{j}(\psi_1-\psi_2)}=\frac{r_1}{r_2}\angle(\psi_1-\psi_2)$$

复数除法：模相除，角相减。

复数的乘、除表示模的放大或缩小，辐角表示为逆时针旋转或顺时针旋转。如 $\mathrm{j}A$ 表示把复数 A 逆时针旋转 $\dfrac{\pi}{2}$，$A\big/\mathrm{j}$ 表示把复数 A 顺时针旋转 $\dfrac{\pi}{2}$。

如果两个复数 A_1 和 A_2 相等，则有

$$a_1=a_2 \quad 和 \quad b_1=b_2$$

或者有

$$r_1=r_2 \quad 和 \quad \psi_1=\psi_2$$

一个复数系数的方程可以求出一个复数解，或是求出两个实数解。

例 5.1　已知 $A=-4+\mathrm{j}3$，$B=3-\mathrm{j}4$，试求：$A+B$、AB 和 A/B。

解：　复数的相加和相减必须用代数形式：

$$A+B=-4+\mathrm{j}3+3-\mathrm{j}4=-1-\mathrm{j}=\sqrt{2}\angle-135°$$

$$AB=(-4+\mathrm{j}3)(3-\mathrm{j}4)=5\angle143°\times5\angle-53°=25\angle90°=25\mathrm{j}$$

$$A/B=\frac{-4+3\mathrm{j}}{3-4\mathrm{j}}=\frac{5\angle143°}{5\angle-53°}=1\angle-164°$$

例 5.2　试求：$5\angle47°+10\angle-25°=?$

解：　$5\angle47°+10\angle-25°=(3.41+\mathrm{j}3.66)+(9.06-\mathrm{j}4.23)$

$$=12.47-\mathrm{j}0.57=12.48\angle-2.61°$$

【练习与思考】

5.1.1　已知复数 $A=-2+\mathrm{j}3$，$B=3+\mathrm{j}4$，试求：$A+B$、$A-B$、AB 和 A/B。

5.1.2　已知 $A=-8+\mathrm{j}6$，$B=6-\mathrm{j}8$，试求：$A+B$、AB 和 A/B。

5.2　正弦量

按正弦规律变化的电压、电流分别称为正弦电压、正弦电流，统称为正弦量。对正弦量的数学描述（函数式），可以采用正弦函数，也可以用余弦函数。但要统一采用一种函数形式，不要两者同时混用，本书采用余弦函数表示。

对于按正弦规律变化的物理量，它们的参考方向代表了正半周的方向；而负半周时其参考方向与实际方向相反。

正弦电流的一般表达式为

$$i = I_m \cos(\omega t + \psi_i) \tag{5.1}$$

式中，I_m、ω、ψ_i 称为正弦量的三要素。正弦量的三要素是正弦量之间进行比较和区分的依据。

1. 周期、频率、角频率

正弦量变化一周所需的时间（秒）称为周期，而每秒内变化的次数称为频率 f，它的单位是赫[兹]（Hz）。

周期与频率互为倒数，即

$$f = \frac{1}{T} \tag{5.2}$$

世界上多数国家的电网都采用 50Hz（工频），但也有国家（美国、日本等）采用 60Hz。例如，三相异步电动机通常使用工频电源。

除了周期和频率之外，正弦量的变化还可以用角频率 ω 来表示。

$$\omega = \frac{2\pi}{T} \tag{5.3}$$

它的单位是弧度每秒（rad/s）。

例 5.3 已知工频正弦量为 50Hz，试求其周期 T 和角频率。

解：

$$T = \frac{1}{f} = \frac{1}{50\text{Hz}} = 0.02\text{s}$$

$$\omega = 2\pi f = 2 \times 3.14 \times 50 \text{rad/s}$$

即工频正弦量的周期为 0.02s，角频率为 314rad/s。

2. 幅值与有效值

u、i 表示正弦量的瞬时值，其数学表达式为

$$u = U_m \cos(\omega t + \psi_u)$$
$$i = I_m \cos(\omega t + \psi_i)$$

瞬时值 u、i 中的最大值即正弦量的幅值，用 I_m、U_m 表示。

当 $\cos(\omega t + \psi_i) = 1$ 时，$i = I_{max} = I_m$；当 $\cos(\omega t + \psi_i) = -1$ 时，$i = I_{min} = -I_m$；$I_{max} - I_{min} = 2I_m$ 称为正弦量的峰-峰值（二倍幅值）。

在工程中用有效值来衡量正弦量的大小。有效值是将周期性变化的电流、电压在一个周期内产生的平均热效应换算为在效应上与之相等的直流量，这一直流量的大小就称为该周期性变化的电流、电压的有效值。用对应的大写字母 U、I 表示。

例如，一个直流电流 I 和一个交流电流 i 在单位时间内（一个周期）流过同一电阻 R，二者产生的热效应相等，则这个直流电流 I 就称为交流电流 i 的有效值。即

$$\int_0^T R i^2 \mathrm{d}t = R I^2 T$$

则

$$I = \sqrt{\frac{1}{T} \int_0^T i^2 \mathrm{d}t} \tag{5.4}$$

该式适用于所有周期性变化的电流。

将 $i = I_m \cos(\omega t + \psi_i)$ 代入，则

$$I = \sqrt{\frac{1}{T}\int_0^T I_m^2 \cos^2(\omega t + \psi_i)\mathrm{d}t}$$

$$= \sqrt{\frac{1}{T}\int_0^T \frac{I_m^2}{2}[1 + \cos 2(\omega t + \psi_i)]\mathrm{d}t}$$

$$= \frac{I_m}{\sqrt{2}}$$

类似地，可以得出电压的有效值。

$$U = \frac{U_m}{\sqrt{2}}$$

为强调有效值的作用，将正弦表达式改写为

$$i = \sqrt{2}I_m \cos(\omega t + \psi_i)$$

交流电气设备铭牌上的额定电压和电流，交流电压表和电流表的读数均为有效值，如 220V 和 380V 等。

3. 初相位和相位差

$(\omega t + \psi_i)$ 称为正弦量的相位（角），它反映了正弦量的变化进程。

而正弦量在 $t = 0$ 时的相位就称为正弦量的初相位（角）。

初相位角与计时零点的选取有关，同一电路中的各个正弦量只能相对于一个共同的计时零点确定各自的初相位（角），通常规定 $|\psi_i| \leqslant 180°$ 或 $|\psi_i| \leqslant \pi$ 为主值范围。

图 5.3 画出了初相位（角）为 ψ_i 的正弦量 i 的波形。

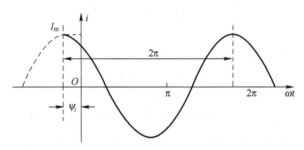

图 5.3　正弦量 i 的波形（$\psi_i > 0$）

对初相位角为零的用余弦函数表示的正弦量，在 $t = 0$ 时刻其值最大。在绘制任一初相位角为 ψ 的正弦量的波形时，以初相位为零的正弦量为基准，当 $\psi > 0$ 时，将其左移 ψ 角；当 $\psi < 0$ 时，将其右移 $|\psi|$ 角。

在线性时不变电路中，如果激励同频，则响应同频，但其初相位则不一定相同。例如，某元件的电压、电流瞬时值表达式如下：

$$u = \sqrt{2}U \cos(\omega t + \psi_u)$$

$$i = \sqrt{2}I \cos(\omega t + \psi_i)$$

在讨论该元件的电压、电流关系时，就要讨论其相位差 φ，以此来描述它们的相位关系。定义相位差

$$\varphi = (\omega t + \psi_u) - (\omega t + \psi_i) = \psi_u - \psi_i$$

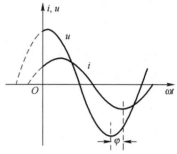

φ 表示 u 超前 i 的角度。同频率正弦量的相位差为其初相位之差。相位差与计时起点（0 点）的选取、变动无关，它也有类似初相位（角）的主值范围的规定。

当 $\varphi > 0$ 时，称 u 超前 i；

当 $\varphi < 0$ 时，则 u 滞后于 i；

当 $\varphi = 0$ 时，则称 u 和 i 同相；

图 5.4　同频率正弦量 u 和 i 的相位差

当 $|\varphi| = \dfrac{\pi}{2}$ 时，称 u 和 i 正交；

而当 $|\varphi| = \pi$ 时，称 u 和 i 反相。

图 5.4 画出了 u 超前 i 的波形，u 先于 i 到达最大（小）值。电压 u 超前电流 i 的角度数为 φ。

讨论相位差 φ 时要注意：

① 通常只对同频率的正弦量才做相位比较。

② 求相位差 φ 时要将两个正弦量用相同的余弦函数（或正弦函数）表示。

③ 求相位差 φ 时，两个正弦量表达式前均带正号。

由于正弦量稳态响应的频率相同，所以正弦量的三要素分析计算可以简化为二要素（有效值和初相位）的分析计算。直流电流、电压是频率为 0 的正弦量，只有有效值（它本身）而无初相位。

【练习与思考】

5.2.1　电流 $i = 50\sqrt{2}\cos\left(314t - \dfrac{\pi}{3}\right)$ mA,

（1）试指出它的频率、周期、角频率、幅值、有效值以及初相位各是多少？

（2）画出 i 波形图；

（3）如果 i 的参考方向选得相反，再回答问题（1）。

5.2.2　已知 $i_1 = 5\cos(314t + 45°)$ A，$i_2 = 10\sqrt{2}\cos(314t - 30°)$ A，试问 i_1 和 i_2 的相位差是多少？哪个超前，哪个滞后？

5.3　正弦量的相量表示法

1. 相量

定义：正弦量除了用瞬时值表达式及波形图表示外，还可以用一个与之对应的复数表示，这个表示正弦量的复数就称为正弦量的相量。

对于正弦电流

$$i = \sqrt{2}I\cos(\omega t + \psi_i)$$

其相量（有效值相量）用 $\dot{I}$ 表示，定义为

$$\dot{I} = I\angle\Psi_i = I(\cos\psi_i + \sin\psi_i)$$

i 与 $\dot{i}$ 的关系为

$$i = \text{Re}\left[\sqrt{2}\dot{I}e^{j\omega t}\right]$$

正弦电流相量与其波形的对应关系如图 5.5 所示。正弦电流 i 的瞬时值等于其对应的旋转相量在实轴上的投影。

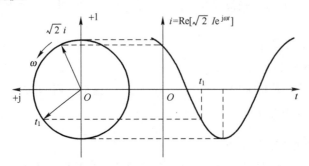

图 5.5 正弦电流波形与其旋转相量

同理，用 $\dot{U}$ 表示正弦电压的有效值相量。

本质是：I、ω、Ψ 可以确定正弦量 i，而在一个正弦交流电路中，只要电源的 ω 是单一的，则电路中所有电流、电压的 ω 都与电源的 ω 相同，故可把 ω 这个要素作为已知量处理，只需知道 I、Ψ 就可确定正弦量 i。

$$i = \sqrt{2}I\sin(\omega t + \Psi_i) \qquad \Leftrightarrow \qquad \dot{I} = I\angle\Psi_i$$

$$u(t) = \sqrt{2}U\sin(\omega t + \Psi_u) \quad \Leftrightarrow \quad \dot{U} = U\angle\Psi_u$$

正弦量的相量（一般指有效值相量）将有效值和初相位有机地结合了起来。

注意：相量是对正弦量的一种变换（是另一种不同的表达形式），二者并不相等。电流相量 $\dot{I}$（复数）不等于正弦电流（瞬时值）i。

例 5.4 已知：$i = 100\sqrt{2}\cos(314t + 30°)\text{A}$，$u = 220\sqrt{2}\cos(314t - 60°)\text{V}$，试用相量表示 i、u。

解：
$$\dot{I} = 100\angle 30°\text{A}$$
$$\dot{U} = 220\angle -60°\text{V}$$

例 5.5 已知 $\dot{I} = 50\angle 15°\,\text{A}$，$f = 50\text{Hz}$，试写出该电流的瞬时值表达式。

解： $i = 50\sqrt{2}\sin(314t + 15°)\,\text{A}$

使用相量时要注意：

① 相量在数学上是一个复数，复数（有效值相量）的模为正弦量的有效值，辐角为正弦量的初相位角。它既区别于一般复数，又区别于正弦量的有效值。

② 相量只用来表示正弦量，而不等于正弦量。要熟练掌握正弦量和相量之间的相互转换。

③ 相量运算符合复数运算法则。

④ 相量在复平面上可用有向线段表示，同频率正弦量的相量画在同一图上即为相量图。

对应图 5.4 中的电压和电流的相量图如图 5.6 所示。

下面用例题来说明相量的作用。

例 5.6 已知：$i_1=\sqrt{2}I_1\cos(\omega t+\psi_1)$ 和 $i_2=\sqrt{2}I_2\cos(\omega t+\psi_2)$，电路图如图 5.7 所示，求 $i=i_1+i_2$。

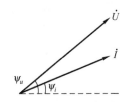

图 5.6　电压和电流的相量图

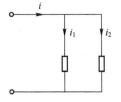

图 5.7　例 5.6 的电路图

解： 用相量形式计算，将 $i=i_1+i_2$ 化成相量形式

$$\begin{aligned}
\dot{I} &= \dot{I}_1+\dot{I}_2 \\
&= I_1\angle\psi_1+I_2\angle\psi_2 \\
&= I_1\cos\psi_1+\mathrm{j}I_1\sin\psi_1+I_2\cos\psi_2+\mathrm{j}I_2\sin\psi_2 \\
&= (I_1\cos\psi_1+I_2\cos\psi_2)+\mathrm{j}(I_1\sin\psi_1+I_2\sin\psi_2) \\
&= I\angle\psi
\end{aligned}$$

其中

$$I=\sqrt{(I_1\cos\psi_1+I_2\cos\psi_2)^2+(I_1\sin\psi_1+I_2\sin\psi_2)^2}$$

$$\psi=\arctan\left(\frac{I_1\sin\psi_1+I_2\sin\psi_2}{I_1\cos\psi_1+I_2\cos\psi_2}\right)$$

于是

$$i=\sqrt{2}I\cos(\omega t+\psi)$$

例 5.7 已知 $i_1=100\sqrt{2}\cos(\omega t+45°)\mathrm{A}$，$i_2=60\sqrt{2}\cos(\omega t-30°)\mathrm{A}$，试求总电流 $i=i_1+i_2$，并作出相量图。

解： 方法 1：正弦电流 i_1 和 i_2 的频率相同，可用相量求解。

（1）写出 i_1 和 i_2 的最大值相量

$$\dot{I}_{1m}=100\sqrt{2}\angle45°\mathrm{A}$$

$$\dot{I}_{2m}=60\sqrt{2}\angle-30°\mathrm{A}$$

（2）用相量法求电流 i 的最大值相量

$$\dot{I}_m=\dot{I}_{1m}+\dot{I}_{2m}=100\sqrt{2}\angle45°+60\sqrt{2}\angle-30°=129\sqrt{2}\angle18.4°\mathrm{A}$$

（3）将电流 i 的最大值相量变换成电流的瞬时值表达式

$$i=129\sqrt{2}\cos(\omega t+18.4°)\ \mathrm{A}$$

（4）作出相量图，如图 5.8a 所示。

方法 2：而经常采用的是用有效值相量进行计算，方法如下：

（1）先写出 i_1 和 i_2 的有效值相量

$$\dot{I}_1=100\angle45°\mathrm{A}$$

$$\dot{I}_2=60\angle-30°\mathrm{A}$$

（2）用相量法求电流 i 的有效值相量

$$\dot{I}=\dot{I}_1+\dot{I}_2=100\angle45°+60\angle-30°=129\angle18.4°\ \text{A}$$

相量图如图 5.8b 所示。

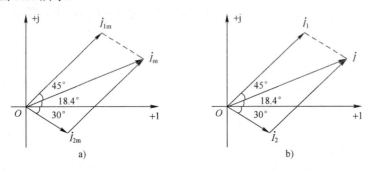

图 5.8　例 5.7 的相量图

（3）将电流 i 的有效值相量变换成电流的瞬时值表达式

$$i=129\sqrt{2}\cos(\omega t+18.4°)\ \text{A}$$

由此可见，无论用最大值相量还是用有效值相量进行求和运算，其计算结果是一样的。这里也体现了相量法的基本思路，即将已知正弦量转化成已知相量，用相量形式的基尔霍夫定律求未知相量。如果需要的话，再转化成正弦量。

例 5.8　图 5.7 所示电路中，已知 $i_1=20\sqrt{2}\cos(\omega t-60°)\text{A}$，$i_2=20\sqrt{6}\cos(\omega t+30°)\text{A}$，求 i。

解：　$\dot{I}=\dot{I}_1+\dot{I}_2=20\angle-60°+20\sqrt{3}\angle30°=10-\text{j}10\sqrt{3}+30+\text{j}10\sqrt{3}=40\ \angle0°\text{A}$

$$i=40\sqrt{2}\cos(\omega t)\text{A}$$

相量与正弦量是一一对应的，通过正弦量与相量的一一对应关系，正弦量所满足的时域（三角函数）方程，可转化成相量所满足的复数代数方程（更容易求解）。

相量简化了同频率正弦量的计算。但相量是复数，请牢记复数运算法则。

【练习与思考】

5.3.1　已知相量 $\dot{I}_1=(2+\text{j}\sqrt{3})\text{A}$，$\dot{I}_2=(-2+\text{j}\sqrt{3})\text{A}$，$\dot{I}_3=(-2-\text{j}\sqrt{3})\text{A}$，$\dot{I}_4=(2-\text{j}\sqrt{3})\text{A}$，并已知 ω，写出正弦量 i_1、i_2、i_3 和 i_4。

5.3.2　写出下列正弦的相量，并计算 $\dot{U}_1+\dot{U}_2+\dot{U}_3$。

（1）$u_1=220\sqrt{2}\cos(\omega t-30°)\text{V}$

（2）$u_2=220\sqrt{2}\cos(\omega t-150°)\text{V}$

（3）$u_3=220\sqrt{2}\cos(\omega t-90°)\text{V}$

5.3.3　指出下列各式的错误，并加以纠正：

（1）$i=5\cos(\omega t-30°)\text{A}=5\text{e}^{-\text{j}30}\text{A}$

（2）$\dot{U}=100\angle45°\text{V}=100\sqrt{2}\cos(\omega t+45°)\text{V}$

（3）$\dot{I}=20\text{e}^{20°}\text{A}$

5.3.4　已知 $i_1=8\sqrt{2}\cos\left(\omega t+\dfrac{\pi}{3}\right)\text{A}$ 和 $i_2=6\sqrt{2}\cos\left(\omega t-\dfrac{\pi}{4}\right)\text{A}$，试用相量表达式计算

$i = i_1 + i_2$，并画出相量图。

5.4 电路定律的相量形式

正弦交流电路中各支路电流、电压都是同频率正弦量，所以对应的电路定律可以转换为相量形式。

对电路中任一结点，根据 KCL 有

$$\sum i = 0$$

由于所有支路电流都是同频率正弦量，故有

（1）基尔霍夫电流定律的相量形式

$$\sum \dot{I} = 0 \tag{5.5}$$

式（5.5）表明：流入某一结点的所有正弦电流用相量表示时仍满足 KCL。即任一结点上同频率正弦电流所对应的电流相量的代数和为零。

同理，对电路中任一回路，根据 KVL 有

$$\sum u = 0$$

由于所有支路电压都是同频率正弦量，故有

（2）基尔霍夫电压定律的相量形式

$$\sum \dot{U} = 0 \tag{5.6}$$

式（5.6）表明：任一回路所有支路正弦电压用相量表示时仍满足 KVL。即任一回路中同频率正弦电压所对应的电压相量的代数和为零。

电阻、电感、电容元件的电压、电流关系（VCR）也有对应的相量形式。

5.4.1 电阻元件的正弦交流电路

纯电阻元件的正弦交流电路如图 5.9a 所示，设电阻元件的电压、电流为关联参考方向，并且其瞬时值表达式为

$$u = \sqrt{2}U \cos(\omega t + \psi_u)$$
$$i = \sqrt{2}I \cos(\omega t + \psi_i)$$

由欧姆定律可得
$$u = Ri$$
$$u = Ri = \sqrt{2}RI \cos(\omega t + \psi_i) = \sqrt{2}U \cos(\omega t + \psi_u)$$

对比上式可以看出，电压和电流不但同角频率且同初相位，其有效值之比

$$\frac{U}{I} = R$$

这说明电阻元件的电压有效值与电流有效值之比仍为电阻 R。

将其写成相量形式：

$$\dot{U} = U \angle \Psi_u, \quad \dot{I} = I \angle \Psi_i$$

其相量图如图 5.9b 所示。

而
$$\frac{\dot{U}}{\dot{I}} = \frac{U}{I} \angle \Psi_u - \psi_i = R \angle 0^\circ = R$$

或

$$\dot{U} = R\dot{I} \qquad\qquad (5.7)$$

该式即为相量形式的欧姆定律。从数学形式上看，它和 $u = Ri$ 及 $U = RI$ 相同，但其含义完全不同。

由复数乘法法则可知，式（5.7）的模关系，即为有效值关系；式（5.7）的辐角关系，即为初相关系。

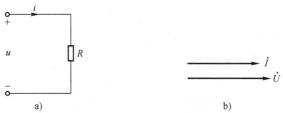

图 5.9　电阻元件的正弦交流电路与电压、电流相量图

a) 电路图　b) 电压、电流相量图

5.4.2　电感元件的正弦交流电路

纯电感元件的正弦交流电路如图 5.10a 所示，设电感元件的电压、电流参考方向关联，并且其瞬时值表达式为

$$u = \sqrt{2}U\cos(\omega t + \psi_u)$$
$$i = \sqrt{2}I\cos(\omega t + \psi_i)$$

由电感元件的电压、电流关系得

$$\begin{aligned}
u &= L\frac{\mathrm{d}i}{\mathrm{d}t} = L\frac{\mathrm{d}[\sqrt{2}I\cos(\omega t + \psi_i)]}{\mathrm{d}t}\\
&= -\sqrt{2}\omega LI\sin(\omega t + \psi_i)\\
&= \sqrt{2}U\cos\left(\omega t + \psi_i + \frac{\pi}{2}\right)
\end{aligned}$$

对比上式可以看出，电感元件上的电压、电流频率相同，但相位上 u 超前 i $\dfrac{\pi}{2}$，其有效值之比为

$$\frac{U}{I} = \omega L = X_L$$

称为电感元件的感抗，单位为欧姆。它表示电感元件对正弦交流阻碍作用的大小。

当电感 L 一定时，X_L 与频率 f 成正比。如果将恒定直流看作是 $T = \infty, f = 0$ 的交流，则其 $X_L = 0$，这与直流电路中电感相当于短路吻合。电感元件具有通直流、阻交流的作用。

将电感元件的电压、电流写成相量形式：

$$\dot{U} = U\angle\Psi_u \qquad\qquad \dot{I} = I\angle\Psi_i$$

其相量图如图 5.10b 所示。

而

$$\frac{\dot{U}}{\dot{I}} = \frac{U}{I}\angle\Psi_u - \psi_i = X_L\angle\frac{\pi}{2} = \mathrm{j}X_L$$

$$或 \qquad \dot{U} = jX_L\dot{I} = j\omega L\dot{I} \qquad\qquad (5.8)$$

式（5.8）既表示电压的有效值等于电流的有效值与感抗的乘积，也表示其电压较电流超前 $\dfrac{\pi}{2}$。

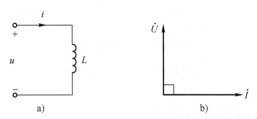

图 5.10　电感元件的正弦交流电路与电压、电流相量图

a) 电路图　b) 电压、电流相量图

5.4.3　电容元件的正弦交流电路

图 5.11a 是一个线性电容元件的正弦交流电路，其电压和电流仍为关联参考方向。其瞬时值表达式为

$$u = \sqrt{2}U\cos(\omega t + \psi_u)$$
$$i = \sqrt{2}I\cos(\omega t + \psi_i)$$

由电容元件的电压、电流关系得

$$\begin{aligned}
i &= C\frac{\mathrm{d}u}{\mathrm{d}t} = C\frac{\mathrm{d}[\sqrt{2}U\cos(\omega t + \psi_u)]}{\mathrm{d}t} \\
&= -\sqrt{2}\omega CU\sin(\omega t + \psi_u) \\
&= \sqrt{2}I\cos\left(\omega t + \psi_u + \frac{\pi}{2}\right)
\end{aligned}$$

由上式可知，电容元件的电压、电流角频率相同，但相位上 i 超前 u $\dfrac{\pi}{2}$，其有效值之比为

$$\frac{U}{I} = \frac{1}{\omega C} = X_C$$

X_C 称为电容元件的容抗，单位为欧姆。它表示电容元件对正弦交流阻碍作用的大小。

当电容 C 一定时，X_C 与频率 f 成反比，如果将恒定直流看作是 $T = \infty$、$f = 0$ 的交流，则其 $X_C = \infty$，这与直流电路中电容相当于开路吻合。电容元件具有隔直流、通交流的作用。

将电容元件的电压、电流写成相量形式：

$$\dot{U} = U\angle\Psi_u \qquad\qquad \dot{I} = I\angle\Psi_i$$

其相量图如图 5.11b 所示。

$$而 \qquad \frac{\dot{U}}{\dot{I}} = \frac{U}{I}\angle\Psi_u - \psi_i = X_C\angle -\frac{\pi}{2} = -jX_C$$

$$或 \qquad \dot{U} = -jX_C\dot{I} = \frac{1}{j\omega C}\dot{I} \qquad\qquad (5.9)$$

式（5.9）既表示电压的有效值等于电流的有效值与容抗的乘积，也表示在相位上电压较电流滞后 $\dfrac{\pi}{2}$。

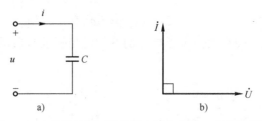

图 5.11　电容元件的正弦交流电路与电压、电流相量图

a) 电路图　b) 电压、电流相量图

5.4.4　受控源元件的正弦交流电路

如果线性受控源的控制电压或电流是正弦量，则受控源的电压或电流将是同一频率的正弦量。以图 5.12a 为例，受控电流源电流的时域形式为

$$i_j = gu_k$$

其相量形式为

$$\dot{I}_j = g\dot{U}_k$$

图 5.12b 为其相量形式的电路。

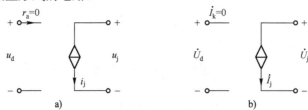

图 5.12　VCCS 的相量表示

受控源的电压或电流相量与其控制电压或控制电流相量相对应，受控关系式在形式上和时域形式上是一致的。

总结：相量形式的 KCL、KVL 及元件的电压、电流关系（VCR）与时域中直流电阻电路中的 KCL、KVL 及元件的电压、电流关系在形式上是对应的。

表 5.1 列出了无源元件（R、L、C）电压、电流关系（VCR）的相量形式，元件的电压、电流为关联参考方向。

表 5.1　元件 VCR 的相量形式

类型	时域形式		相量形式		
	电路图	关系式	电路图	关系式	相量图
电阻		$u = Ri$		$\dot{U} = R\dot{I}$	
电感		$u = L\dfrac{di}{dt}$		$\dot{U} = j\omega L\dot{I}$	
电容		$i = C\dfrac{du}{dt}$		$\dot{I} = j\omega C\dot{U}$	

例 5.9 电路如图 5.13a 所示，电源电压已知，求电流 i。

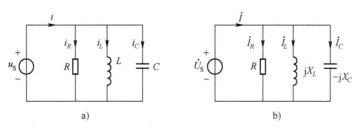

图 5.13　例 5.9 的图

解： 由图 5.13a 所对应的相量电路图 5.13b，并根据相量形式 KCL 得

$$\dot{I} = \dot{I}_R + \dot{I}_L + \dot{I}_C = \frac{\dot{U}_S}{R} + \frac{\dot{U}_S}{jX_L} - \frac{\dot{U}_S}{jX_C} = \left(\frac{1}{R} + \frac{1}{jX_L} - \frac{1}{jX_C}\right)\dot{U}_S$$

注意： 有效值不满足基尔霍夫定律。

例 5.10 电路如图 5.14a、b 所示，试求：电流表 A_0、电压表 V_0 的读数。

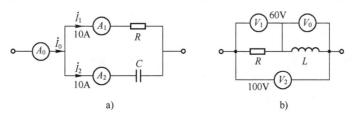

图 5.14　例 5.10 的电路图

解：（1）根据相量形式 KCL 得

$$\dot{I}_0 = \dot{I}_1 + \dot{I}_2 = 10\sqrt{2}\angle 45°\text{A}$$

其相量图如图 5.15a 所示。

故　　　　　　　　　　　$A_0 = 10\sqrt{2}\text{A}$

注意：　　　　　　　　　$I_0 \neq I_1 + I_2$

（2）根据相量形式 KVL 得

$$\dot{U}_0 = \dot{U}_2 - \dot{U}_1 = 80\angle 53°\text{V}$$

其相量图如图 5.15b 所示。

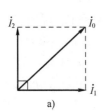 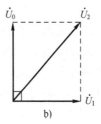

图 5.15　例 5.10 的相量图

故 $$V_0 = 80\text{A}$$

注意： $$U_2 \neq U_1 + U_0$$

【练习与思考】

5.4.1 指出下列各式哪些正确，哪些错误？

① $\dfrac{u_L}{i_L} = x_L$ ② $\dfrac{u_C}{i_C} = \omega C$ ③ $\dot{I}_L = -\mathrm{j}\dfrac{\dot{U}}{\omega L}$ ④ $x_L = \mathrm{j}2\pi f L$

⑤ $Q_C = x_C I_C^2$ ⑥ $P_L = U_L I_L$

5.4.2 在电容元件的正弦交流电路中，$C = 1\mu\text{F}$，$f = 50\text{Hz}$

（1）已知 $u = 220\sqrt{2}\cos(\omega t + 30°)\text{V}$，求电流 i；

（2）已知 $\dot{I} = 0.2\angle -\dfrac{\pi}{3}\text{A}$，求 u。

5.4.3 在电感元件的正弦交流电路中，$L = 0.2\text{H}$，$f = 50\text{Hz}$

（1）已知 $i = 5\sqrt{2}\cos(\omega t - 30°)\text{A}$，求电压 u；

（2）已知 $\dot{U} = 100\angle -60°\text{V}$，求 i。

本章小结

本章主要介绍了正弦交流电路分析的重要方法——相量法。它是线性正弦稳态交流电路分析的简便有效方法，务必要熟练掌握和运用。

主要内容：1）掌握复数的表示方法。

2）理解正弦量的三要素。

3）熟练掌握正弦量的相量表示方法。

4）理解并掌握电路定律的相量形式。

习题

5.1 已知正弦量的相量式如下：$\dot{I}_1 = (6 + \mathrm{j}8)\text{A}$，$\dot{I}_2 = (6 - \mathrm{j}8)\text{A}$，$\dot{I}_3 = (-6 + \mathrm{j}8)\text{A}$，$\dot{I}_4 = (-6 - \mathrm{j}8)\text{A}$，试求各正弦量的瞬时值表达式，并画出相量图。

5.2 已知一段电路的正弦电压、电流为

$$u = 10\sqrt{2}\sin(10^3 t - 20°)\text{V}$$

$$i = 2\sqrt{2}\cos(10^3 t - 50°)\text{A}$$

（1）画出它们的波形图，求出它们的有效值、频率 f 和周期 T；

（2）写出它们的相量式并画出其相量图，求出它们的相位差；

（3）如果把电压 u 的参考方向反向，重新回答（1）、（2）。

5.3 已知两个正弦电流 $i_1 = 4\sqrt{2}\cos(\omega t + 30°)\text{A}$，$i_2 = 3\sqrt{2}\cos(\omega t - 60°)\text{A}$。试用相量法计算 $i = i_1 + i_2$，并画出相量图。

5.4 已知两同频（$f = 1000\text{Hz}$）正弦量的相量分别为 $\dot{U}_1 = 220\angle 60°\text{V}$，$\dot{U}_2 = -220\angle -150°\text{V}$，求：

（1）u_1 和 u_2 的瞬时值表达式；   （2）u_1 和 u_2 的相位差。

5.5 已知三个同频正弦电压分别为 $u_1 = 220\sqrt{2}\sin(\omega t + 10°)\text{V}$ ，$u_2 = 220\sqrt{2}\sin(\omega t - 110°)\text{V}$ ，$u_3 = 220\sqrt{2}\sin(\omega t + 130°)\text{V}$ ，求：

（1）$\dot{U}_1 + \dot{U}_2 + \dot{U}_3$；   （2）$u_1 + u_2 + u_3$。

5.6 在电感元件的正弦交流电路中，$L=50\text{mH}$，$f=1000\text{Hz}$，试求：

（1）当 $i_L = 30\sqrt{2}\sin(\omega t + 30°)\text{A}$ 时，求 $\dot{U}_L$ 值。

（2）当 $\dot{U}_L = 100\angle-70°\text{V}$ 时，求 i_L 值。

5.7 交流接触器的线圈为 RL 串联电路，其数据为 380V、30mA、50Hz，线圈电阻为 1.2kΩ，求线圈电感 L。

5.8 有 RLC 串联的正弦交流电路，已知 $X_L = 2X_C = 3R = 3\Omega$ ，$I = 2\text{A}$ ，试求 U_R、U_L、U_C、U。

5.9 图 5.16 所示电路中，$i_S = 5\sqrt{2}\sin(314t + 30°)\text{A}$ ，$R = 30\Omega$ ，$L = 0.1\text{H}$ ，$C = 10\mu\text{F}$ ，求 u_{ad} 和 u_{bd}。

5.10 图 5.17 所示电路中，$I_1 = I_2 = 10\text{A}$ ，求 I 和 U_S。

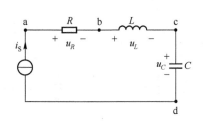

图 5.16 习题 5.9 的图

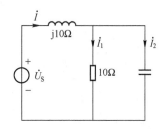

图 5.17 习题 5.10 的图

5.11 某一元件的电压、电流（关联参考方向）分别为下述三种情况时，它可能是什么元件？求出元件参数。

（1） $u = 10\cos(10t + 45°)\text{V}$
$i = 2\sin(10t + 135°)\text{A}$

（2） $u = -10\cos t$
$i = -\sin t$

（3） $u = 10\sin(100t)\text{V}$
$i = 2\cos(100t)\text{A}$

第6章　正弦交流电路的分析

本章将介绍由上一章的相量表示法得到的正弦交流稳态电路的相量计算法。首先引入复阻抗、复导纳的概念，重点讲解正弦稳态电路的分析方法；然后讨论正弦交流电路的功率；最后介绍正弦交流电路的谐振。

6.1　正弦交流电路的阻抗与导纳

图 6.1a 所示电路中各部分电压、电流均以角频率 ω 作正弦规律变化，根据基尔霍夫电压定律可得

$$u = u_R + u_L + u_C = Ri + L\frac{\mathrm{d}i}{\mathrm{d}t} + \frac{1}{C}\int i\,\mathrm{d}t$$

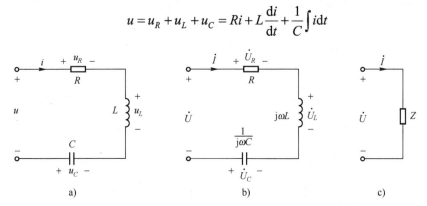

图 6.1　*RLC* 串联电路的时域模型和相量模型

此时域方程右端存在正弦电流对时间的微分和积分。这里采用上一章导出的相量表示法将其变换为

$$\dot{U} = \dot{U}_R + \dot{U}_L + \dot{U}_C = R\dot{I} + \mathrm{j}\omega L\dot{I} + \frac{1}{\mathrm{j}\omega C}\dot{I} \tag{6.1}$$

与上述相量方程对应的 *RLC* 串联电路的相量模型如图 6.1b 所示。

而图 6.1a 所示电路称为 *RLC* 串联电路的时域模型。

式（6.1）表明：端口电压相量等于各元件电压相量之和；各元件电压相量与元件中电流相量成比例关系，各比例系数 R、$\mathrm{j}\omega L$、$1/(\mathrm{j}\omega C)$ 即为电路相量模型的元件参数。

由式（6.1）可得

$$\dot{U} = \left(R + \mathrm{j}\omega L + \frac{1}{\mathrm{j}\omega C} \right)\dot{I} = \left[R + \mathrm{j}\left(\omega L - \frac{1}{\omega C} \right) \right]\dot{I}$$

方括号中的量是一个复数，其实部是 *RLC* 串联电路的电阻，虚部则是其电抗，即

$$\omega L - 1/(\omega C) = X_L - X_C = X$$

令

$$Z = R + j(X_L - X_C) = R + jX = |Z| \angle \varphi \qquad (6.2)$$

则

$$\dot{U} = Z\dot{I} \qquad (6.3)$$

式（6.3）在形式上与欧姆定律的表达式相似，所以也称之为欧姆定律的相量形式。式中复数 Z 称为复阻抗，简称阻抗。复阻抗是一个计算用的复数，不代表正弦量，不能视为相量。复阻抗的实部是电阻，虚部是电抗。从电路构成来看，复阻抗由电阻和电抗元件组成，可等效为一个电路元件，即复阻抗元件，其参数为 Z，电路符号如图 6.1c 所示。

为了进一步说明电压、电流相量和复阻抗的关系，将电压、电流相量和复阻抗

$$\dot{U} = U \angle \varphi_u$$
$$\dot{I} = I \angle \varphi_i$$
$$Z = |Z| \angle \varphi$$

代入式（6.3）得

$$\frac{\dot{U}}{\dot{I}} = \frac{U \angle \varphi_u}{I \angle \varphi_i} = \frac{U}{I} \angle \varphi_u - \varphi_i = |Z| \angle \varphi \qquad (6.4)$$

式中，$|Z| = \dfrac{U}{I} = \sqrt{R^2 + X^2}$ 称为阻抗的模，$\varphi = \varphi_u - \varphi_i = \arctan \dfrac{X}{R}$ 称为阻抗角，可见阻抗端口电压、电流有效值之比等于阻抗的模，电压超前电流的相位角等于阻抗角。

当 $X_L > X_C$ 时，$\varphi > 0$，电压超前于电流，称 Z 呈现电感性；

当 $X_L < X_C$ 时，$\varphi < 0$，电压滞后于电流，称 Z 呈现电容性；

当 $X_L = X_C$ 时，$\varphi = 0$，电压与电流同相，称 Z 呈现电阻性。

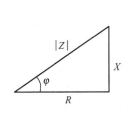

图 6.2　阻抗三角形

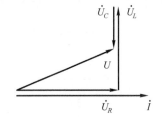

图 6.3　RLC 串联电路的相量图

综上所述，式（6.3）表示的欧姆定律的相量形式以一个复数方程表示（式 6.3），同时给出了复阻抗端口电压与端口电流的大小和相位关系。按复阻抗 Z 的代数形式，R、X 和 $|Z|$、φ 之间的关系可用一个直角三角形表示（见图 6.2），这个三角形称为阻抗三角形。阻抗与电阻具有相同的量纲。

图 6.1b 中各元件电压相量与电流相量的关系分别为

$$\dot{U}_R = R\dot{I} \qquad (6.5)$$

$$\dot{U}_L = j\omega L\dot{I} = jX_L\dot{I} \qquad (6.6)$$

$$\dot{U}_C = \frac{1}{j\omega C}\dot{I} = -jX_C\dot{I} \tag{6.7}$$

可见，上述三式都是式（6.3）的特例。对电阻而言，复阻抗 $Z_R = R$；而电感和电容的复阻抗分别为 $Z_L = jX_L$ 和 $Z_C = -jX_C$。

在分析交流电路时应当注意：感抗 X_L 和容抗 X_C 是阻抗模而不是复阻抗，它们为电感和电容端口电压与电流的有效值之比而不是相量之比。

根据式（6.5）～式（6.7）可以作出 RLC 串联电路电压、电流的相量图。因为各元件流过同一电流，故取电流作为参考相量，即 $\dot{I} = I\angle 0°$，其他各电压如图 6.3 所示。

图中 $\dot{U} = \dot{U}_R + \dot{U}_L + \dot{U}_C$，从这一相量图上还可求出各电压有效值之间的关系，即

$$U = \sqrt{U_R^2 + (U_L - U_C)^2} \tag{6.8}$$

可见有效值关系是不满足基尔霍夫电压定律的，即 $U \neq U_R + U_L + U_C$。

对电流也有相同的结论。

复阻抗 Z 的倒数定义为（复）导纳，简称导纳，用 Y 表示。

$$Y = \frac{1}{Z} = \frac{\dot{I}}{\dot{U}} = \frac{I}{U}\angle\varphi_i - \varphi_u = |Y|\angle\varphi_Y \tag{6.9}$$

式中，$|Y|$ 称为导纳的模，等于复导纳端口电流与端口电压的有效值（或振幅）之比，即

$$|Y| = \frac{I}{U} \tag{6.10}$$

φ_Y 称为导纳角，等于端口电流超前端口电压的相位角，即

$$\varphi_Y = \varphi_i - \varphi_u \tag{6.11}$$

显然，导纳具有和电导相同的量纲。

图 6.4a 所示一端口为 RLC 并联电路，其端口电流相量和电压相量的关系为

$$\dot{I} = \dot{I}_R + \dot{I}_L + \dot{I}_C = \frac{\dot{U}}{R} + \frac{\dot{U}}{j\omega L} + j\omega C\dot{U} = \left[\frac{1}{R} + j\left(\omega C - \frac{1}{\omega L}\right)\right]\dot{U}$$

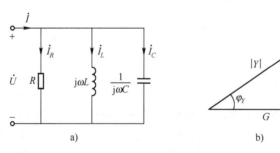

图 6.4 RLC 并联电路的导纳

故

$$Y = \frac{1}{R} + j\left(\omega C - \frac{1}{\omega L}\right) = G + j(B_C - B_L) = G + jB \tag{6.12}$$

Y 的实部是 RLC 并联电路的电导，虚部是电纳，即 $B = B_C - B_L$，其中 $B_C = \omega C$ 称为容纳，$B_L = 1/\omega L$ 称为感纳。

$|Y|$、φ_Y 和 G、B 的关系为

$$|Y| = \sqrt{G^2 + B^2}, \quad \varphi_Y = \arctan \frac{B}{G} = \arctan \frac{B_C - B_L}{G} \tag{6.13}$$

或

$$G = |Y|\cos\varphi_Y, \quad B = |Y|\sin\varphi_Y \tag{6.14}$$

也可用导纳三角形表示，如图 6.4b 所示。

式（6.13）中，如果 $B_L > B_C$，则导纳角 $\varphi_Y < 0$，则端口电流滞后于端口电压，Y 呈现感性；如果 $B_L < B_C$，则导纳角 $\varphi_Y > 0$，端口电流超前端口电压，Y 呈现容性；如果 $B_L = B_C$，则导纳角 $\varphi_Y = 0$，端口电压、电流同相，Y 呈现电阻性。

复阻抗和复导纳可以等效互换，条件为

$$ZY = 1$$

即

$$|Z||Y| = 1, \quad \varphi_Z + \varphi_Y = 0$$

例如，一个具有电阻和电感的线圈，其模型为 RL 串联电路，如图 6.5a 所示，可直接写出复阻抗

$$Z = R + j\omega L$$

与此复阻抗等效的复导纳为

$$Y = \frac{1}{Z} = \frac{1}{R + j\omega L} = \frac{R}{R^2 + (\omega L)^2} - j\frac{\omega L}{R^2 + (\omega L)^2} = G - jB$$

式中

$$G = \frac{R}{R^2 + (\omega L)^2}, \quad B_L = \frac{\omega L}{R^2 + (\omega L)^2}$$

与复导纳等效的电路为电导 G 与感纳 B_L 的并联电路，如图 6.5b 所示。

这里需要注意的是，若把一个电阻与电感相串联的电路等效为电导与感纳并联的电路，其等效电导不是原串联电阻的倒数，等效电纳也不是原串联电抗的倒数。

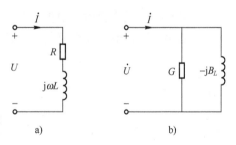

图 6.5 RL 串联电路及其等效的并联电路

还应注意的是，不论是复阻抗还是复导纳，都与角频率有关。当角频率变化时，即便电路的电阻、电感、电容值都不变，电路的复阻抗或复导纳也会改变。故复阻抗和复导纳可写为

$$Z(j\omega) = R(\omega) + jX(\omega)$$

$$Y(j\omega) = G(\omega) + jB(\omega)$$

当电路只有 R、L、C 的组合时，其等效复阻抗一定有 $\mathrm{Re}[Z] \geq 0$，或 $|\varphi_Z| \leq 90°$；如果电路中含有受控源，可能会有 $\mathrm{Re}[Z] < 0$ 或 $|\varphi_Z| > 90°$ 的情况出现。

6.2 阻抗的串联与并联

1. 阻抗的串联

在正弦交流电路中，阻抗的连接形式是多种多样的，其中最简单和最常用的是串联和

并联。

图 6.6a 是两个复阻抗的串联电路，根据基尔霍夫电压定律可写出

$$\dot{U} = \dot{U}_1 + \dot{U}_2 = Z_1 \dot{I} + Z_2 \dot{I} = (Z_1 + Z_2)\dot{I} \qquad (6.15)$$

两个串联的复阻抗可用一个等效复阻抗 Z 来等效替代。根据图 6.6b 所示的等效电路可写出

$$\dot{U} = Z\dot{I} \qquad (6.16)$$

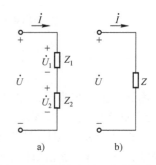

图 6.6　阻抗的串联及其等效电路

比较上列两式可得

$$Z = Z_1 + Z_2 \qquad (6.17)$$

各复阻抗上的电压分别为

$$\dot{U}_1 = Z_1 \dot{I} = \frac{Z_1}{Z}\dot{U}$$

$$\dot{U}_2 = Z_2 \dot{I} = \frac{Z_2}{Z}\dot{U}$$

因为　　　　　　　　　　　　$U \neq U_1 + U_2$

即　　　　　　　　　　　　$|Z|I \neq |Z_1|I + |Z_2|I$

所以　　　　　　　　　　　　$|Z| \neq |Z_1| + |Z_2|$

由此可见，只有等效复阻抗才等于各个串联复阻抗之和。

一般情况下，对于 n 个复阻抗串联而成的电路，其等效复阻抗可写成

$$Z_{\text{eq}} = \sum_{k=1}^{n} Z_k = \sum_{k=1}^{n} R_k + \mathrm{j}\sum_{k=1}^{n} X_k = |Z_{\text{eq}}| \angle \varphi_{\text{eq}} \qquad (6.18)$$

式中

$$|Z_{\text{eq}}| = \sqrt{\left(\sum_{k=1}^{n} R_k\right)^2 + \left(\sum_{k=1}^{n} X_k\right)^2}$$

$$\varphi_{\text{eq}} = \arctan \frac{\displaystyle\sum_{k=1}^{n} X_k}{\displaystyle\sum_{k=1}^{n} R_k}$$

各个复阻抗的电压相量为

$$\dot{U}_k = \frac{Z_k}{Z_{\text{eq}}}\dot{U} , \quad k = 1, 2, \cdots, n \qquad (6.19)$$

式中，$\dot{U}$ 为总电压相量；$\dot{U}_k$ 为第 k 个复阻抗 Z_k 的电压相量。

2. 阻抗的并联

图 6.7a 是两个复阻抗的并联电路，根据基尔霍夫电流定律可写出

$$\dot{I} = \dot{I}_1 + \dot{I}_2 = \frac{\dot{U}}{Z_1} + \frac{\dot{U}}{Z_2} = \left(\frac{1}{Z_1} + \frac{1}{Z_2}\right)\dot{U} \qquad (6.20)$$

两个并联的复阻抗也可用一个等效复阻抗 Z 来等效替代。根据图 6.7b 所示的等效电路可写出

$$\dot{I} = \frac{\dot{U}}{Z} \qquad (6.21)$$

比较上列两式可得

$$\frac{1}{Z} = \frac{1}{Z_1} + \frac{1}{Z_2} \qquad (6.22)$$

即

$$Y = Y_1 + Y_2$$

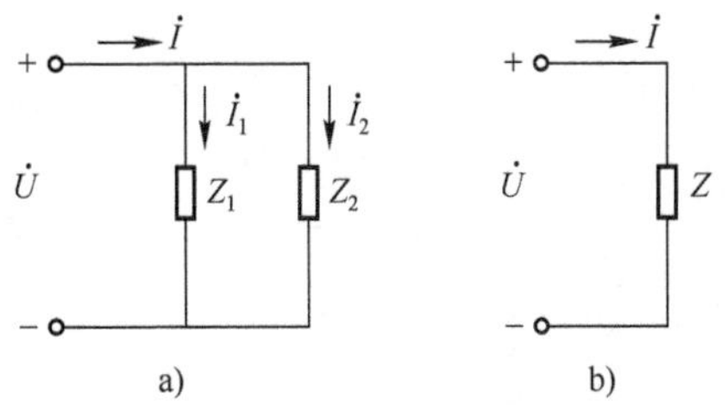

图 6.7 复阻抗的并联及其等效电路

流过各复阻抗的电流相量分别为

$$\dot{I}_1 = \frac{\dot{U}}{Z_1} = \frac{Z}{Z_1}\dot{I} = \frac{Y_1}{Y}\dot{I}$$

$$\dot{I}_2 = \frac{\dot{U}}{Z_2} = \frac{Z}{Z_2}\dot{I} = \frac{Y_2}{Y}\dot{I}$$

因为

$$I \neq I_1 + I_2$$

即

$$\frac{U}{|Z|} \neq \frac{U}{|Z_1|} + \frac{U}{|Z_2|}$$

所以

$$\frac{1}{|Z|} \neq \frac{1}{|Z_1|} + \frac{1}{|Z_2|}$$

由此可见，只有等效复阻抗的倒数才等于各个并联复阻抗的倒数之和。

一般情况下，对于 n 个复阻抗并联而成的电路，其等效复阻抗可写成

$$\frac{1}{Z_{\text{eq}}} = \sum_{k=1}^{n} \frac{1}{Z_k} \qquad (6.23)$$

或

$$Y_{\text{eq}} = \sum_{k=1}^{n} Y_k \qquad (6.24)$$

各个复阻抗的电流相量为

$$\dot{I}_k = \frac{Y_k}{Y}\dot{I}, \quad k = 1,2,\cdots,n \qquad (6.25)$$

式中，$\dot{I}$ 为总电流相量；$\dot{I}_k$ 为第 k 个复阻抗（导纳）的电流相量。

由式（6.18）、式（6.19）、式（6.23）和式（6.25）可见，复阻抗的串联和并联电路的计算，在形式上与电阻的串联和并联电路的计算相似。

例 6.1 RLC 串联电路如图 6.1a 所示，其中 $R = 15\Omega$，$L = 12\text{mH}$，$C = 5\mu\text{F}$，端电压 $u = 100\sqrt{2}\cos(5000t)\text{V}$。试求电流 i 和各元件的电压相量。

解： 首先将电压 u 写成相量形式：$\dot{U} = 100\angle 0°\text{V}$

然后计算各部分的复阻抗：$Z_R = R = 15\Omega$

$$Z_L = j\omega L = j60\Omega$$

$$Z_C = -j\frac{1}{\omega C} = -j40\Omega$$

$$Z_{eq} = Z_R + Z_L + Z_C = (15 + j20)\Omega = 25\angle 53.1°\Omega$$

$$\dot{I} = \frac{\dot{U}}{Z_{eq}} = \frac{100\angle 0°}{25\angle 53.1°}\text{A} = 4\angle -53.1°\text{A}$$

$$i = 4\sqrt{2}\cos(5000t - 53.1°)\text{A}$$

各元件的电压相量为

$$\dot{U}_R = \dot{I}R = 60\angle -53.1°\text{V}$$

$$\dot{U}_L = j\omega L\dot{I} = 240\angle 36.9°\text{V}$$

$$\dot{U}_C = -j\frac{1}{\omega C}\dot{I} = 160\angle -143.1°\text{V}$$

思考：本例中有 $U_L > U$ ，$U_C > U$ ，这是什么原因？

例 6.2 图 6.8 所示电路中 $R_1 = 10\Omega$ ，$R_2 = 1000\Omega$ ，$L = 0.5\text{H}$ ，$C = 10\mu\text{F}$ ，$U_S = 100\text{V}$ ，$\omega = 314\text{rad/s}$ 。求：各支路电流相量及电压相量 $\dot{U}$ 。

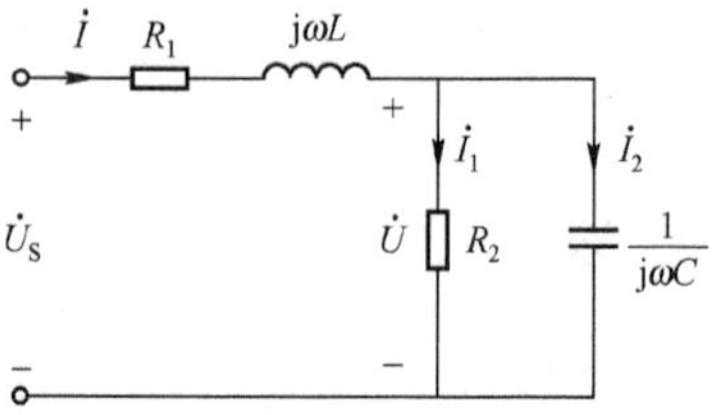

解： 设 $\dot{U}_S = 100\angle 0°\text{V}$ 为参考相量。

各部分的复阻抗分别为： $Z_{R1} = 10\Omega$ ，$Z_{R2} = 1000\Omega$ ，

$$Z_L = j\omega L = j157\Omega ，\quad Z_C = -j\frac{1}{\omega C} = -j318.47\Omega$$

Z_{R2} 与 Z_C 并联，等效复阻抗为 Z_{12} 。而

$$Z_{12} = \frac{Z_{R2}Z_C}{Z_{R2} + Z_C} = \frac{1000(-j318.47)}{1000 - j318.47} = 303.45\angle -72.33°\Omega = (92.11 - j289.13)\Omega$$

Z_{R1} 、Z_L 与 Z_{12} 串联，故总的复阻抗为

$$Z_{eq} = Z_{R1} + Z_L + Z_{12} = (102.11 - j132.13)\Omega = 166.99\angle -52.30°\Omega$$

图 6.8 例 6.2 的图

各支路电流相量和电压相量 $\dot{U}$ 的计算如下：

$$\dot{I} = \frac{\dot{U}_S}{Z_{eq}} = \frac{100\angle 0°}{166.99\angle -52.30°}\text{A} = 0.60\angle 52.30°\text{A}$$

$$\dot{U} = \dot{I}Z_{12} = 182.07\angle -20.03°\text{V}$$

$$\dot{I}_1 = \frac{\dot{U}}{Z_C} = 0.57\angle 69.97°\text{A}$$

$$\dot{I}_2 = \frac{\dot{U}}{Z_{R2}} = 0.18\angle -20.03°\text{A}$$

6.3 电路的相量图

在分析复阻抗（导纳）串、并联电路时，可以利用相关的电压和电流相量在复平面上组成电路相量图。相量图可以直观地显示各相量之间的关系，并可用来辅助电路的分析计算。

在相量图上，除了按比例显示各相量的模（有效值）以外，最重要的是根据各相量的相位确定各相量在图上的位置（方位）。一般做法是：以电路并联部分的电压相量为参考，根据支路的 VCR 确定各并联支路的电流相量与电压相量之间的夹角，然后再根据结点上的 KCL 方程，用相量平移求和法则，画出结点上各支路电流相量组成的多边形；以电路串联部分的电流为参考，根据 VCR 确定有关电压相量与电流相量之间的夹角，再根据回路的 KVL 方程，用相量平移求和的法则，画出回路上各电压相量组成的多边形。

例 6.3 画出例 6.1 电路中各电流、电压的相量图。

解： 该电路为复阻抗串联电路，故以电流相量 $\dot{I}$ 为参考相量。

根据 KVL 方程 $\dot{U} = \dot{U}_R + \dot{U}_L + \dot{U}_C$ 画出电压相量组成的多边形。画法如下。

首先，在复平面上画出电流相量 $\dot{I}$，然后，从原点起，相对于电流相量 $\dot{I}$，按平移求和法则，逐一画出 KVL 方程右边各电压相量。例如，画出 $\dot{U}_R = R\dot{I}$（与 $\dot{I}$ 同相），然后再从 $\dot{U}_R$ 的末端画出下一个电压相量，例如 $\dot{U}_L = j\omega L\dot{I}$（相位超前 $\dot{I}$ 90°），以此类推。最后，从原点 O 至最后一个电压相量末端的相量就是上述 KVL 方程左边的电压相量 $\dot{U}$，如图 6.9a 所示。KVL 方程在相量图上表示为一个封闭的多边形，本例为四边形。根据 KVL 方程求和时，结果与电压相量的次序无关，所以图 6.9b 也是该电路的相量图。

例 6.4 画出例 6.2 电路的相量图。

解： 设以并联部分电压 $\dot{U}$ 作为参考相量并画出该相量，再根据 $\dot{I} = \dot{I}_1 + \dot{I}_2$ 画出电流相量的多边形，$\dot{I}_1$ 超前 $\dot{U}$ 90° 相位角，$\dot{I}_2$ 与 $\dot{U}$ 同相；然后，以画出的电流相量 $\dot{I}$ 作为参考，根据 $\dot{U}_S = \dot{U}_{R1} + \dot{U}_L + \dot{U}$ 画出电压相量组成的多边形，$\dot{U}_{R1}$ 与 $\dot{I}$ 同相，$\dot{U}_L$ 超前 $\dot{I}$ 90° 相位角，如图 6.10 所示。

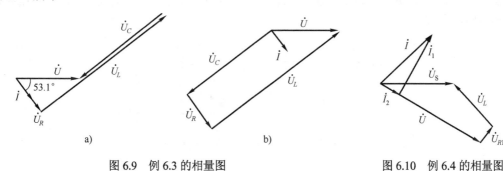

图 6.9 例 6.3 的相量图   图 6.10 例 6.4 的相量图

6.4 正弦稳态电路的分析

应用相量法分析正弦稳态电路，列写电路方程时应该采用 KCL、KVL 和元件 VCR 的相量形式，即

$$\sum \dot{I} = 0 \qquad \sum \dot{U} = 0$$
$$\dot{U} = Z\dot{I} \qquad \dot{I} = Y\dot{U}$$

在直流电路中，KCL、KVL 和元件 VCR 方程的形式为

$$\sum I = 0 \qquad \sum U = 0$$

$$U = RI \qquad I = GU$$

比较上述两组关系可以发现，相量形式的基尔霍夫定律方程和元件方程都是线性方程，和直流电路中相应方程的形式是相似的。因此，在第 3 章和第 4 章针对直流电路提出的各种分析方法、定理和公式可推广应用于正弦交流电路的相量分析法。具体地说：只需将以前方程和公式中的电阻推广为复阻抗，电导推广为复导纳，直流电压、电流推广为电压、电流相量，就可以按照直流电路的分析方法来分析正弦稳态电路。下面通过具体的例题来说明。

例 6.5　图 6.11 所示电路中，$U_{S1} = U_{S2} = 220\text{V}$，$\dot{U}_{S2}$ 滞后于 $\dot{U}_{S1}$ 的角度为 20°，$Z_1 = (1 + j2)\Omega$，$Z_2 = (0.8 + j2.8)\Omega$，$Z = (40 + j30)\Omega$。试求各支路电流。

解：设各支路电流的参考方向如图所示，取 $\dot{U}_{S1}$ 作为参考相量，则 $\dot{U}_{S1} = 220\angle 0°\text{V}$，$\dot{U}_{S2} = 220\angle -20°\text{V}$。此电路有 2 个结点，3 条支路，故可列 1 个独立的 KCL 方程和 2 个独立的 KVL 方程。取上面结点列 KCL 方程为

$$\dot{I}_1 = \dot{I} + \dot{I}_2$$

取左右两个网孔（回路方向取顺时针）列 KVL 方程为

$$Z_1\dot{I}_1 + Z_2\dot{I}_2 + \dot{U}_{S2} = \dot{U}_{S1}$$

$$\dot{U}_{S2} + Z_2\dot{I}_2 = Z\dot{I}$$

代入已知数据，可求得

$$\dot{I} = 4.18\angle -46.1°\text{A}$$

$$\dot{I}_1 = 16.3\angle 3.9°\text{A}$$

$$\dot{I}_2 = 14.1\angle 17.1°\text{A}$$

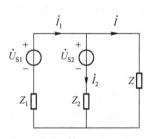

图 6.11　例 6.5 的图

例 6.6　图 6.12 所示电路中的独立电源全部是同频正弦量。试列出该电路的回路电流方程和结点电压方程。

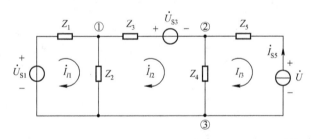

图 6.12　例 6.6 的图

解：取三个回路如图所示，回路电流分别为 $\dot{I}_{l1}$、$\dot{I}_{l2}$、$\dot{I}_{l3}$，参照直流电路回路电流方程的列写方法，将电阻变换为复阻抗，直流电压、电流变换为电压、电流相量，列写回路电流方程如下：

$$(Z_1 + Z_2)\dot{I}_{l1} - Z_2\dot{I}_{l2} = \dot{U}_{S1}$$

$$-Z_1\dot{I}_{l1} + (Z_2 + Z_3 + Z_4)\dot{I}_{l2} - Z_4\dot{I}_{l3} = -\dot{U}_{S3}$$

$$\dot{I}_{l3} = -\dot{I}_{S5}$$

补充求电压的方程为：$\qquad -Z_4\dot{I}_{l2} + (Z_4 + Z_5)\dot{I}_{l3} = -\dot{U}$

取结点③为参考点，结点电压为 $\dot{U}_{n1}$、$\dot{U}_{n2}$，参照直流电路结点电压方程的列写方法，

将电导换为导纳，直流电压、电流换为电压、电流相量，结点电压方程如下：

$$(Y_1 + Y_2 + Y_3)\dot{U}_{n1} - Y_3\dot{U}_{n2} = Y_1\dot{U}_{S1} + Y_3\dot{U}_{S3}$$

$$-Y_3\dot{U}_{n1} + (Y_3 + Y_4)\dot{U}_{n2} = \dot{I}_{S5} - Y_3\dot{U}_{S3}$$

例 6.7 图 6.13 所示电路中的独立电源全部是同频正弦量。列出电路的回路电流方程和结点电压方程。

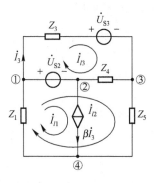

图 6.13 例 6.7 的图

解：此电路有无伴电压源和无伴受控电流源，受控电流源两端电压未知，但电流为 $\beta\dot{I}_3$，故取回路如图所示，列回路电流方程为

$$\dot{I}_{l1} = \beta\dot{I}_3$$

$$Z_1\dot{I}_{l1} + (Z_1 + Z_4 + Z_5)\dot{I}_{l2} - Z_4\dot{I}_{l3} = -\dot{U}_{S2}$$

$$-Z_4\dot{I}_{l2} + (Z_3 + Z_4)\dot{I}_{l3} = \dot{U}_{S2} - \dot{U}_{S3}$$

补充受控电流源控制量方程为

$$\dot{I}_3 = \dot{I}_{l3}$$

列结点电压方程时，令结点②（无伴电压源负极）为参考点，列结点电压方程为

$$\dot{U}_{n1} = \dot{U}_{S2}$$

$$-Y_3\dot{U}_{n1} + (Y_3 + Y_4 + Y_5)\dot{U}_{n3} - Y_5\dot{U}_{n4} = -Y_3\dot{U}_{S3}$$

$$-Y_1\dot{U}_{n1} - Y_5\dot{U}_{n3} + (Y_1 + Y_5)\dot{U}_{n4} = \beta\dot{I}_3$$

补充受控电流源控制量方程为

$$\dot{I}_3 = Y_3\left(\dot{U}_{n1} - \dot{U}_{n3} - \dot{U}_{S3}\right)$$

例 6.8 求图 6.14a 所示一端口的戴维南等效电路。已知 $R_1 = 10\Omega$，$R_2 = 5\Omega$，$X_L = 10\Omega$，$\dot{I}_S = 1\angle 0°\text{A}$。

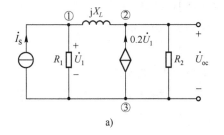 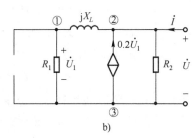

a)   b)

图 6.14 例 6.8 的图

解：首先求开路电压，用结点电压法求解比较方便。以结点③为参考点，列结点电压方程如下：

$$\dot{U}_1 = \dot{U}_{n1}$$

$$\left(\frac{1}{R_1} + \frac{1}{jX_L}\right)\dot{U}_{n1} - \frac{1}{jX_L}\dot{U}_{n2} = \dot{I}_S$$

$$-\frac{1}{jX_L}\dot{U}_{n2} + \left(\frac{1}{R_2} + \frac{1}{jX_L}\right)\dot{U}_{n2} = 0.2\dot{U}_1$$

另有 $\dot{U}_{OC} = \dot{U}_{n2}$

代入数值，解之得 $\dot{U}_{OC} = 10\angle 0° \text{V}$

然后求等效复阻抗——将独立电流源置零，并设在端口加电压源 $\dot{U}$，求电流 $\dot{I}$（含 $\dot{U}$ 的）的表达式为

$$\dot{I} = \frac{\dot{U}}{R_2} - 0.2\dot{U}_1 + \frac{\dot{U}}{R_1 + jX_L}$$

且

$$\dot{U}_1 = \frac{R_1}{R_1 + jX_L}\dot{U}$$

代入上式，得

$$\dot{U} = \frac{1-j}{0.2-j0.1}\dot{I}$$

则

$$Z_{eq} = \frac{\dot{U}}{\dot{I}} = \frac{1-j}{0.2-j0.1} = 6.32\angle -18.4°\,\Omega$$

故得戴维南等效电路如图 6.15 所示

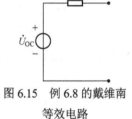

图 6.15　例 6.8 的戴维南
等效电路

6.5　正弦稳态电路的功率

下面讨论一般正弦交流电路的功率。图 6.16 所示为无源一端口网络，端口电流、电压分别为

$$i = \sqrt{2}I\cos\left(\omega t + \varphi_i\right)$$
$$u = \sqrt{2}U\cos\left(\omega t + \varphi_u\right)$$

其参考方向如图所示，该一端口网络吸收的瞬时功率为

$$p = ui = 2UI\cos\left(\omega t + \varphi_u\right)\cos\left(\omega t + \varphi_i\right)$$
$$= UI\cos\left(\varphi_u - \varphi_i\right) + UI\cos\left(2\omega t + \varphi_u + \varphi_i\right)$$

令 $\varphi = \varphi_u - \varphi_i$，$\varphi$ 为端口电压与电流的相位差，有

$$p = UI\cos\varphi + UI\cos\left(2\omega t + \varphi_u + \varphi_i\right)$$

从上式可以看出，瞬时功率有两个分量，第一个为恒定量，第二个为正弦量，其频率是电压或电流频率的两倍。瞬时功率的波形如图 6.17 所示。

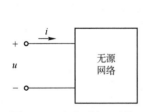

图 6.16　无源一端口网络

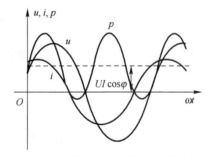

图 6.17　一端口网络瞬时功率的波形

上式还可以改写为

$$p = UI \cos \varphi + UI \cos(2\omega t + 2\varphi_u - \varphi)$$
$$= UI \cos \varphi + UI \cos \varphi \cos(2\omega t + 2\varphi_u) + UI \sin \varphi \sin(2\omega t + 2\varphi_u) \quad (6.26)$$
$$= UI \cos \varphi \left[1 + \cos 2(\omega t + \varphi_u)\right] + UI \sin \varphi \sin \left[2(\omega t + \varphi_u)\right]$$

首先讨论单个元件正弦交流电路的功率。设图 6.16 所示一端口网络为一个电阻元件 R，这时 u 与 i 同相，$\varphi = \varphi_u - \varphi_i = 0$，由式（6.26）得电阻上瞬时功率为

$$p_R = UI \left[1 + \cos(2\omega t + 2\varphi_u)\right] \quad (6.27)$$

图 6.18 画出了电阻上电压 u、电流 i 和功率 p_R 的波形。可见电阻上的瞬时功率总是大于等于零的，即 $p_R \geqslant 0$。这说明电阻不能发出功率，总是吸收功率。

瞬时功率的实用价值不大。通常所说的交流电路的功率是指瞬时功率在一个周期内的平均值，即平均功率，以 P 表示。即

$$P = \frac{1}{T} \int_0^T p \, \mathrm{d}t \quad (6.28)$$

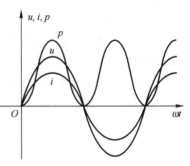

图 6.18　电阻上 u、i 和 p_R 的波形

将式（6.27）代入上式，得

$$P = \frac{1}{T} \int_0^T p \, \mathrm{d}t = \frac{1}{T} \int_0^T UI \left[1 + \cos(2\omega t + 2\varphi_u)\right] \mathrm{d}t$$
$$= UI = RI^2 = GU^2$$

上式与直流电路中计算功率的公式形式一样，但应注意，这里的 U、I 是正弦电压、电流的有效值。

再假设图 6.16 中的一端口网络是一个电感元件，电感上电压超前电流90°，即 $\varphi = \varphi_u - \varphi_i = 90°$，由式（6.26）得电感上的瞬时功率为

$$p_L = UI \sin 2(\omega t + \varphi_u) \quad (6.29)$$

图 6.19 画出了电感上的电压 u、电流 i 和功率 p_L 的波形。电感的瞬时功率是时间的正弦函数，角频率为 2ω，其值正负交替。瞬时功率为正，表示电感吸收功率；若为负，表示电感释放功率。这是因为电感是储能元件，不会把吸收的能量消耗掉，而是以磁场能量（为 $W_L = \frac{1}{2} Li^2$）的形式储存在磁场中。当电流的绝对值 $|i|$ 增大时电感吸收电能，因而 $p_L > 0$；当 $|i|$ 减小时电感则发出电能，$p_L < 0$。

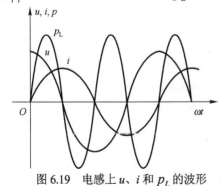

图 6.19　电感上 u、i 和 p_L 的波形

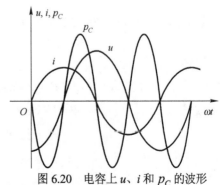

图 6.20　电容上 u、i 和 p_C 的波形

最后假设图 6.16 中的一端口网络是一个电容元件，电容端口电压滞后电流 90°，即 $\varphi = \varphi_u - \varphi_i = -90°$。由式（6.26）可得电容吸收的瞬时功率为

$$p_C = -UI \sin 2(\omega t + \varphi_u) \tag{6.30}$$

式（6.30）表明电容的瞬时功率也是时间的正弦函数，其值正负交替。p_C 的波形如图 6.20 所示。

p_L 和 p_C 在一个周期内的平均值都等于零，即电感和电容的平均功率都为零。说明电感和电容不消耗能量，这与电阻是不同的。

电感和电容不消耗电能，但是它们与外电路有能量交换的过程，这种能量交换的规模也需要计量。工程上采用能量交换的最大速率，即 p_L 和 p_C 的幅值来计量，称为无功功率，用大写字母 Q 来表示。由式（6.29）和式（6.30）可知，电感和电容的无功功率分别为

$$Q_L = UI = X_L I^2 = B_L U^2 \tag{6.31}$$

$$Q_C = -UI = -X_C I^2 = -B_C U^2 \tag{6.32}$$

式中，U、I 分别为电感或电容端口电压、电流的有效值。无功功率不做功，所以其单位为无功伏安，根据所写的音译称为"乏"（var）。前面定义的平均功率，也称为有功功率。

下面讨论任意一端口网络的功率。式（6.26）中右端第一项是非负的（$\varphi \leqslant \pi/2$），它是瞬时功率中的不可逆部分，反映一端口网络吸收的瞬时电功率；第二项是瞬时功率的可逆部分，其值正负交替，反映一端口网络与外电路交换的瞬时电功率，这一项在一个周期内的平均值等于零。则一端口网络吸收的平均功率取决于第一项，即

$$P = \frac{1}{T} \int_0^T p \mathrm{d}t = UI \cos \varphi = UI \lambda \tag{6.33}$$

式中，U、I 为一端口网络端口电压、电流的有效值，而

$$\lambda = \cos \varphi$$

称为一端口网络的功率因数。对于无源一端口网络，其特性可用输入复阻抗 Z_{eq} 来表示，端口电压与电流的相位差等于其阻抗角，即 $\varphi = \varphi_u - \varphi_i$。一般情况下 $|\varphi| \leqslant 90°$，所以 $0 \leqslant \lambda \leqslant 1$。

式（6.26）右端第二项反映一端口网络与外电路交换的瞬时电功率，仍取其幅值作为无功功率。则一端口网络的无功功率为

$$Q = UI \sin \varphi \tag{6.34}$$

设无源一端口网络为 RLC 串联电路，其复阻抗为

$$Z = R + \mathrm{j}(X_L - X_C) = |Z| \angle \varphi$$

又知

$$U = |Z| I$$

$$R = |Z| \cos \varphi, \quad X = X_L - X_C = |Z| \sin \varphi$$

故

$$P = UI \cos \varphi = |Z| I^2 \cos \varphi = RI^2 = P_R$$

$$Q = UI \sin \varphi = |Z| I^2 \sin \varphi = XI^2$$

$$= (X_L - X_C)I^2 = Q_L + Q_C$$

可见，一端口网络的平均功率就等于电阻元件消耗的功率（有功功率）；一端口网络的

无功功率就等于电抗元件的无功功率的和。这是因为电阻的无功功率为零，而电抗的有功功率也为零。

当阻抗为感性时，电压 u 超前电流 i，$\varphi = \varphi_u - \varphi_i > 0$，所以 $Q > 0$，故 Q 为正代表感性无功功率；反之若阻抗为容性，电压 u 滞后电流 i，$\varphi = \varphi_u - \varphi_i < 0$，所以 $Q < 0$，故 Q 为负代表容性无功功率。

一般电气设备都要规定额定电压和额定电流，工程上用它们的乘积来表示某些电气设备的容量，并称为视在功率，用 S 表示。即

$$S = UI \tag{6.35}$$

为了与平均功率相区别，视在功率不用瓦作单位，而直接用伏安（V·A）或千伏安（kV·A）作单位。例如说 560kV·A 的变压器，是指这台变压器的额定视在功率是 560kV·A，如果它所接的电路的功率因数 $\lambda = 1$，由式（6.33）可知，它能传输的功率是 560kW；若 $\lambda = 0.5$，就只能传输 280kW 了。因此，为了充分利用设备的容量，应设法提高电路的功率因数。下一节就介绍提高功率因数的方法。

例 6.9 在工频条件下测得某线圈的端口电压、电流和功率分别为 200V、4A 和 400W。求此线圈的电阻、电感和功率因数。

解： 线圈的电路模型为电阻与电感的串联，故设线圈复阻抗：

$$Z = R + jX_L$$

由式（6.33）得线圈的功率因数为

$$\lambda = \frac{P}{UI} = \frac{400}{200 \times 4} = 0.5$$

所以

$$\varphi = \arccos 0.5 = 60°$$

而

$$|Z| = \frac{U}{I} = \frac{200}{4}\Omega = 50\Omega$$

故

$$Z = 50\angle 60°\Omega = (25 + j43.3)\Omega$$

于是

$$R = 25\Omega \qquad L = \frac{X_L}{2\pi f} = \frac{43.3}{314}H = 138mH$$

6.6 复功率与功率因数的提高

分析交流电路一般采用相量法，电压、电流均用相量表示。本节讨论如何用电压、电流的相量来计算交流电路的有功功率、无功功率和视在功率。

设一端口网络的端口电压和电流相量分别为 $\dot{U} = U\angle\varphi_u$ 和 $\dot{I} = I\angle\varphi_i$，将其吸收的有功功率 P 和无功功率 Q 分别作为实部和虚部来构成一个复数，即

$$\begin{aligned}
\overline{S} &= P + jQ = UI\cos\varphi + jUI\sin\varphi \\
&= UI\angle\varphi = UI\angle\varphi_u - \varphi_i = U\angle\varphi_u \cdot I\angle -\varphi_i \\
&= \dot{U}\dot{I}^*
\end{aligned} \tag{6.36}$$

式中，$\overline{S}$ 称为复功率。它与复阻抗相似，只是计算用的复数，不代表正弦量，所以不能视为相量。式中 $\dot{I}^* = I\angle -\varphi_i$，是电流相量 $\dot{I} = I\angle\varphi_i$ 的共轭复数。电流相量之所以取共轭，是为了

与电压相量相乘时使二者的辐角相减，从而得到电压超前电流的相位差。如果把电流相量和电压相量直接相乘，所得复数没有意义。复功率的概念适用于单个电路元件或任何一个一端口网络电路，复功率的单位为 $V \cdot A$。

由式（6.36）可知

$$\left|\bar{S}\right| = \sqrt{P^2 + Q^2} = \sqrt{(UI\cos\varphi)^2 + (UI\sin\varphi)^2} = UI = S$$

$$\varphi = \arctan\frac{Q}{P}$$

于是

$$P = S\cos\varphi \qquad\qquad Q = S\sin\varphi$$

当计算某一复阻抗 $Z = R + jX$ 吸收的复功率时，可把 $\dot{U} = Z\dot{I}$ 代入式（6.36），得

$$\bar{S} = \dot{U}\dot{I}^* = Z\dot{I}\dot{I}^* = ZI^2 = RI^2 + jXI^2 \tag{6.37}$$

Z 为感性时，$X > 0$，$\bar{S}$ 的虚部为正，代表感性的无功功率；若 Z 为容性，则 $X < 0$，$\bar{S}$ 的虚部为负，代表容性的无功功率。

可以证明，任意复杂网络中复功率守恒。

即

$$\sum\bar{S} = 0$$

于是

$$\sum P_k + jQ_k = 0$$

所以

$$\sum P = 0 \qquad\qquad \sum Q = 0$$

即正弦交流电路中有功功率和无功功率也守恒，但视在功率不守恒。有功功率守恒表示各电源发出的有功功率等于各负载吸收的有功功率之和；无功功率守恒则表示电源发出的无功功率等于各负载吸收的无功功率的代数和。因为感性负载的无功功率为正，而容性负载的无功功率为负。根据这个道理，可在感性负载（实际负载多为感性）两端并联电容器，用以补偿感性的无功功率，从而提高全电路的功率因数。

例 6.10 图 6.21a 所示电路中负载电阻 $R = 30\Omega$，$L = 127\text{mH}$，外加 $U = 200\text{V}$、$f = 50\text{Hz}$ 的正弦交流电源。（1）求负载的功率因数、电流和复功率；（2）若要使电路的功率因数提高到 0.9，应在负载两端并联多大电容？并求此时电路的总电流及复功率。

解：（1）设电压 $\dot{U} = 200\angle0°\text{V}$，则负载阻抗和功率因数分别为

$$Z_1 = R + j\omega L = (30 + j40)\Omega = 50\angle53.1°\Omega$$

$$\lambda_1 = \cos53.1° = 0.6$$

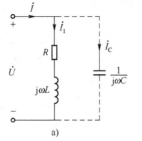
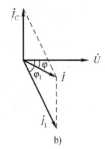

图 6.21 例 6.10 的图

负载电流和复功率分别为

$$\dot{I}_1 = \frac{\dot{U}}{Z} = \frac{200\angle0°}{50\angle53.1°}\text{A} = 4\angle-53.1°\text{A}$$

$$\bar{S}_1 = \dot{U}\dot{I}^* = 200\angle0° \cdot 4\angle53.1°\text{V} \cdot \text{A} = 800\angle53.1°\text{V} \cdot \text{A} = (480 + j640)\text{V} \cdot \text{A}$$

（2）并联电容后负载的复功率 $\bar{S}_1$ 不变，这是因为负载的电压及负载本身都没有变化。由于并联了电容，电路总的复功率会有变化。设电路总的复功率为 $\bar{S}$，电容的复功率为 $\bar{S}_C$，则有

$$\bar{S} = \bar{S}_1 + \bar{S}_C$$

$\bar{S}_C$ 的实部为零，所以 $\bar{S}$ 与 $\bar{S}_1$ 的实部相等。故

$$\bar{S} = 480 + jQ$$

又因为

$$\lambda = 0.9 \qquad \varphi = \arccos 0.9 = \pm 25.84°$$

所以

$$Q = 480 \times \tan\varphi = \pm 232\text{var}$$

$$\bar{S} = (480 \pm j232)\text{V}\cdot\text{A}$$

故电容的视在功率

$$\bar{S}_C = \bar{S} - \bar{S}_1 = -j408\text{V}\cdot\text{A} \quad \text{或} \quad \bar{S}_C = -j872\text{V}\cdot\text{A}（取小电容，舍去此结果）$$

又因为

$$\bar{S}_C = jQ_C = -j\omega CU^2$$

所以

$$C = \frac{408}{\omega U^2}\text{F} = 32.5\mu\text{F}$$

电容电流为

$$I_C = \frac{|\bar{S}_C|}{U} = 2.04\text{A}$$

$$\dot{I}_C = 2.04\angle 90°\text{A}$$

电路总电流为

$$\dot{I} = \dot{I}_1 + \dot{I}_C = 4\angle -53.1°\text{A} + 2.04\angle 90°\text{A}$$

$$= (2.4 - j3.2 + j2.04)\text{A} = (2.4 - j1.16)\text{A} = 2.67\angle -25.8°\text{A}$$

图 6.21b 所示为该电路的相量图。

通过这个例子可以看出：

1）提高功率因数具有重要意义。其一，并联电容后电源无功功率的输出减少，从而提高了电源设备的利用率；其二，电路的总电流减小，从而减少了传输线路上的损耗。

2）并联电容提高的是整个电路的功率因数，负载的功率因数不变。

6.7 最大功率传输

图 6.22a 所示电路为含源一端口 N_S 向复阻抗为 Z_L 的负载传输功率，含源一端口是给定的，而负载复阻抗 Z_L 可以任意改变。本节要讨论的是，Z_L 为何值时负载获得的功率最大，也就是要讨论负载从给定电源获得最大功率的条件。

根据戴维南定理，图 6.22a 所示电路的等效电路为图 6.22b。

设等效电路的电源电压为 $\dot{U}_S$，电源内阻抗为 $Z_S = R_S + jX_S$，负载阻抗为 $Z_L = R_L + jX_L$。则电路中电流的有效值为

$$I = \frac{U_{\mathrm{S}}}{\sqrt{\left(R_{\mathrm{S}} + R_{\mathrm{L}}\right)^2 + \left(X_{\mathrm{S}} + X_{\mathrm{L}}\right)^2}}$$

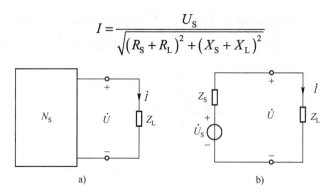

图 6.22　最大功率传输

负载获得的功率

$$P = R_{\mathrm{L}} I^2 = \frac{R_{\mathrm{L}} U_{\mathrm{S}}^2}{\left(R_{\mathrm{S}} + R_{\mathrm{L}}\right)^2 + \left(X_{\mathrm{S}} + X_{\mathrm{L}}\right)^2} \tag{6.38}$$

首先令 R_{L} 不变，改变 X_{L}，当 $X_{\mathrm{L}} = -X_{\mathrm{S}}$ 时，分母最小，此时

$$P_{\mathrm{L}}' = \frac{R_{\mathrm{L}} U_{\mathrm{S}}^2}{\left(R_{\mathrm{S}} + R_{\mathrm{L}}\right)^2}$$

在 $X_{\mathrm{L}} = -X_{\mathrm{S}}$ 的条件下改变电阻 R_{L}，使 P_{L}' 达到最大。因此令 P_{L}' 对 R_{L} 的导数为零，即

$$\frac{\mathrm{d}P_{\mathrm{L}}'}{\mathrm{d}R_{\mathrm{L}}} = U_{\mathrm{S}}^2 \frac{\left(R_{\mathrm{S}} + R_{\mathrm{L}}\right)^2 - 2\left(R_{\mathrm{S}} + R_{\mathrm{L}}\right)R_{\mathrm{L}}}{\left(R_{\mathrm{S}} + R_{\mathrm{L}}\right)^4} = U_{\mathrm{S}}^2 \frac{R_{\mathrm{S}}^2 - R_{\mathrm{L}}^2}{\left(R_{\mathrm{S}} + R_{\mathrm{L}}\right)^4} = 0$$

得
$$R_{\mathrm{L}} = R_{\mathrm{S}}$$

综上所述，当 R_{L} 和 X_{L} 都可变时，负载获得最大功率的条件为

$$Z_{\mathrm{L}} = R_{\mathrm{L}} + \mathrm{j}X_{\mathrm{L}} = R_{\mathrm{S}} - \mathrm{j}X_{\mathrm{S}}$$

即

$$Z_{\mathrm{L}} = Z_{\mathrm{S}}^* \tag{6.39}$$

可见，在负载电阻和电抗均可变的条件下，当负载复阻抗等于电源内（复）阻抗的共轭复数时，负载获得最大功率，这称为最大功率传输定理。负载与电源满足式（6.39）时，称为最大功率匹配或称共轭匹配。这时负载获得的最大功率为

$$P_{\mathrm{L\,max}} = \frac{U_{\mathrm{S}}^2}{4R_{\mathrm{L}}} \tag{6.40}$$

负载获得的功率与整个电路获得的功率之比称为电路的效率。当负载获得最大功率时，电路的效率为

$$\eta = \frac{I^2 R_{\mathrm{L}}}{I^2 \left(R_{\mathrm{L}} + R_{\mathrm{S}}\right)} = 50\%$$

可见，在传输最大功率时，电路的效率是很低的，因此传输电能时不能工作在这种状态。在通信和控制系统中，由于传输信号的功率很小，常要求电路实现最大功率匹配。

有时，负载阻抗 $Z_{\mathrm{L}} = |Z_{\mathrm{L}}| \angle \varphi_{\mathrm{L}}$ 的模 $|Z_{\mathrm{L}}|$ 可以改变，但阻抗角 φ_{L} 不能改变。下面讨论这种

情况下，$|Z_L|$ 须满足什么条件才能获得最大功率。设电源内阻抗和负载阻抗分别为

$$Z_S = R_S + jX_S = |Z_S|\cos\varphi_S + j|Z_S|\sin\varphi_S$$

$$Z_L = R_L + jX_L = |Z_L|\cos\varphi_L + j|Z_L|\sin\varphi_L$$

将 Z_S 和 Z_L 代入式（6.38）得

$$
\begin{aligned}
P_L &= \frac{U_S^2 |Z_L|\cos\varphi_L}{|Z_S|^2 + |Z_L|^2 + 2|Z_S||Z_L|(\cos\varphi_L\cos\varphi_S + \sin\varphi_L\sin\varphi_S)} \\
&= \frac{U_S^2\cos\varphi_L}{|Z_S|^2/|Z_L| + |Z_L| + 2|Z_S|\cos(\varphi_S - \varphi_L)}
\end{aligned}
\tag{6.41}
$$

上式分子与 $|Z_L|$ 无关。要求得 P_L 的极大值，只须令分母对 $|Z_L|$ 的导数为零，即

$$-\frac{|Z_S|^2}{|Z_L|^2} + 1 = 0$$

于是得

$$|Z_L| = |Z_S| \tag{6.42}$$

此时分母为唯一的极小值，P_L 为唯一的极大值。因此，当只有负载阻抗的模可以改变时，负载从给定电源获得最大功率的条件是：负载阻抗的模与电源内阻抗的模相等。负载与电源满足式（6.42）时称为模值匹配。例如，当电源内阻抗为 $Z_S = R_S + jX_S$ 时，纯电阻负载获得最大功率的条件是：$R_L = |Z_L|$。如果电源内阻抗也是纯电阻，即 $Z_S = R_S$，电阻负载获得最大功率的条件是：$R_L = R_S$。

例 6.11 电路如图 6.23a 所示，求下列情况下，负载阻抗 Z_L 为何值时获得最大功率，并求此最大功率。

（1）阻抗 Z_L 可以任意改变；

（2）$|Z_L|$ 可以改变，但 $\varphi_L = 30°$（固定）。

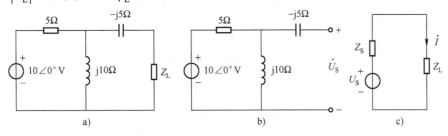

图 6.23　例 6.11 的图

解： 将图 6.23a 电路自 Z_L 处断开，得图 6.23b 所示含源一端口，其开路电压

$$\dot{U}_S = \frac{j10}{5+j10} \times 10\angle 0° \text{V} = 8.94\angle 26.6° \text{V}$$

将图 6.23b 电路中独立电源置零，得其等效阻抗：

$$Z_S = \left(\frac{5 \times j10}{5+j10} - j5\right)\Omega = (4-j3)\Omega = 5\angle -36.9°\Omega$$

于是可得戴维南等效电路如图 6.23c 所示。

（1）阻抗 Z_L 可以任意改变时，根据共轭匹配条件可知，当 $Z_L = Z_S^* = 5\angle 36.9°\Omega$ 时，负载获得最大功率。由式（6.40）可得此最大功率为

$$P_{L\max} = \frac{U_S^2}{4R_S} = \frac{8.94^2}{4 \times 4}\text{W} = 5\text{W}$$

（2）设负载阻抗 $Z_L = |Z_L|\angle \varphi_L$，其中 $|Z_L|$ 可变，$\varphi_L = 30°$。根据模值匹配条件可知，当 $|Z_L| = |Z_S| = 5\Omega$ 时，负载获得最大功率，故 $Z_L = 5\angle 30°\Omega$。由式（6.41）并将 $|Z_L| = |Z_S| = 5\Omega$、$\varphi_L = 30°$ 代入，可得此最大功率为

$$P_{L\max} = \frac{U_S^2\cos\varphi_L}{2|Z_S|\big[1+\cos(\varphi_S - \varphi_L)\big]} = \frac{8.94^2 \times \cos 30°}{2 \times 5\big[1+\cos(-36.9° - 30°)\big]}\text{W} = 4.98\text{W}$$

6.8 正弦交流电路的谐振

在含有电感和电容元件的电路中，电路两端的电压与其中的电流一般是不同相的。如果调节电路的参数或电源的频率而使它们同相，这时电路中就发生谐振现象。研究谐振的目的就是要充分认识这种客观现象，并在生产上加以利用，同时又要预防它所产生的危害。按发生谐振的电路的不同，谐振可分为串联谐振和并联谐振。本节将分别讨论这两种谐振的条件和特征以及谐振电路的频率特性。

6.8.1 *RLC* 串联谐振

图 6.24 所示为 *RLC* 串联电路，其阻抗为

$$Z(j\omega) = R + j\left(\omega L - \frac{1}{\omega C}\right)$$

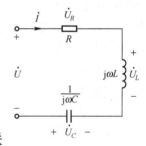

在一定条件下，式中感抗与容抗完全抵消，阻抗呈现电阻性，端口电压与电流同相，此时该一端口发生谐振。由于是在 *RLC* 串联电路中发生的，故称串联谐振。

图 6.24 *RLC* 串联电路

发生串联谐振的条件为

$$\text{Im}\big[Z(j\omega)\big] = 0$$

即

$$\omega L = \frac{1}{\omega C} \tag{6.43}$$

改变电源频率或改变电感、电容参数值，均可实现串联谐振。发生谐振的角频率

$$\omega_0 = \frac{1}{\sqrt{LC}} \tag{6.44}$$

称为谐振角频率。而谐振频率为

$$f_0 = \frac{1}{2\pi\sqrt{LC}} \tag{6.45}$$

谐振频率又称为电路的固有频率，它是由电路的参数决定的。串联谐振频率由串联电路中的 L、C 参数决定，而与串联电阻无关。这种串联谐振也会在电路中某条含 L、C 串联的

支路中发生。

串联谐振具有下列特征：

1）谐振时复阻抗 $Z(j\omega_0)=R$，电路总阻抗的模 $|Z|=\sqrt{R^2+(X_L-X_C)^2}=R$，其值最小。因此，在电源电压 U 不变的情况下，电路中的电流将在谐振时达到最大值。即

$$I_0=\frac{U}{R}$$

图 6.25 中分别画出了阻抗的模和电路电流随频率变化的曲线。

2）由于 $X_L=X_C$，于是 $U_L=U_C$。而 $\dot{U}_L$ 和 $\dot{U}_C$ 在相位上相反，互相抵消，即 $\dot{U}_L+\dot{U}_C=0$，因此电源电压 $\dot{U}=\dot{U}_R$，如图 6.26 所示。

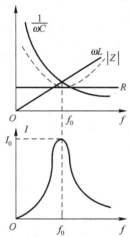

图 6.25 阻抗与电流等随频率变化的曲线

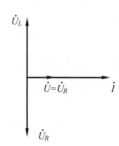

图 6.26 串联谐振时的相量图

但是 $\dot{U}_L$ 和 $\dot{U}_C$ 的单独作用不可忽视，分别为

$$\dot{U}_L=j\omega_0L\dot{I}=j\frac{\omega_0L}{R}\dot{U}$$

$$\dot{U}_C=-j\frac{1}{\omega_0C}\dot{I}=-j\frac{1}{\omega_0CR}\dot{U}$$

电感和电容电压的有效值分别为

$$U_L=\frac{\omega_0L}{R}U$$

$$U_C=\frac{1}{\omega_0CR}U$$

U_L 或 U_C 与电源电压 U 的比值，通常用 Q 来表示。

$$Q=\frac{U_L}{U}=\frac{U_C}{U}=\frac{\omega_0L}{R}=\frac{1}{\omega_0RC} \tag{6.46}$$

称为电路的品质因数，简称 Q 值，表示在谐振时电容或电感电压是电源电压的 Q 倍。若 $Q\gg1$，则谐振时 U_L 和 U_C 都将远人于电源电压 U，所以串联谐振义称为电压谐振。

在电力工程中应避免发生串联谐振，因为谐振时电感和电容上可能出现比正常电压大得多的过电压，这可能会击穿电气设备的绝缘层。在无线电及通信工程中则相反，由于某些信

号源的信号十分微弱，常利用串联谐振获得较高电压。例如，收音机就是利用串联谐振从多个具有不同频率的信号源中选择所要收听的某个电台的信号。

3）谐振时电路的无功功率为零。这是由于阻抗角 $\varphi = 0$，电路的功率因数 $\lambda = \cos\varphi = 1$。此时

$$P = UI_0 \cos\varphi = UI_0 = RI_0^2$$

$$Q_L = U_L I_0 = \omega_0 L I_0^2$$

$$Q_C = -U_C I_0 = -\frac{1}{\omega_0 C} I_0^2$$

可见 $Q_L + Q_C = 0$。这说明电路从外电路吸收的无功功率为零，但电路内部电感和电容之间会发生能量的互换。

电路中电压和电流随频率变化的特性称为频率特性。$I(\omega)$、$U_L(\omega)$、$U_C(\omega)$ 等随频率变化的曲线称为谐振曲线。为了突出电路的频率特性，常分析输出量与输入量之比的频率特性，即 $U_R(\omega)/U$、$U_L(\omega)/U$、$U_C(\omega)/U$ 等。

将电路的复阻抗变换为下列形式：

$$Z(\mathrm{j}\omega) = R + \mathrm{j}\left(\omega L - \frac{1}{\omega C}\right) = R\left[1 + \mathrm{j}Q\left(\eta - \frac{1}{\eta}\right)\right]$$

式中，$\eta = \omega/\omega_0$。而 $U_R(\eta)$ 为

$$U_R(\eta) = \frac{U}{\sqrt{1 + Q^2\left(\eta - \frac{1}{\eta}\right)^2}}$$

故得

$$\frac{U_R(\eta)}{U} = \frac{1}{\sqrt{1 + Q^2\left(\eta - \frac{1}{\eta}\right)^2}}$$

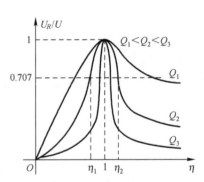

图 6.27　串联谐振电路的谐振曲线

上述关系式可以用于不同的 RLC 串联谐振电路，它们都在一个坐标 η 下，根据 Q 取值不同，曲线将仅与 Q 值有关。图 6.27 给出了 3 条不同 Q 值的谐振曲线，图中可明显看出 Q 值对谐振曲线形状的影响。串联谐振的这种输入--输出形式，对输出具有明显的选择性能。在 $\eta = 1$（谐振点）时，曲线出现了高峰，输出达到了最大（等于 U）。当 $\eta < 1$ 和 $\eta > 1$（偏离谐振点）时，输出逐渐下降，随 $\eta \to 0$ 和 $\eta \to \infty$ 而逐渐下降至零，说明串联谐振电路对偏离谐振点的输出有抑制能力。只有在谐振点附近的频域内，即 $\eta = 1 \pm \Delta\eta$ 时，才有较大的输出幅度。电路的这种抑制能力称为选择性。电路选择性的优劣决定了对非谐振频率的输入信号的抑制能力。从图 6.27 中可以看出，Q 值越大，曲线在谐振点附近的形状越尖锐，当稍微偏离谐振频率时，输出就急剧下降，说明对非谐振频率的输入信号具有较强的抑制能力，选择性好。反之，Q 值越小，曲线在谐振点附近的形状越平缓，选择性就越差。

例 6.12　一线圈与电容、电感串联，线圈电阻 $R = 16.2\Omega$，电感 $L = 0.26\mathrm{mH}$，电容可

调。当把电容值调到 100pF 时发生谐振。

（1）求谐振频率和品质因数；

（2）设外加电源电压为 10mV，频率等于电路的谐振频率，求电路中的电流和电容电压；

（3）若外加电源电压仍为 10mV，但频率比谐振频率高 10%，再求电容电压。

解：（1）此电路为 RLC 串联电路，故谐振频率和品质因数分别为

$$f_0 = \frac{1}{2\pi\sqrt{LC}} = \frac{1}{2\pi\sqrt{0.26\times10^{-3}\times100\times10^{-12}}}\text{Hz} = 990\text{kHz}$$

$$Q = \frac{2\pi f_0 L}{R} = \frac{2\pi\times990\times0.26}{16.2} = 100$$

（2）谐振时电流

$$I_0 = \frac{U}{R} = \frac{10}{16.2}\text{mA} = 0.617\text{mA}$$

电容电压

$$U_{C0} = QU = 100\times10\times10^{-3}\text{V} = 1\text{V}$$

（3）此时电源频率为

$$f = 990\times1.1\text{kHz} = 1089\text{kHz}$$

$$X_L = 2\pi f L = 1780\Omega$$

$$X_C = \frac{1}{2\pi f C} = 1460\Omega$$

$$|Z| = \sqrt{R^2 + (X_L - X_C)^2} = 320\Omega$$

所以电容电压

$$U_C = I X_C = \frac{U}{|Z|}X_C = 46\text{mV}$$

比较 U_{C0} 和 U_C 可见，对于偏离电路谐振频率的输入信号，其响应显著下降，这就是串联谐振对偏离谐振频率信号的抑制能力。

6.8.2 *RLC* 并联谐振

图 6.28 所示为 RLC 并联电路，其导纳为

$$Y(\text{j}\omega) = G + \text{j}\left(\omega C - \frac{1}{\omega L}\right) \tag{6.47}$$

在一定条件下，式中感纳与容纳完全抵消，导纳呈现电阻性，端口电压与电流同相，此时该一端口发生谐振。由于是在 RLC 并联电路中发生的，故称并联谐振。

发生并联谐振的条件为

$$\text{Im}\left[Y(\text{j}\omega)\right] = 0$$

即

$$\omega C = \frac{1}{\omega L}$$

谐振角频率

$$\omega_0 = \frac{1}{\sqrt{LC}}$$

而谐振频率为

$$f_0 = \frac{1}{2\pi\sqrt{LC}}$$

并联谐振频率由并联电路中的 L、C 参数决定，而与并联电阻无关。

并联谐振具有下列特征：

1）由式（6.47）可见，并联谐振时电路的导纳达到最小值，即 $Y = G$。在电源电流有效值一定的条件下，端口电压 U 达到最大，记为

$$U_0 = \frac{I}{|Y|} = \frac{I}{G}$$

2）并联谐振时电感和电容电流分别为

$$\dot{I}_L = \frac{\dot{U}_0}{j\omega_0 L} = -j\frac{\dot{I}}{\omega_0 LG}$$

$$\dot{I}_C = j\omega_0 C\dot{U}_0 = \frac{j\omega_0 C\dot{I}}{G}$$

可见

$$\dot{I}_L + \dot{I}_C = 0$$

$$\dot{I} = \dot{I}_G$$

以端口电压 $\dot{U}$ 为参考相量，电路的相量图如图 6.29 所示。

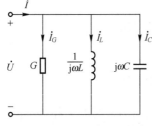

图 6.28　GLC 并联谐振电路

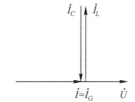

图 6.29　GLC 并联谐振电路相量图

但是并联谐振时电感电流或电容电流的单独作用不可忽视。其与总电流的比值，称为 GLC 并联谐振电路的品质因数。即

$$Q = \frac{I_L}{I} = \frac{I_C}{I} = \frac{1}{\omega_0 LG} = \frac{\omega_0 C}{G}$$

如果 $Q \gg 1$，此时在电感和电容中就会产生比电源电流大得多的电流（过电流现象），故并联谐振又称为电流谐振。

可见 GLC 并联电路的品质因数表达式与 RLC 串联电路的品质因数表达式存在对偶关系。

其实，有关这两种电路的讨论结果都存在对偶关系，读者可自行分析比较。

在实际应用中，常用电感线圈和电容来构成并联谐振电路。如图 6.30 所示，其中电感线圈用 R 和 L 串联的电路模型来表示。电路的复导纳为

$$Y(j\omega) = \frac{1}{R+j\omega L} + j\omega C = \frac{R}{R^2+(\omega L)^2} + j\left[\omega C - \frac{\omega L}{R^2+(\omega L)^2}\right] \tag{6.48}$$

产生谐振的条件是复导纳的虚部为零，因此有

$$\omega C - \frac{\omega L}{R^2 + (\omega L)^2} = 0$$

所以谐振角频率为

$$\omega_0 = \frac{1}{\sqrt{LC}}\sqrt{1 - \frac{CR^2}{L}}$$

显然，只有当 $1 - \frac{CR^2}{L} > 0$，即 $R < \sqrt{\frac{L}{C}}$ 时，ω_0 才是实数。所以 $R > \sqrt{\frac{L}{C}}$ 时，电路不会发生谐振。

谐振时电路的复导纳为

$$Y(j\omega_0) = \frac{R}{R^2 + (\omega_0 L)^2} = \frac{RC}{L}$$

此时导纳不是最小值，由式（6.48）可知，导纳的实部随角频率的增高而减小，当 ω 略高于 ω_0 时，导纳达到最小值，而阻抗达到最大值。

如果电源电流 $\dot{I}$ 一定，由于电路在发生并联谐振时阻抗接近最大，其端口电压 U 也接近最大，那么此时在电感和电容中就会产生比电源电流大得多的电流（电流谐振）。并联谐振时电路的相量图如图 6.31 所示。

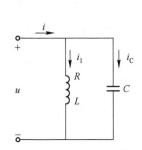

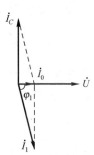

图 6.30 线圈与电容并联电路　　图 6.31 线圈与电容并联谐振时的相量图

本章小结

1. 一个含线性电阻、电感和电容等元件，但不含独立电源的一端口 N_0，端口电压、电流取关联参考方向，其复阻抗

$$Z = \frac{\dot{U}}{\dot{I}} = \frac{U}{I} \angle \varphi_u - \varphi_i = |Z| \angle \varphi$$

式中，$\dot{U} = U \angle \varphi_u$，$\dot{I} = I \angle \varphi_i$。若一端口为 RLC 串联电路，则

$$Z = R + j\left(\omega L - \frac{1}{\omega C}\right) = R + jX$$

Z 的模值和辐角分别为

$$|Z| = \sqrt{R^2 + X^2} \qquad\qquad \varphi = \arctan \frac{X}{R}$$

而

$$R = |Z|\cos\varphi \qquad\qquad X = |Z|\sin\varphi$$

复阻抗 Z 的倒数称为复导纳，用 Y 表示。

$$Y = \frac{1}{Z} = \frac{\dot{I}}{\dot{U}} = \frac{I}{U}\angle\varphi_i - \varphi_u = |Y|\angle\varphi_Y$$

2．n 个复阻抗串联，其等效复阻抗为

$$Z_{eq} = Z_1 + Z_2 + \cdots + Z_n$$

n 个复导纳并联，其等效复导纳为

$$Y_{eq} = Y_1 + Y_2 + \cdots + Y_n$$

3．用相量法分析电路时，线性电阻电路的各种分析方法和电路定理可推广应用于线性正弦稳态交流电路，区别仅在于将电阻和电导推广为复阻抗和复导纳，将直流电压和电流推广为电压相量和电流相量。

4．正弦稳态交流电路中，若一端口网络的端口电压为 $\dot{U} = U\angle\varphi_u$，电流为 $\dot{I} = I\angle\varphi_i$，二者参考方向关联，则其输入的有功功率和无功功率分别为 $P = UI\cos\varphi$ 和 $Q = UI\sin\varphi$。其中 $\varphi = \varphi_u - \varphi_i$，$\lambda = \cos\varphi$ 为该一端口网络的功率因数。此一端口网络输入的复功率为 $\overline{S} = P + jQ = \dot{U}\dot{I}^*$。

5．复功率具有守恒性，即在一个网络中各支路输入复功率的代数和等于零。

6．设给定正弦电源电压为 $\dot{U}_S$，内阻抗 $Z_S = R_S + jX_S$，则负载从此电源获得最大功率的条件是：负载阻抗 $Z_L = Z_S^*$，Z_S^* 是 Z_S 的共轭复数，最大功率为 $P_{L\max} = \dfrac{U_S^2}{4R_L}$。

7．含有电感和电容的无源一端口网络，其端口电压和电流同相位的现象称为谐振。一端口网络发生谐振的条件是：输入复阻抗或输入复导纳的虚部等于零。

8．R、L、C 串联谐振角频率 $\omega_0 = \dfrac{1}{\sqrt{LC}}$，谐振时阻抗达到最小值，为 $|Z| = R$。电感电压和电容电压有效值相等，相位相反，相互抵消，称为电压谐振。电感电压和电容电压的有效值均为端口电压有效值的 Q 倍。$Q = \dfrac{\omega_0 L}{R} = \dfrac{1}{\omega_0 CR}$，$Q$ 为 R、L、C 串联电路的品质因数。

9．GLC 并联谐振的特点与 RLC 串联谐振的情形存在对偶关系。

10．线圈与电容并联谐振时，阻抗达到最大值，为 $Z = \dfrac{L}{RC}$。当品质因数 $Q = \dfrac{\omega_0 L}{R}$ 较高时，线圈电流和电容电流的有效值近似相等，等于端口电流的 Q 倍。

习题

6.1　无源二端网络如图 6.32 所示，求下列情况下的阻抗与导纳，并说明阻抗性质。

（1）$u = 100\cos\omega t\,\mathrm{V}$，$i = 2\cos\omega t\,\mathrm{A}$

（2）$u = 200\sqrt{2}\cos(314t + 20°)\,\mathrm{V}$，$i = 10\cos(314t - 30°)\,\mathrm{A}$

（3）$u = 10\cos(\pi t - 60°)\,\mathrm{V}$，$i = 2\cos(\pi t - 30°)\,\mathrm{A}$

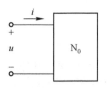

图 6.32　习题 6.1 的图

（4）$u = 40\cos(100t + 20°)\text{V}$，$i = 8\sin(100t + \pi/2)\text{A}$

6.2　试求图 6.33 所示各电路的输入复阻抗 Z 和复导纳 Y。

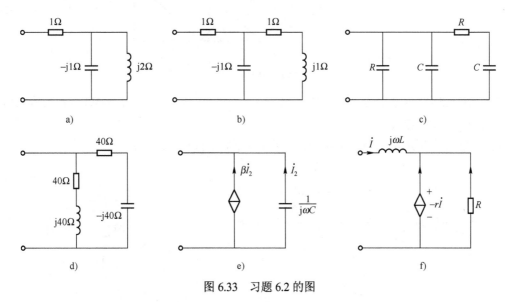

图 6.33　习题 6.2 的图

6.3　图 6.34 所示电路中，已知 $i_R = \sqrt{2}\cos\omega t\text{A}$，$\omega = 2\times10^3\text{rad/s}$。求各元件的电压、电流及电源电压 u，并作出各电压、电流的相量图。

6.4　图 6.35 所示电路中各元件电压、电流取关联参考方向。设 $I_1 = 1\text{A}$，且取 $\dot{I}_1$ 为参考相量，画出各电压、电流的相量图，根据相量图写出各元件电压、电流相量。

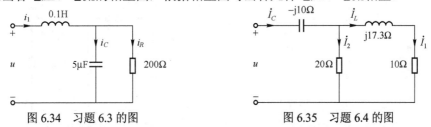

图 6.34　习题 6.3 的图　　　　图 6.35　习题 6.4 的图

6.5　求图 6.36 所示各二端网络的复阻抗 Z。已知图中各电压表的读数为 10V，电流表的读数为 10A。

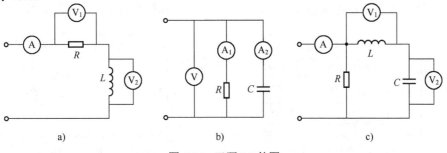

图 6.36　习题 6.5 的图

6.6　图 6.37 中，图 a 为一正弦交流电路，它由 3 个元件组成，图 b 为各电压、电流的相量图。试确定电路中的 3 个元件各是什么元件？

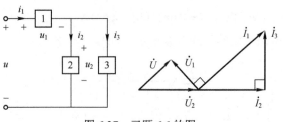

图 6.37　习题 6.6 的图

6.7　图 6.38 所示正弦稳态电路中，已知 $X_C = 10\Omega$，$R = 5\Omega$，$X_L = 5\Omega$，各表读数为有效值，求 A_0、V_0 的读数。

6.8　图 6.39 所示正弦稳态电路中，已知 $i_S = \sqrt{2}\cos(4t)\,\text{A}$，求 u。

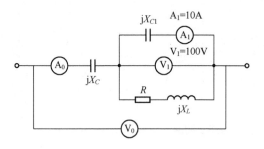

图 6.38　习题 6.7 的图

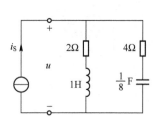

图 6.39　习题 6.8 的图

6.9　求图 6.40 所示电路中的电流 $\dot{I}$。

6.10　求图 6.41 所示电路中的电流 $\dot{I}_0$、$\dot{I}_1$。

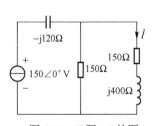

图 6.40　习题 6.9 的图

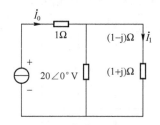

图 6.41　习题 6.10 的图

6.11　图 6.42 所示电路中，已知 $\dot{I} = 1\angle 0°\text{A}$，求 a 点的电位 $\dot{U}_a$。

6.12　图 6.43 所示正弦稳态电路中，在开关 S 断开和闭合时电流 $\dot{I}$ 分别是多少？

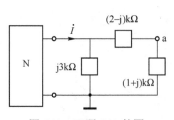

图 6.42　习题 6.11 的图

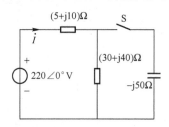

图 6.43　习题 6.12 的图

6.13　图 6.44 所示电路中，已知 $Z_1 = j20\Omega$，$Z_2 = j10\Omega$，$Z_3 = 40\Omega$，$\dot{U}_{S1} = 220\angle 0°\text{V}$，$\dot{U}_{S2} = 220\angle -20°\text{V}$，求 $\dot{I}$。

6.14　求图 6.45 所示电路中的电流 $\dot{I}$ 。

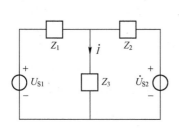

图 6.44　习题 6.13 的图

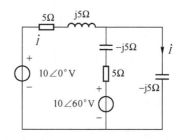

图 6.45　习题 6.14 的图

6.15　求图 6.46 所示电路中的电压 $\dot{U}$ 。

6.16　电路如图 6.47 所示，用结点电压法求结点电压以及流过电容的电流。

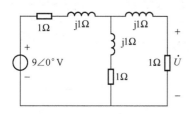

图 6.46　习题 6.15 的图

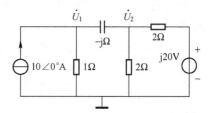

图 6.47　习题 6.16 的图

6.17　求图 6.48 所示各二端网络的有功功率、无功功率和功率因数。

（1）图 a 中，已知 $u = 100\cos(\omega t + 15°)\text{V}$ ，$i = \sin\omega t\text{A}$ ；

（2）图 b 中，已知电流表读数为 2A，负载阻抗 $Z = 20\angle 25°\Omega$ ；

（3）图 c 中，已知 $u_\text{S} = 24\sqrt{2}\cos(50000t)\text{V}$ 。

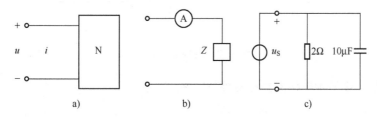

图 6.48　习题 6.17 的图

6.18　电路如图 6.49 所示，已知电流 $I = 5\text{A}$ ，求 P、Q 和 λ 。

6.19　有一感应电动机，工作频率 $f=50\text{Hz}$，工作电压 $U=220\text{V}$，功率因数 $\lambda = 0.5$，功率 $P = 50\text{kW}$ 。

（1）在正常使用时，电源提供的电流 I 是多少？电动机的无功功率 Q 是多少？

（2）如果要使功率因数提高到 $\lambda' = 1$，应并联多大的电容？此时电源提供的电流 I' 是多少？

6.20　求图 6.50 所示电路中各个元件的复功率，并验证复功率是否守恒。

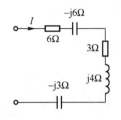

图 6.49 习题 6.18 的图

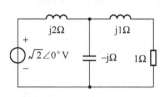

图 6.50 习题 6.20 的图

6.21 求图 6.51 所示电路中电阻 R 的功率 P。

（1）$R = 3\Omega$，$\dot{I}_2 = 20\angle -53.1°A$；

（2）$\dot{U}_1 = 100\angle 10°V$，$\dot{I} = 20\angle -43.1°A$；

（3）$\dot{U} = 100\angle -10°V$，$\dot{I} = 20\angle -63.1°A$。

6.22 图 6.52 中绘出了两种测试线圈参数（R 和 L）的方法，按下列已知条件求 R 和 L。

（1）图 a 中，已知 3 个电表读数分别为 1A、2.82V、2W，工作角频率 $\omega = 400\text{rad/s}$；

（2）图 b 中，已知 3 个电表读数分别为 V = 13V，$V_1 = 1V$，$V_2 = 12.65V$，工作角频率 $\omega = 1000\text{rad/s}$。

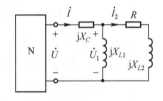

图 6.51 习题 6.21 的图

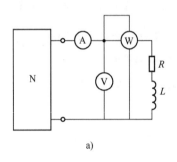

a)

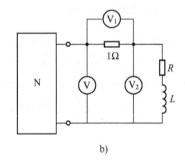

b)

图 6.52 习题 6.22 的图

6.23 求图 6.53 所示电路的戴维南等效电路。

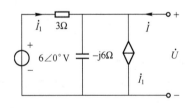

图 6.53 习题 6.23 的图

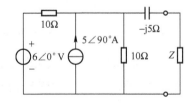

图 6.54 习题 6.24 的图

6.24 图 6.54 所示电路中阻抗 Z 的实部和虚部都是可调的，问当 Z 为何值时获得最大功率？求此最大功率。

6.25 电路如图 6.55 所示，求：

（1）Z_L 获得最大功率时的阻抗值；

（2）Z_L 获得的最大功率 P_{max}；

（3）若 Z_L 为纯电阻，Z_L 获得的最大功率是多少？

6.26 图 6.56 所示电路中，已知 $U=120V$，$X_C=40\Omega$，$R_1=10\Omega$，$R_2=20\Omega$，当 $f=60Hz$ 时发生谐振，求电感 L 及电流有效值 I。

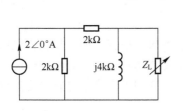

图 6.55 习题 6.25 的图

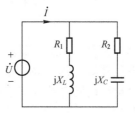

图 6.56 习题 6.26 的图

6.27 图 6.57 所示电路中，已知电源电压 $\dot{U}=220\angle 0°V$，且 $\dot{U}$、$\dot{I}$ 同相。试求：（1）X_C；（2）等效阻抗 Z；（3）电流 $\dot{I}$、$\dot{I}_1$、$\dot{I}_2$。

6.28 图 6.58 所示电路中，已知 $R=10\Omega$，$L=250mH$，C_1、C_2 为可调电容。先调节电容 C_1，使并联电路部分在频率 $f=10^4Hz$ 时的阻抗调到最大；后调节 C_2，使整个电路的阻抗在 0.5×10^4Hz 时达到最小。试求：（1）电容 C_1、C_2；（2）当外加电压 $U=1V$，频率 $f=10^4Hz$ 时的电流 I。

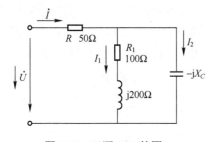

图 6.57 习题 6.27 的图

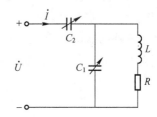

图 6.58 习题 6.28 的图

第7章 互感电路

耦合电感在实际电路中有着广泛的应用，如收音机、电视机中所用的振荡线圈，整流电源里使用的变压器等，都是耦合电感元件。本章主要介绍耦合电感的磁耦合现象、互感、耦合系数、耦合电感的同名端及其电压、电流关系，还介绍含有耦合电感电路的分析计算及理想变压器的概念。

7.1 互感的定义

前面章节中将一个线圈抽象成为二端电感。如果同时存在几个线圈，它们之间会存在磁耦合，这就需要建立耦合线圈的电路模型，即耦合电感。本章只讨论两个线圈耦合的情况。耦合电感是一种动态元件，其电压、电流关系要用微分方程来表征。

图 7.1a 所示线圈 1 和线圈 2 的位置比较靠近，每个线圈的电流不仅在本线圈内有电磁感应（自感应），也要在邻近的线圈内出现电磁感应（互感应）。例如，线圈 1 中电流 i_1 所激发的磁通不仅形成本线圈中的自感磁链 ψ_{11} [⊖]，还有部分磁通与线圈 2 交链形成线圈 1 对线圈 2 的互感磁链 ψ_{21}。同样，线圈 2 中的电流 i_2 所激发的磁通不仅形成线圈 2 的自感应磁链 ψ_{22}，还有一部分磁通与线圈 1 交链形成线圈 2 对线圈 1 的互感磁链 ψ_{12}，这种现象就是上面所说的"磁耦合"。因此，每一个线圈中的总磁链等于其自感磁链与互感磁链的代数和。

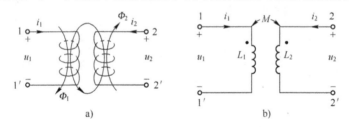

图 7.1 两个线圈的互感

在线性条件下，无论自感磁链还是互感磁链均与其施感电流成正比，可表示为

$$\begin{cases} \psi_1 = \psi_{11} \pm \psi_{12} = L_1 i_1 \pm M_{12} i_2 \\ \psi_2 = \pm \psi_{21} + \psi_{22} = \pm M_{21} i_1 + L_2 i_2 \end{cases} \tag{7.1}$$

式中，L_1、L_2 分别是线圈 1 和 2 的自感系数，即自感；M_{12} 和 M_{21} 称为互感系数，简称互感。互感用符号 M 表示，单位为亨（H），本书中 M 恒取正值。

在实际的互感线圈中，可以证明 M_{12} 与 M_{21} 总是相等的，可以略去 M 的下标，即

$$M_{12} = M_{21} = M$$

　⊖ 磁链符号中第1个下标表示该磁链所在线圈的编号，第2个下标表示激发该磁链的电流所在线圈的编号。

故两个耦合线圈的磁链可表示为

$$\begin{cases} \psi_1 = L_1 i_1 \pm M i_2 \\ \psi_2 = \pm M i_1 + L_2 i_2 \end{cases} \tag{7.2}$$

式中 M 前的正负号取决于互感磁链和自感磁链的方向是否一致。若互感磁链与自感磁链的方向一致，则互感具有"增助"作用，此时 M 前取"+"号。如图7.1a所示。若互感磁链与自感磁链方向相反，则互感起"削弱"作用，此时 M 前取"−"号。

为了便于用电路符号来表示这种"增助"和"削弱"作用，引入同名端标记方法。规定：当电流从两线圈各自的某个端子同时流入（或流出）时，若互感起增助作用，就称这两个端子为耦合线圈的同名端。

同名端的两个端子用相同的符号标记，如小圆点或"*"等。图7.1a中，端子1和2是同名端，在图中用小圆点标出，显然1′、2′也是同名端。引入同名端的概念后，两个耦合线圈可以用带有同名端标记的电感 L_1 和 L_2 表示，如图7.1b所示，其中 M 表示互感。对应地有

$$\begin{cases} \psi_1 = L_1 i_1 + M i_2 \\ \psi_2 = M i_1 + L_2 i_2 \end{cases}$$

式中含有 M 的项前面取"+"号，表示"增助"。两个有耦合的电感可以看作是一个具有四个端子的元件。

当有两个以上电感彼此之间存在耦合时，同名端应当一对一对地加以标记，每一对要用不同的标记符号。如果每一个电感都有电流流过时，则每一个电感中的磁链将等于自感磁链与所有互感磁链的代数和。凡与自感磁链同方向的互感磁链，求和时该项前面取"+"号，反之取"−"号。

如果两个耦合电感中都有变化的电流，各电感中的磁链将随电流变化而变化。设两电感 L_1 和 L_2 上的电压、电流分别为 u_1、i_1 和 u_2、i_2，都取关联参考方向，互感为 M，根据电磁感应定律有

$$\begin{cases} u_1 = R_1 i + L_1 \dfrac{\mathrm{d}i}{\mathrm{d}t} - M \dfrac{\mathrm{d}i}{\mathrm{d}t} = R_1 i + (L_1 + M)\dfrac{\mathrm{d}i}{\mathrm{d}t} \\ u_2 = R_2 i + L_2 \dfrac{\mathrm{d}i}{\mathrm{d}t} - M \dfrac{\mathrm{d}i}{\mathrm{d}t} = R_2 i + (L_2 - M)\dfrac{\mathrm{d}i}{\mathrm{d}t} \end{cases} \tag{7.3}$$

式（7.3）表示两耦合电感的电压、电流关系。令自感电压 $u_{11} = L_1 \dfrac{\mathrm{d}i_1}{\mathrm{d}t}$、$u_{22} = L_2 \dfrac{\mathrm{d}i_2}{\mathrm{d}t}$，互感电压 $u_{12} = M \dfrac{\mathrm{d}i_2}{\mathrm{d}t}$、$u_{21} = M \dfrac{\mathrm{d}i_1}{\mathrm{d}t}$，$u_{12}$ 是变化电流 i_2 在 L_1 中产生的互感电压，u_{21} 是变化电流 i_1 在 L_2 中产生的互感电压。可见，相互耦合的两个电感的电压等于自感电压与互感电压的代数和。

当电感电压、电流取关联参考方向时，自感电压前总是取"+"号。互感电压前的"+"或"−"号的选取原则可表述如下：如果互感电压"+"极性端子与产生它的电流的流入端为一对同名端，则互感电压前取"+"号；反之取"−"号。正确选取互感电压前的"+"或"−"号，是写出耦合电感电压的关键。

例如，图7.1b中 u_1 的"+"极性在 L_1 的"1"端，电流 i_2 从"2"端流入 L_2，而这两个端子是同名端，故互感电压（取"+号）为

$$u_{12} = M \frac{di_2}{dt}$$

$$u_{21} = M \frac{di_1}{dt}。$$

例 7.1　耦合电感如图 7.2 所示，同名端位置及电压、电流参考方向均标示在图中，试写出两个电感的端电压 u_1、u_2。

解：由于 u_1、i_1 和 u_2、i_2 均取关联参考方向，故自感电压前取 "+" 号。即

$$u_{11} = L_1 \frac{di_1}{dt}$$

$$u_{22} = L_2 \frac{di_2}{dt}$$

由于 u_1 的 "+" 极性端与电流 i_2 流入 L_2 的端子不是同名端，故互感电压前取 "−" 号。即

$$u_{12} = -M \frac{di_2}{dt}$$

$$u_{21} = -M \frac{di_1}{dt}$$

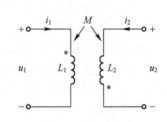

图 7.2　例 7.1 的图

所以

$$u_1 = u_{11} + u_{12} = L_1 \frac{di_1}{dt} - M \frac{di_2}{dt}$$

$$u_2 = u_{21} + u_{22} = -M \frac{di_1}{dt} + L_2 \frac{di_2}{dt}$$

例 7.2　图 7.3a 所示耦合电感电路中的电源电流 i_1 的波形如图 7.3b 所示，已知 $R_1 = 10\Omega$，$L_1 = 5H$，$L_2 = 2H$，$M = 1H$，求 u 和 u_2。

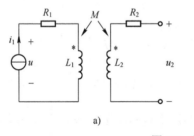

a)

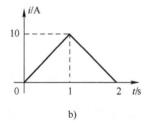

b)

图 7.3　例 7.2 的图

解：由 i_1 的波形可知

$$i_1 = \begin{cases} 10t & 0 \leqslant t \leqslant 1 \\ 20 - 10t & 1 \leqslant t \leqslant 2 \\ 0 & 2 \leqslant t \end{cases}$$

第 2 个端口开路，故流过 L_2 的电流为零。所以

$$u = R_1 i_1 + L_1 \frac{di_1}{dt} = \begin{cases} 100t + 50V & 0 \leqslant t \leqslant 1 \\ -100t + 150V & 1 \leqslant t \leqslant 2 \\ 0 & 2 \leqslant t \end{cases}$$

$$u_2 = M \frac{\mathrm{d}i_1}{\mathrm{d}t} = \begin{cases} 10\mathrm{V} & 0 \leqslant t \leqslant 1 \\ -10\mathrm{V} & 1 \leqslant t \leqslant 2 \\ 0 & 2 \leqslant t \end{cases}$$

当施感电流为同频正弦量时,在正弦稳态情况下,电压、电流方程可用相量形式表示。以图 7.1b 所示电路为例,有

$$\begin{cases} \dot{U}_1 = \mathrm{j}\omega L_1 \dot{I}_1 + \mathrm{j}\omega M \dot{I}_2 \\ \dot{U}_2 = \mathrm{j}\omega M \dot{I}_1 + \mathrm{j}\omega L_2 \dot{I}_2 \end{cases}$$

令 $Z_M = \mathrm{j}\omega M$, ωM 称为互感抗。

工程上为了定量地描述两个耦合线圈耦合的紧疏程度,把两线圈的互感磁链与自感磁链之比的几何平均值定义为耦合系数,记为 k 。即

$$k = \sqrt{\frac{\psi_{12}}{\psi_{11}} \cdot \frac{\psi_{21}}{\psi_{22}}}$$

结合式(7.1),并考虑到 $M_{12} = M_{21} = M$,得

$$k = \frac{M}{\sqrt{L_1 L_2}} \leqslant 1 \qquad (7.4)$$

k 的大小与两个线圈的结构、相互位置以及周围磁介质有关。改变它们的相互位置可改变耦合系数的大小。当 L_1 和 L_2 一定时,改变互感线圈的相互位置也就改变了互感 M 的大小。

7.2 含耦合电感电路的分析计算

含有耦合电感电路(互感电路)的正弦稳态分析可采用相量法。耦合电感上的电压除了自感电压外,还包含互感电压,并且互感电压的计算还要考虑同名端的位置以及施感电流的方向,所以含耦合电感电路的分析计算有一定的特殊性。

例如,耦合电感支路的电压不仅与本支路电流有关,还与其他某些支路电流有关,列结点电压方程时会遇到困难。如果不进行去耦等效变换,是不便于直接应用结点电压法的。

含耦合电感电路的分析计算主要有方程法和去耦等效法两类。下面分别加以讨论。

1. 方程法

对含耦合电感的电路直接用支路电流法或回路电流法列方程。在列 KVL 方程时,要正确计入互感电压。

图 7.4 所示为含耦合电感的电路,各电压、电流参考方向如图中标示。由支路电流法可知该电路可列一个 KCL 方程和两个 KVL 方程。

对结点①有

$$\dot{I} = \dot{I}_1 + \dot{I}_2$$

两个回路的 KVL 方程分别为

$$R\dot{I} + R_1\dot{I}_1 + \mathrm{j}\omega L_1 \dot{I}_1 + \mathrm{j}\omega M \dot{I}_2 = \dot{U}$$

$$R_1\dot{I}_1 + \mathrm{j}\omega L_1 \dot{I}_1 + \mathrm{j}\omega M \dot{I}_2 = R_2\dot{I}_2 + \mathrm{j}\omega L_2 \dot{I}_2 + \mathrm{j}\omega M \dot{I}_1$$

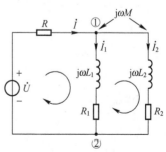

图 7.4 含有耦合电感的电路

可见，含耦合电感的电路与无耦合电感的电路相比，KCL 方程是一样的，但 KVL 方程中电感电压除了自感电压外还要包含互感电压。这里需注意同名端的位置和支路电流的参考方向。

如果已知电源电压和各电阻、电感、互感等值，可由上述方程求得各支路的电流，进而可求得电路各部分的电压和功率。

2. 去耦等效电路法

工程上常将含耦合电感的电路等效为普通的无耦合电路，以便简化这类电路的分析，这种方法称为去耦等效电路法。下面分几种情况来讨论。

（1）串联等效电路

图 7.5a 所示为串联的耦合电感电路，由于互感起"削弱"作用，称为反向串联（互感起"增助"作用时，称为顺向串联）。按图示参考方向，KVL 方程为

$$u_1 = R_1 i + L_1 \frac{\mathrm{d}i}{\mathrm{d}t} - M \frac{\mathrm{d}i}{\mathrm{d}t} = R_1 i + (L_1 - M) \frac{\mathrm{d}i}{\mathrm{d}t}$$

$$u_2 = R_2 i + L_2 \frac{\mathrm{d}i}{\mathrm{d}t} - M \frac{\mathrm{d}i}{\mathrm{d}t} = R_2 i + (L_2 - M) \frac{\mathrm{d}i}{\mathrm{d}t}$$

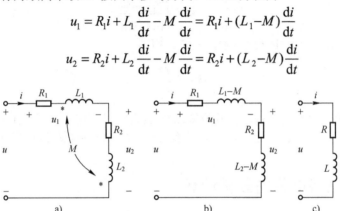

图 7.5　耦合电感的反向串联电路及其去耦等效电路

根据上述方程可以画出一个无互感的等效电路，如图 7.5b 所示。该电路中两个电感相互间无耦合，它们的自感分别为 $L_1 - M$ 和 $L_2 - M$，称为耦合电感的反向串联去耦等效电路。其中

$$u = u_1 + u_2 = (R_1 + R_2) i + (L_1 + L_2 - 2M) \frac{\mathrm{d}i}{\mathrm{d}t}$$

所以去耦等效电路也可用图 7.5c 表示。其中 $R = R_1 + R_2$，等效电感 $L = L_1 + L_2 - 2M$。

对正弦稳态电路，可采用相量形式表示为

$$\dot{U}_1 = \left[R_1 + \mathrm{j}\omega(L_1 - M) \right] \dot{I}$$

$$\dot{U}_2 = \left[R_2 + \mathrm{j}\omega(L_2 - M) \right] \dot{I}$$

$$\dot{U} = \left[R_1 + R_2 + \mathrm{j}\omega(L_1 + L_2 - 2M) \right] \dot{I}$$

电流 $\dot{I}$ 为

$$\dot{I} = \frac{\dot{U}}{(R_1 + R_2) + \mathrm{j}\omega(L_1 + L_2 - 2M)}$$

每一耦合电感的复阻抗为

$$Z_1 = R_1 + \mathrm{j}\omega(L_1 - M)$$

$$Z_2 = R_2 + j\omega(L_2 - M)$$

电路的输入复阻抗为

$$Z = Z_1 + Z_2 = (R_1 + R_2) + j\omega(L_1 + L_2 - 2M)$$

可以看出，反向串联时每一耦合电感的阻抗和电路输入阻抗都比无互感时的阻抗小（电抗变小），这是由于互感的削弱作用所致。

耦合电感的等效电感分别为 $L_1 - M$ 和 $L_2 - M$，其中之一有可能为负，但不可能都为负，整个电路仍呈感性。

对顺向串联电路，不难得出每一耦合电感的复阻抗为

$$Z_1 = R_1 + j\omega(L_1 + M)$$
$$Z_2 = R_2 + j\omega(L_2 + M)$$

而

$$Z = Z_1 + Z_2 = (R_1 + R_2) + j\omega(L_1 + L_2 + 2M)$$

例 7.3 图 7.5a 所示电路中，正弦电压 $U = 50\text{V}$，$R_1 = 3\Omega$，$R_2 = 5\Omega$，$\omega L_1 = 7.5\Omega$，$\omega L_2 = 12.5\Omega$，$\omega M = 8\Omega$。求该耦合电感的耦合系数 k、电路电流 $\dot{I}$ 以及两耦合电感吸收的复功率 $\overline{S}_1$ 和 $\overline{S}_2$。

解：耦合系数

$$k = \frac{M}{\sqrt{L_1 L_2}} = \frac{\omega M}{\sqrt{\omega L_1 \cdot \omega L_2}} = 0.826$$

设 $\dot{U} = 50\angle 0°\text{V}$，则电路电流

$$\dot{I} = \frac{\dot{U}}{(R_1 + R_2) + j\omega(L_1 + L_2 - 2M)} = \frac{50\angle 0°}{8 + j4}\text{A} = 5.59\angle -26.57°\text{A}$$

各耦合电感的复阻抗为

$$Z_1 = R_1 + j\omega(L_1 - M) = (3 - j0.5)\Omega$$
$$Z_2 = R_2 + j\omega(L_2 - M) = (5 + j4.5)\Omega$$

各耦合电感吸收的复功率分别为

$$\overline{S}_1 = Z_1 I_1^2 = (93.75 - j15.63)\text{V} \cdot \text{A}$$
$$\overline{S}_2 = Z_2 I_2^2 = (156.25 + j140.63)\text{V} \cdot \text{A}$$

电源发出的复功率为

$$\overline{S} = \dot{U}\dot{I}^* = (250 + j125)\text{V} \cdot \text{A} = \overline{S}_1 + \overline{S}_2$$

（2）T 形等效电路

耦合电感连接如图 7.6a 所示，称为同名端同端连接。反之称为同名端异端连接，如图 7.7a 所示。

在正弦稳态情况下，对同名端共端连接有

$$\begin{cases} \dot{U}_{13} = j\omega L_1 \dot{I}_1 + j\omega M \dot{I}_2 \\ \dot{U}_{23} = j\omega L_2 \dot{I}_2 + j\omega M \dot{I}_1 \\ \dot{I}_3 = \dot{I}_1 + \dot{I}_2 \end{cases}$$

将 $\dot{I}_2 = \dot{I}_3 - \dot{I}_1$ 代入第 1 个方程，而将 $\dot{I}_1 = \dot{I}_3 - \dot{I}_2$ 代入第 2 个方程，得

$$\dot{U}_{13} = j\omega(L_1 - M)\dot{I}_1 + j\omega M \dot{I}_3$$

$$\dot{U}_{23} = j\omega(L_2 - M)\dot{I}_2 + j\omega M \dot{I}_3$$

根据上述方程可获得如图 7.6b 所示的 T 形去耦等效电路。

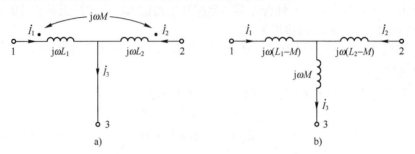

图 7.6　同名端同端连接电路及其 T 形去耦等效电路

同理可得同名端异端连接的 T 形去耦等效电路如图 7.7b 所示，其差别仅在于互感 M 前的 "+" "–" 号不同。

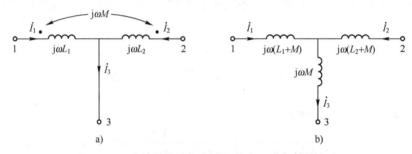

图 7.7　同名端异端连接电路及其 T 形去耦等效电路

归纳总结：如果耦合电感的两条支路各有一端与第三条支路形成一个仅含 3 条支路的共同结点，则可用 3 条无耦合的电感支路等效替代。3 条支路的等效电感分别为

$$
\begin{array}{ll}
\text{（支路 1）} & L_1' = L_1 \mp M \\
\text{（支路 2）} & L_2' = L_2 \mp M
\end{array}\Bigg\} \quad M \text{ 前所取符号与 } L_3 \text{ 中的相反}
$$

$$\text{（支路 3）} \qquad L_3 = \pm M \qquad \text{（同侧取 "+"，异侧取 "–"）}$$

等效电感与电流参考方向无关，这 3 条支路中其他元件不变。

例 7.4　图 7.8a 所示电路中，正弦电压 $U = 50\text{V}$，$R_1 = 3\Omega$，$\omega L_1 = 7.5\Omega$，$R_2 = 5\Omega$，$\omega L_2 = 12.5\Omega$，$\omega M = 8\Omega$。求支路 1、2 吸收的复功率。

解：耦合电感为同名端同端连接，其去耦等效电路如图 7.8b 所示。

设 $\dot{U} = 50\angle 0°\text{V}$，而

$$Z_1 = R_1 + j\omega(L_1 - M) = 3 - j0.5\Omega$$

$$Z_2 = R_2 + j\omega(L_2 - M) = 5 + j4.5\Omega$$

故　　　　　　　　$$\dot{I} = \dfrac{\dot{U}}{j\omega M + \dfrac{Z_1 Z_2}{Z_1 + Z_2}} = 5.85\angle 74.4°\text{A}$$

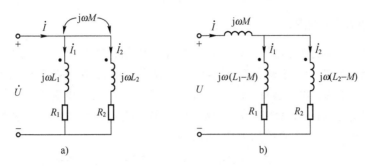

图 7.8　例 7.4 的图

所以

$$\dot{I}_1 = \frac{Z_2}{Z_1 + Z_2}\dot{I} = 4.39\angle{-59.3°}\text{A}$$

$$\dot{I}_2 = \frac{Z_1}{Z_1 Z_2}\dot{I} = 1.99\angle{-101.1°}\text{A}$$

支路 1、2 的复功率 $\overline{S}_1$ 和 $\overline{S}_2$ 分别为

$$\overline{S}_1 = \dot{U}\dot{I}_1^* = (111.97 + \text{j}188.74)\,\text{V}\cdot\text{A}$$

$$\overline{S}_2 = \dot{U}\dot{I}_2^* = (-34.35 + \text{j}93.7)\,\text{V}\cdot\text{A}$$

（3）受控源等效电路

含耦合电感的电路除了用上述去耦等效电路法外，还可以用受控源去耦等效电路法（电流控制电压源）来表示互感电压的作用。

如图 7.9a 所示含耦合电感的电路，其端口电压方程为

$$\dot{U}_1 = \text{j}\omega L_1 \dot{I}_1 + \text{j}\omega M \dot{I}_2$$

$$\dot{U}_2 = \text{j}\omega L_2 \dot{I}_2 + \text{j}\omega M \dot{I}_1$$

由端口电压方程可得其受控源去耦等效电路如图 7.9b 所示。

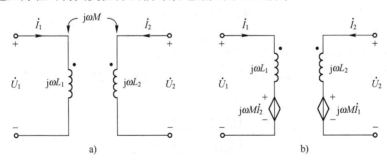

图 7.9　耦合电感电路及其受控源去耦等效电路

7.3　变压器

变压器是电力系统和电子电路中常用的电气设备，是耦合电感实际应用的典型例子。它由两个耦合线圈绕在一个共同的铁心上制成。变压器有很多种类，但基本结构和工作原理是相同的。

7.3.1 变压器的基本结构

单相变压器的基本结构如图 7.10 所示，它主要由闭合铁心和一、二次绕组组成。为了减少磁滞和涡流引起的能量损耗，变压器铁心一般用厚度为 0.35~0.5mm 的硅钢片叠装而成，而叠片间相互绝缘。绕组就是绕在铁心上的线圈，由绝缘导线绕成。工作时，连接电源的线圈称为一次绕组（旧称原绕组或原边绕组）；另一线圈作为输出端，称为二次绕组（旧称副绕组或副边绕组），接入负载后形成二次回路。

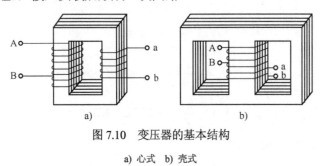

图 7.10 变压器的基本结构

a) 心式 b) 壳式

7.3.2 变压器的工作原理

单相变压器的电路模型如图 7.11 所示，图中的 Z_L 为负载阻抗。变压器通过耦合作用，将一次绕组输入的大部分能量传递到二次绕组输出。在正弦稳态情况下，变压器电路的方程为

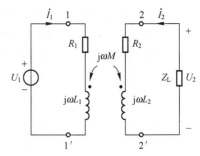

图 7.11 变压器的电路模型

$$(R_1 + j\omega L_1)\dot{I}_1 + j\omega M\dot{I}_2 = \dot{U}_1$$
$$j\omega M\dot{I}_1 + (R_2 + j\omega L_2 + Z_L)\dot{I}_2 = 0$$

电路方程由一次侧和二次侧两个独立回路方程组成，它们通过互感的耦合关系联系在一起，是分析变压器性能的依据。令 $Z_{11} = R_1 + j\omega L_1$，称为一次侧回路复阻抗；$Z_{22} = R_2 + j\omega L_2 + Z_L$，称为二次侧回路复阻抗；$Z_M = j\omega M$，称为互感复阻抗。则上述方程可写为

$$\begin{cases} Z_{11}\dot{I}_1 + Z_M\dot{I}_2 = \dot{U}_1 \\ Z_M\dot{I}_1 + Z_{22}\dot{I}_2 = 0 \end{cases} \tag{7.5}$$

工程上根据不同的需要采用不同的等效电路，来分析研究变压器的输入端口或输出端口的状态及其相互影响。由式（7.5）解得变压器一次侧电流 $\dot{I}_1$ 为

$$\dot{I}_1 = \frac{\dot{U}_1}{Z_{11} - Z_M^2 Y_{22}} = \frac{\dot{U}_1}{Z_{11} + (\omega M)^2 Y_{22}} = \frac{\dot{U}_1}{Z_i}$$

由此可得变压器一次侧等效电路如图 7.12a 所示。其输入复阻抗由两个复阻抗串联组成，其中 $(\omega M)^2 Y_{22}$ 称为引入复阻抗或反映复阻抗，是二次侧回路复阻抗通过互感反映到一次侧的等效复阻抗。引入复阻抗的性质与 Z_{22} 相反，即感性（容性）变为容性（感性）。

变压器输入端口的工作状态已隐含了输出（二次）端口的工作状态。可由输入端来研究一、二次侧的关系。根据式（7.5）可以将输出端口的电流 $\dot{I}_2$、电压 $\dot{U}_2$ 用输入电流 $\dot{I}_1$ 表示。即

$$\dot{I}_2 = -\frac{Z_M}{Z_{22}}\dot{I}_1$$

$$\dot{U}_2 = -Z_L\dot{I}_2 = \frac{Z_M Z_L}{Z_{22}}\dot{I}_1$$

也可用二次侧等效电路，由输出端来研究变压器一、二次侧的关系。

将电流 $\dot{I}_2$ 的表达式改写为

$$\dot{I}_2 = -\frac{Z_M}{Z_{11}}\frac{\dot{U}_1}{Z_{11}+(\omega M)^2 Y_{22}} = -\frac{Z_M Y_{11}\dot{U}_1}{Z_{22}+(\omega M)^2 Y_{11}} = -\frac{\dot{U}_{OC}}{Z_{eq}+Z_L}$$

由此可得变压器二次侧等效电路如图 7.12b 所示。它是从二次侧看进去的含源一端口的戴维南等效电路。其中 $\dot{U}_{OC} = \mathrm{j}\omega M Y_{11}\dot{U}_1$ 是戴维南等效电路的等效电压源，即 $2-2'$ 端口的开路电压；$Z_{eq} = (\omega M)^2 Y_{11} + R_2 + \mathrm{j}\omega L_2$ 是端口 $2-2'$ 的戴维南等效内复阻抗，而 $(\omega M)^2 Y_{11}$ 是一次侧反映到二次侧的引入复阻抗。

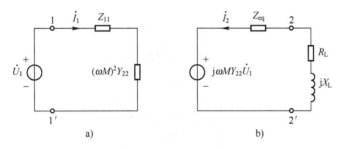

图 7.12 变压器的等效电路

例 7.5 图 7.11 所示电路中，$R_1 = R_2 = 0$，$L_1 = 5\mathrm{H}$，$L_2 = 1.2\mathrm{H}$，$M = 2\mathrm{H}$，$u_1 = 100\cos(10t)\mathrm{V}$，负载阻抗 $Z_L = R_L + \mathrm{j}X_L = 3\Omega$。求一、二次电流 i_1、i_2。

解： 用图 7.11a 所示一次侧等效电路求电流 $\dot{I}_1$：

$$Z_{11} = \mathrm{j}\omega L_1 = \mathrm{j}50\Omega$$

$$(\omega M)^2 Y_{22} = \frac{400}{3+\mathrm{j}12}\Omega = (7.84-\mathrm{j}31.37)\Omega$$

设 $\dot{U}_1 = \frac{100}{\sqrt{2}}\angle 0°\mathrm{V}$，则电流 $\dot{I}_1$ 为

$$\dot{I}_1 = \frac{\dot{U}_1}{Z_{11}+(\omega M)^2 Y_{22}} = 3.5\angle -67.2°\mathrm{A}$$

而电流 $\dot{I}_2$ 为

$$\dot{I}_2 = -\frac{Z_M}{Z_{22}}\dot{I}_1 = 5.66\angle 126.84°\mathrm{A}$$

所以

$$i_1 = 3.5\sqrt{2}\cos(10t-67.2°)\mathrm{A}$$

$$i_2 = 5.66\sqrt{2}\cos(10t + 126.84°)\,\text{A}$$

7.4 理想变压器及其电路的计算

本节要讨论的理想变压器是实际变压器的理想化模型。变压器如果同时满足下列 3 个条件，即经"理想化"和"极限化"就演变为理想变压器，这 3 个理想化条件是：

1）变压器本身无损耗。

2）耦合因数 $k=1$。

3）L_1、L_2 和 M 均无限大，但保持 $\sqrt{L_1/L_2}=n$ 不变，n 为匝数比。

变压器如果无损耗，则 $R_1 = R_2 = 0$，电路模型如图 7.13a 所示。

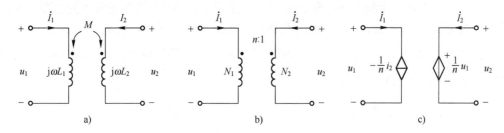

图 7.13 理想变压器

其方程为

$$\begin{cases} u_1 = L_1 \dfrac{\mathrm{d}i_1}{\mathrm{d}t} + M \dfrac{\mathrm{d}i_2}{\mathrm{d}t} \\[2mm] u_2 = M \dfrac{\mathrm{d}i_1}{\mathrm{d}t} + L_2 \dfrac{\mathrm{d}i_2}{\mathrm{d}t} \end{cases} \tag{7.6}$$

当 $k=1$ 时，有 $L_1 L_2 - M^2 = 0$，即上述方程右侧的系数行列式的值为零。由数学理论可知，在此情况下，上述方程组将无解。这表明方程组对全耦合电感电路的描述是不充分的，尽管其中每一个方程都符合电路理论的要求，但已经失去联列的意义。这表明全耦合电感电路一定存在新的约束关系。

将 $M = \sqrt{L_1 L_2}$ 代入上述方程，且将两个方程相比，可得电压比为

$$\frac{u_1}{u_2} = \frac{\sqrt{L_1}}{\sqrt{L_2}} = n$$

这一关系可以直接证明如下。

设全耦合电感的两绕组匝数分别为 N_1 和 N_2，由于 $k=1$，则两个绕组中的磁通相等，设为 Φ。故有

$$u_1 = N_1 \frac{\mathrm{d}\Phi}{\mathrm{d}t}$$

$$u_2 = N_2 \frac{\mathrm{d}\Phi}{\mathrm{d}t}$$

所以

$$\frac{u_1}{u_2} = \frac{N_1}{N_2} = n$$

两种结果是相同的（因为电感与匝数的二次方成正比）。

上式表明，电压比与电流无关，而且 u_1、u_2 中只有一个为独立变量。当 $u_2 = 0$（短路）时，必有 $u_1 = 0$，所以，当 u_1 为独立电压源时，二次侧不能短路。并且要注意 u_1、u_2 的"+"极性端都设在有标记的同名端。

将式（7.6）的第一个方程改写为如下形式：

$$i_1 = \frac{1}{L_1}\int u_1 dt - \frac{M}{L_1}\int \frac{di_2}{dt} dt = \frac{1}{L_1}\int u_1 dt - \sqrt{\frac{L_2}{L_1}}\int di_2$$

由第 3 个理想化条件可得

$$\frac{i_1}{i_2} = -\sqrt{\frac{L_2}{L_1}} = -\frac{1}{n}$$

可见，电流比与电压无关，而且 i_1、i_2 中也只有一个为独立变量。当 $i_2 = 0$ 时，必有 $i_1 = 0$，所以，当 i_1 为独立电流源时，二次侧不能开路。注意 i_1、i_2 都设定为从同名端流入。

由上所述，理想变压器一、二次电压和电流满足关系式：

$$\begin{cases} u_1 = nu_2 \\ i_1 = -\dfrac{1}{n}i_2 \end{cases} \tag{7.7}$$

以上两方程是各自在不同条件下获得的独立关系，不是联列关系。

将上述两个方程相乘，得

$$u_1 i_1 + u_2 i_2 = 0$$

此式是理想变压器从两个端口吸收的瞬时功率的关系式。它表明：理想变压器将一侧吸收的能量全部传递到另一侧输出，在传输过程中仅仅将电压、电流按比例变换，既不耗能也不储能，是一个非动态无损耗的磁耦合元件。它的电路模型仍用带同名端的耦合电感表示，如图 7.13b 所示。图中标出了它的参数——电压比 n，而不能再标 L_1、L_2 和 M，也不能用这些参数来描述理想变压器的电压、电流关系。图 7.13c 是理想变压器用受控源表示的等效电路之一。

工程上为了获得近似理想变压器的特性，通常采用磁导率 μ 很高的磁性材料作变压器的铁心，而在保持匝数比 N_1 / N_2 不变的情况下，增加线圈的匝数，并尽量紧密耦合，使 k 接近于 1，同时使 L_1、L_2 和 M 增为很大。

例 7.6　图 7.14a 所示的理想变压器中，匝数比为 1：10，已知 $u_S = 10\cos(10t)\text{V}$，$R_1 = 1\Omega$，$R_2 = 100\Omega$，求 u_2。

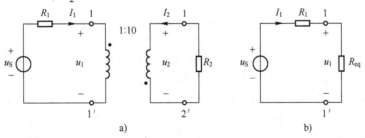

a)　　　　　　　　b)

图 7.14　例 7.6 的图

解： 由图 7.14a 可列出电路方程为

$$R_1 i_1 + u_1 = u_S$$
$$R_2 i_2 + u_2 = 0$$

理想变压器的电压、电流关系为

$$\begin{cases} u_1 = n u_2 \\ i_1 = -\dfrac{1}{n} i_2 \end{cases}$$

代入数据，解得

$$u_2 = -5 u_S = -50 \cos(10t) \, \text{V}$$

另一种解法是先利用一次侧等效电路求 u_1，再按式（7.7）求 u_2。

端子 $1-1'$ 右侧电路的输入电阻为

$$R_{eq} = \frac{u_1}{i_1} = \frac{-\dfrac{1}{10} u_2}{10 i_2} = (0.1)^2 \left(\frac{u_2}{-i_2} \right) = 0.1^2 R_2 = 1 \Omega$$

等效电路如图 7.14b 所示，从而求得

$$u_1 = \frac{u_S}{R_1 + R_{eq}} R_{eq} = 0.5 u_S$$

$$u_2 = -10 u_1 = -5 u_S$$

理想变压器对电压、电流按比例变换的作用还反映在阻抗的变换上。在正弦稳态的情况下，当理想变压器二次侧接入复阻抗 Z_L 时，则在变压器一次侧 $1-1'$ 端口的输入复阻抗为

$$Z_i = \frac{\dot{U}_1}{\dot{I}_1} = \frac{n \dot{U}_2}{-\dfrac{1}{n} \dot{I}_2} = n^2 Z_L$$

$n^2 Z_L$ 即为二次侧折算到一次侧的等效复阻抗。如二次侧分别接参数为 R、L、C 的元件时，折算至一次则的参数将分别为 $n^2 R$、$n^2 L$、$\dfrac{C}{n^2}$，相当于变换了元件的参数。

本章小结

1. 两耦合电感的电压、电流关系为

$$\begin{cases} u_1 = L_1 \dfrac{\mathrm{d}i_1}{\mathrm{d}t} \pm M \dfrac{\mathrm{d}i_2}{\mathrm{d}t} = u_{11} \pm u_{12} \\ u_2 = \pm M \dfrac{\mathrm{d}i_1}{\mathrm{d}t} + L_2 \dfrac{\mathrm{d}i_2}{\mathrm{d}t} = u_{21} \pm u_{22} \end{cases}$$

当电感电压、电流取关联参考方向时，自感电压前总是取"+"号；互感电压前的"+"或"−"号选取原则为：如果互感电压"+"极性端子与产生它的电流的流入端为一对同名端，互感电压前取"+"号，反之取"−"号。

2. 耦合电感就其端口特性而言，可用 3 个电感构成的 T 形电路来等效。用去耦等效电路代替耦合电感电路常可简化电路分析。两个耦合电感若同名端同端连接，则等效的第三条

支路上的电感 M 前取"+"，另外两条支路的电感分别减去 M；两个耦合电感若同名端异端连接，则等效的第三条支路上的电感 M 前取"-"，另外两条支路的电感分别加上 M。

3．变压器由两个耦合线圈绕在一个共同的铁心上制成。对变压器电路，可以采用去耦等效法分析，也可以引入反映阻抗的概念，利用一、二次侧等效电路进行分析。

4．理想变压器是实际变压器的理想化模型，其电压、电流关系为

$$\begin{cases} u_1 = nu_2 \\ i_1 = -\dfrac{1}{n}i_2 \end{cases}$$

应用——本章典型习题解析

例 7.7 在图 7.15a 所示的电路中，$i_S = 2\sqrt{2}\cos(100t + 30°)\,\text{A}$，$u_S = 10\sqrt{2}\cos(100t)\,\text{V}$，求电流 i。

解：应用去耦等效电路法。图中耦合电感为同名端同端连接，去耦等效电路如图 7.15b 所示。

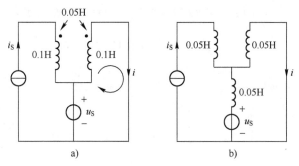

图 7.15　例 7.7 的图

等效电路中：　　　　　$\omega L_1 = \omega L_2 = \omega M = 100 \times 0.05\,\Omega = 5\,\Omega$

利用叠加定理，先计算电流源 i_S 单独作用时：

$$\dot{I}' = \frac{\text{j}5}{\text{j}5 + \text{j}5}\dot{I}_S = \frac{1}{2} \times 2\angle 30°\,\text{A} = 1\angle 30°\,\text{A}$$

而电压源 u_S 单独作用时：

$$\dot{I}'' = \frac{\dot{U}_S}{\text{j}5 + \text{j}5} = \frac{10\angle 0°}{10\angle 90°}\,\text{A} = 1\angle -90°\,\text{A}$$

所以

$$\dot{I} = \dot{I}' + \dot{I}'' = 1\angle 30°\,\text{A} + 1\angle -90°\,\text{A} = (0.87 - \text{j}0.5)\,\text{A} = 1\angle -30°\,\text{A}$$

$$i = \sqrt{2}\cos(100t - 30°)\,\text{A}$$

本题也可采用方程法求解。取回路如图 7.15a 所示，列 KVL 方程（考虑互感电压）：

$$\text{j}100 \times 0.1\dot{I} - \text{j}100 \times 0.05\dot{I}_S = \dot{U}_S$$

求解，得

$$\dot{I} = 1\angle -30°\,\text{A}$$

所以

$$i = \sqrt{2}\cos(100t - 30°)\,\text{A}$$

例 7.8 图 7.16a 所示电路中，已知 $\omega = 10^6\,\text{rad/s}$，$\dot{U}_\text{S} = 10\angle 0°\text{V}$，$L_1 = L_2 = 0.1\text{mH}$，$M = 0.02\text{mH}$，$R_1 = 10\Omega$，$C_1 = C_2 = 0.01\mu\text{F}$。问 R_2 取多大时能吸收最大功率，求最大功率。

解：
$$\omega L_1 = \omega L_2 = 100\Omega$$

$$\frac{1}{\omega C_1} = \frac{1}{\omega C_2} = 100\Omega$$

$$\omega M = 20\Omega$$

$$Z_{11} = R_1 + \text{j}(\omega L_1 - \frac{1}{\omega C_1}) = 10\Omega$$

$$Z_{22} = R_2 + \text{j}(\omega L_2 - \frac{1}{\omega C_2}) = R_2$$

则一次侧等效电路如图 7.16b 所示，有

$$Z_\text{L} = \frac{(\omega M)^2}{Z_{22}} = \frac{400}{R_2}$$

当 $Z_\text{L} = Z_{11} = 10 = \dfrac{400}{R_2}$，即 $R_2 = 40\Omega$ 时获得最大功率。最大功率为

$$P_\text{max} = 10^2 / (4 \times 10)\,\text{W} = 2.5\text{W}$$

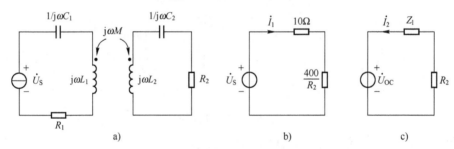

a)　　　　　　　　b)　　　　　c)

图 7.16　例 7.8 的图

也可应用二次侧等效电路求解。二次侧等效电路如图 7.16c 所示，则

$$Z'_\text{L} = \frac{(\omega M)^2}{Z_{11}} = \frac{400}{10}\Omega = 40\Omega$$

$$\dot{U}_\text{OC} = \text{j}\omega M \cdot \frac{\dot{U}_\text{S}}{Z_{11}} = \frac{\text{j}20 \times 10}{10}\text{V} = \text{j}20\,\text{V}$$

当 $R_2 = Z'_\text{L} = 40\Omega$ 时，获得最大功率。最大功率为

$$P_\text{max} = 20^2 / (4 \times 40)\,\text{W} = 2.5\text{W}$$

习题

7.1　试确定图 7.17 所示电路的同名端。

7.2　两个具有耦合的线圈如图 7.18 所示。

（1）标出它们的同名端；

（2）当图中开关 S 闭合或闭合后再打开时，试根据毫伏表的偏转方向确定同名端。

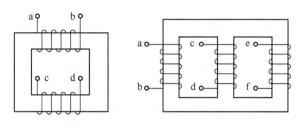

图 7.17　习题 7.1 的图

7.3　求图 7.19 所示电路的等效电感。

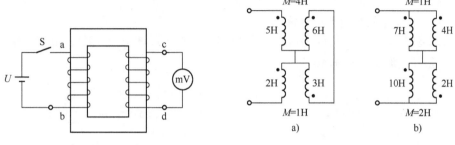

图 7.18　习题 7.2 的图　　　　　　　　图 7.19　习题 7.3 的图

7.4　图 7.20 所示各电路中，$L_1 = 6\text{H}$，$L_2 = 3\text{H}$，$M = 4\text{H}$。试分别求从 a、b 端看进去的等效电感。

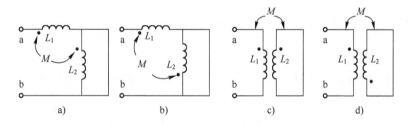

图 7.20　习题 7.4 的图

7.5　求图 7.21 所示各电路的输入复阻抗。（$\omega = 10\text{rad/s}$）

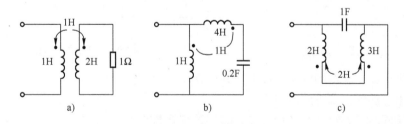

图 7.21　习题 7.5 的图

7.6　图 7.22 所示电路中，$R_1 = R_2 = 1\Omega$，$\omega L_1 = 3\Omega$，$\omega L_2 = 2\Omega$，$\omega M = 2\Omega$，$\dot{U}_1 = 100\angle 0°\text{V}$。

求：（1）开关 S 打开和闭合时的电流 $\dot{I}_1$；

（2）开关 S 闭合时电路的复功率。

7.7 将两个线圈串联起来接到 50Hz、220V 的正弦电源上，顺接时测得电流 $I=2.7$A，吸收的功率为 218.7W；反接时电流为 7A。求互感 M。

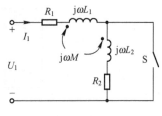

图 7.22 习题 7.6 的图

7.8 电路如图 7.23 所示，已知两个线圈的参数为：$R_1 = R_2 = 100\Omega$，$L_1 = 3$H，$L_2 = 10$H，$M = 5$H，正弦电源电压 $\dot{U} = 220\angle 0°$V，$\omega = 100$rad/s。

（1）求两个线圈的电压；

（2）证明当两个线圈反接串联时，不可能有 $L_1 + L_2 - 2M < 0$；

（3）画出该电路的等效去耦电路。

7.9 求图 7.24 所示电路的戴维南等效电路。其中 $\omega L_1 = \omega L_2 = 10\Omega$，$\omega M = 5\Omega$，$R_1 = R_2 = 6\Omega$，正弦电源电压 $U_1 = 60$V。

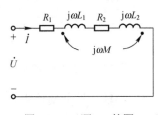

图 7.23 习题 7.8 的图

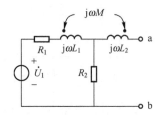

图 7.24 习题 7.9 的图

7.10 图 7.25 所示电路中，$R_1 = 1\Omega$，$\omega L_1 = 2\Omega$，$\omega L_2 = 32\Omega$，$\omega M = 8\Omega$，$\dfrac{1}{\omega C} = 32\Omega$。求电流 $\dot{I}_1$ 和电压 $\dot{U}_2$。

7.11 已知变压器如图 7.26a 所示，一次侧的周期性电流波形如图 b 所示（一个周期），二次侧电压表读数（有效值）为 25V。

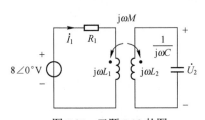

图 7.25 习题 7.10 的图

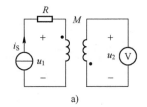

图 7.26 习题 7.11 的图

（1）画出一、二次侧端电压的波形，并计算互感 M；

（2）画出它的受控源等效电路；

（3）如果同名端弄错，对（1）、（2）的结果有无影响？

7.12 图 7.27 所示电路中，$R_1 = 50\Omega$、$L_1 = 70$mH，$L_2 = 25$mH，$M = 25$mH，$C = 1\mu$F，正弦电源的电压 $\dot{U} = 500\angle 0°$V，$\omega = 10^4$rad/s。求各支路电流。

7.13 列出图 7.28 所示电路的回路电流方程。

7.14 图 7.29 所示电路中，$L_1 = 3.6$H，$L_2 = 0.06$H，$M = 0.465$H，$R_1 = 20\Omega$，$R_2 = 0.08\Omega$，$R_L = 42\Omega$，$u_S = 115\cos(314t)$V。求：（1）电流 i_1；（2）用戴维南定理求电流 i_2。

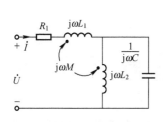

图 7.27 习题 7.12 的图

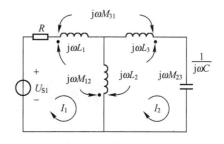

图 7.28 习题 7.13 的图

7.15 图 7.30 所示电路中，理想变压器的电压比为 10：1，求 $\dot{U}_2$。

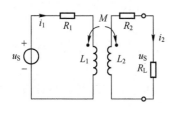

图 7.29 习题 7.14 的图

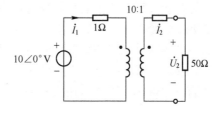

图 7.30 习题 7.15 的图

7.16 电路如图 7.31 所示，如果要使 10Ω 电阻获得最大功率，理想变压器的电压比 n 应为多少？

7.17 求图 7.32 所示电路中的复阻抗 Z。已知电流表读数为 10A，正弦电压源电压为 10V。

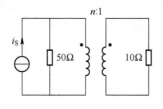

图 7.31 习题 7.16 的图

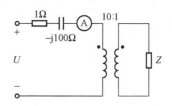

图 7.32 习题 7.17 的图

7.18 电路如图 7.33 所示，求 $\dot{I}_1$、$\dot{U}_2$ 和 R_L 吸收的功率。

7.19 图 7.34 所示电路中，$n=2$，$R_1 = R_2 = 10\Omega$，$\dfrac{1}{\omega C} = 50\Omega$，$\dot{U} = 50\angle 0°\text{V}$。求流过 R_2 的电流。

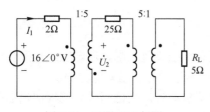

图 7.33 习题 7.18 的图

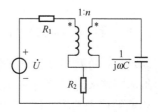

图 7.34 习题 7.19 的图

第8章 三 相 电 路

目前，各国的电力系统中的发电、输电及供配电方式大多数都采用三相制。三相电力系统由三相电源、三相负载和三相输电线路三部分组成。

生产中的主要用电负载是三相异步电动机，即使是生产、生活中的单相负载也要接入三相电路中，所以学习研究三相电路具有重要的实际意义。三相电路就是三相交流电源和负载连接的正弦交流电路。

分析三相电路可以采用一般正弦电路的相量分析方法，同时如果三相电路对称，则对称三相电路可归结为一相进行分析计算即可。

不对称的三相电路，往往采用Y联结的三相四线制，其分析方法是分析计算不对称的每一相。

8.1 三相电压

三相电路首先从三相电源开始。图 8.1 是三相交流发电机的结构图，它的主要组成部分是电枢和磁极。电枢是固定的，亦称定子。定子铁心的内圆周表面中有槽，用以放置三相电枢绕组。每相绕组完全相同，如图 8.2 所示。它们的始端标以 U_1、V_1、W_1，末端标以 U_2、V_2、W_2。将三相绕组均匀地分布在铁心槽内，使绕组的始端与始端之间、末端与末端之间都相隔 120°。

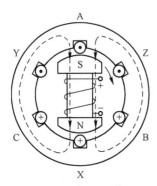

图 8.1 三相交流发电机的结构图

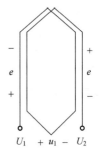

图 8.2 电枢绕组

磁极是转动的，亦称转子。转子铁心上绕有励磁绕组，用直流励磁。选择合适的极面形状和励磁绕组的布置情况，可使空气隙中的磁感应强度按正弦规律分布。

当转子由原动机带动，并以顺时针方向匀速转动时，则每相绕组依次切割磁通，产生电动势；因而在 AX、BY、CZ 三相绕组上得到频率相同、幅值相同、相位差也相同（相位差为 120°）的三相对称正弦电压，它们分别用 u_1、u_2、u_3 表示，并取 u_1 的初相为 0°，则

$$u_A(t) = \sqrt{2}U\cos\omega t$$
$$u_B(t) = \sqrt{2}U\cos(\omega t - 120°)$$
$$u_C(t) = \sqrt{2}U\cos(\omega t + 120°)$$

(8.1)

也可用相量表示

$$\dot{U}_A = U\angle 0°$$
$$\dot{U}_B = U\angle -120°$$
$$\dot{U}_C = U\angle 120°$$

(8.2)

如果用相量图和正弦波形来表示，则分别如图 8.3a、b 所示。

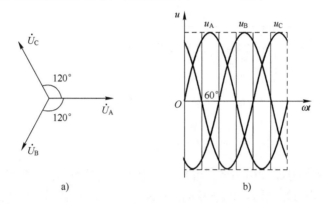

图 8.3　三相对称电压的相量图和正弦波形

显然，三相对称正弦电压的瞬时值或相量之和为零，即

$$u_A + u_B + u_C = 0$$
$$\dot{U}_A + \dot{U}_B + \dot{U}_C = 0$$

(8.3)

三相对称电压出现正幅值（或过零值）的顺序称为相序。

正序(顺序)：A—B—C—A；

负序(逆序)：A—C—B—A。

以后如果不加说明，一般都认为是正相序。

现在的相序是 $u_A \rightarrow u_B \rightarrow u_C$。如果已知三相对称电压中的任意一个，就可以写出其他两个。

发电机三相绕组的接法通常如图 8.4 所示，即将三个末端连接在一起，这一连接点称为中性点或零点，用 N 表示。这种连接方法称为星形联结。从中性点引出的导线称为中性线或零线。从始端 A、B、C 引出的三根导线 L_1、L_2、L_3 称为相线或端线，俗称火线。

图 8.4 中，每相始端与末端间的电压，即相线与中性线间的电压，称为相电压，其有效值为 U_A、U_B、U_C，或者一般用 U_p 表示。而任意两始端间的电压，亦称两相线间的电压，称为线电压，用 U_{AB}、U_{BC}、U_{CA}，或者一般用 U_l 表示。三个相电压和三个线电压的参考方向如图 8.4 所示。

由图 8.4 所示的参考方向，可得线电压与相电压的关系：

$$\left.\begin{aligned} u_{AB} &= u_A - u_B \\ u_{BC} &= u_B - u_C \\ u_{CA} &= u_C - u_A \end{aligned}\right\} \tag{8.4}$$

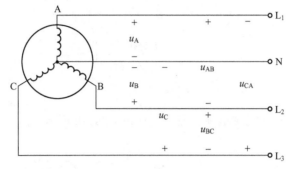

图 8.4　发电机三相绕组的星形联结

或用相量表示

$$\left.\begin{aligned} \dot{U}_{AB} &= \dot{U}_A - \dot{U}_B \\ \dot{U}_{BC} &= \dot{U}_B - \dot{U}_C \\ \dot{U}_{CA} &= \dot{U}_C - \dot{U}_A \end{aligned}\right\} \tag{8.5}$$

图 8.5 是它们的相量图。由相量图可知，线电压也是频率相同、幅值（有效值）相同、相位互差 120° 的三相对称电压。相序为 $u_{AB} \rightarrow u_{BC} \rightarrow u_{CA}$。且有

$$\dot{U}_{AB} + \dot{U}_{BC} + \dot{U}_{CA} = 0$$

同时，可获知线电压与相电压两组对称量的关系：线电压是相电压的 $\sqrt{3}$ 倍，且线电压超前对应的相电压 30°。即

$$U_l = \sqrt{3} U_p \tag{8.6}$$

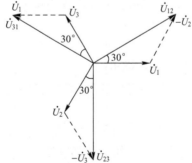

图 8.5　发电机绕组星形联结时相电压与线电压的相量图

对称 Y 联结的三相电源的线电压与相电压之间的关系，可以用相量式表示为

$$\dot{U}_{AB} = \sqrt{3} \dot{U}_A \angle 30°$$

$$\dot{U}_{BC} = \sqrt{3} \dot{U}_B \angle 30°$$

$$\dot{U}_{CA} = \sqrt{3} \dot{U}_C \angle 30°$$

在日常生活与工农业生产中，通常低压配电系统中相电压为 220V，线电压为 380V。即多数低压配电用户的电压等级为：

$$U_P = 220V \qquad U_l = \sqrt{3}U_p = 380V$$

三相电源的Y联结方式还可以用图 8.6 所示的电路表示。

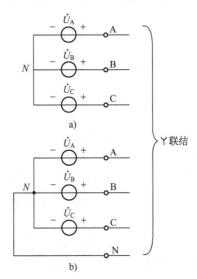

图 8.6　三相电源的Y联结

a) 三相三线制　b) 三相四线制

把三相电源依次连接成一个回路，再从端子 A、B、C 引出端线，如图 8.7 所示，就是三相电源的△联结，简称△电源。

△形电源的线电压、相电压概念与Y电源相同。△电源不能引出中性线。

$$\dot{U}_{AB} = \dot{U}_{AX}$$
$$\dot{U}_{BC} = \dot{U}_{BY}$$
$$\dot{U}_{CA} = \dot{U}_{CZ}$$

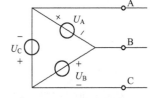

△电源的特点：线电压=相电压。

因为

$$\left.\begin{array}{l} u_A + u_B + u_C = 0 \\ \dot{U}_A + \dot{U}_B + \dot{U}_C = 0 \end{array}\right\}$$

图 8.7　三相电源的△联结

所以，正确接法的△联结的三相电源中不会产生环流（$I = 0$），错误接法的△联结的三相电源中将会产生环流（$I \neq 0$）。

发电机（或变压器）的绕组连成星形时，如果引出四根电源导线则称为三相四线制，其中有一根电源线是中性线，此时负载可获线电压和相电压两种电压；如果引出三根电源导线则称为三相三线制，负载只能获得线电压。

实际二相电路中，二相电源是对称的，3 条端线阻抗是相等的，但负载则不一定是刘称的。

8.1.1 将发电机的三相绕组连成星形时，如果误将 X、Y、C 连成一点（中性点）是否可获三相对称电压？

8.1.2 当发电机的三相绕组连成星形时，如果 $u_{AB} = 380\sqrt{2}\cos(\omega t + 30°)\text{V}$，试写出其余线电压和三个相电压的相量。

8.2 负载星形联结的三相电路

8.2.1 对称负载星形联结的三相电路

与发电机的三相绕组相似，三相负载也可以接成星形。如果有中性线存在，则为三相四线制电路；否则就为三相三线制电路。

图 8.8 所示为三相四线制电路，设其线电压为 380V。负载如何连接，首先要看额定电压。通常白炽灯（单相负载）的额定电压为 220V，因此要接在相线与中性线之间；其次，如果大量使用白炽灯，应当均匀地分配在各相之中。

三相电动机的三个接线端总与电源的三根相线连接。但电动机本身的三相绕组可以按铭牌上的要求接入，例如 380V 星形联结或 380V 三角形联结。

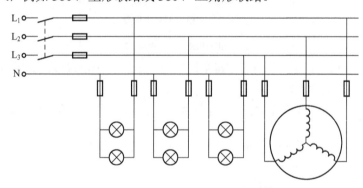

图 8.8　白炽灯与电动机的星形联结

负载星形联结的三相四线制电路一般可用图 8.9 所示电路表示。每相负载的阻抗分别为 Z_A、Z_B 和 Z_C，电压和电流的参考方向已在图中标出。

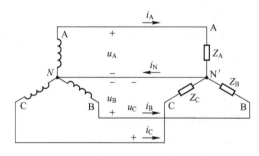

图 8.9　负载星形联结的三相四线制电路

三相电路中的电流也有相电流和线电流之分。每相负载上的电流称为相电流，每根火线上的电流称为线电流。

当负载星形联结时，根据 KCL，相电流等于线电流，

$$\dot{I}_\text{A} = \dot{I}_\text{AN'}$$

$$\dot{I}_\text{B} = \dot{I}_\text{BN'}$$

$$\dot{I}_\text{C} = \dot{I}_\text{CN'}$$

即 $$I_\text{p} = I_l \tag{8.7}$$

当不计相线和中性线阻抗时，电源相电压即为负载相电压。若电源相电压和负载阻抗已知，可求各相负载电流。设电源相电压 $\dot{U}_\text{A}$ 为参考正弦量，则得

$$\dot{U}_\text{A} = U\angle 0°, \dot{U}_\text{B} = U\angle{-120°}, \dot{U}_\text{C} = U\angle 120°$$

$$\left.\begin{aligned}
\dot{I}_\text{A} &= \frac{\dot{U}_\text{A}}{Z_\text{A}} = \frac{U\angle 0°}{|Z_\text{A}|\angle\varphi_\text{A}} = I_\text{A}\angle{-\varphi_\text{A}} \\
\dot{I}_\text{B} &= \frac{\dot{U}_\text{B}}{Z_\text{B}} = \frac{U\angle{-120°}}{|Z_\text{B}|\angle\varphi_\text{B}} = I_\text{B}\angle(-120°-\varphi_\text{B}) \\
\dot{I}_\text{C} &= \frac{\dot{U}_\text{C}}{Z_\text{C}} = \frac{U\angle 120°}{|Z_\text{C}|\angle\varphi_\text{C}} = I_\text{C}\angle(120°-\varphi_\text{C})
\end{aligned}\right\} \tag{8.8}$$

$$\dot{I}_\text{N} = \dot{I}_\text{A} + \dot{I}_\text{B} + \dot{I}_\text{C} \tag{8.9}$$

电压和电流的相量图如图 8.10 所示。作相量图时，先以 $\dot{U}_\text{A}$ 为参考相量作出 $\dot{U}_\text{A}$、$\dot{U}_\text{B}$、$\dot{U}_\text{C}$ 的相量图；而后由式（8.8）和式（8.9）作出电流相量图。

如果负载也对称，即各相阻抗完全相等

$$Z_\text{A} = Z_\text{B} = Z_\text{C} = Z$$

也即各相阻抗的模和相位角分别相等

$$|Z_\text{A}| = |Z_\text{B}| = |Z_\text{C}| = |Z| \quad \text{和} \quad \varphi_\text{A} = \varphi_\text{B} = \varphi_\text{C} = \varphi$$

由式（8.8）可知，因为相电压对称，所以负载相电流也是对称的。同时，中性线的电流等于零，即

$$\dot{I}_\text{N} = \dot{I}_\text{A} + \dot{I}_\text{B} + \dot{I}_\text{C} = 0$$

对称负载星形联结时电压和电流的相量图如图 8.11 所示。

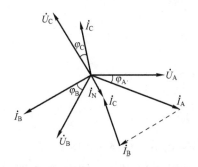
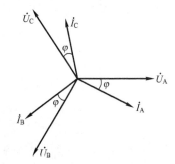

图 8.10 负载星形联结时相电压和相电流的相量图　　图 8.11 对称负载星形联结时相电压和相电流的相量图

既然中性线上没有电流通过，就可以将中性线断开。因此图 8.9 所示三相四线制电路变成图 8.12 所示的电路，这就是三相三线制电路。也就是说，当负载对称时三相三线制电路与三相四线制电路完全相同，可以用三相四线制来求解，且可以只求一相，另外两相电流直接写出。通常生产上的三相负载是对称负载，所以三相三线制电路在生产上应用极为广泛。而三相四线制电路一般只应用于有单相负载的电路中，例如民用电路。

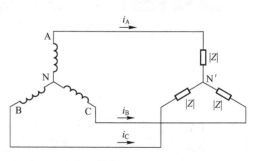

图 8.12 对称负载星形联结的三相三线制电路

例 8.1 有一星形联结的三相对称负载，阻抗 $Z = (6 + j8)\Omega$。设三相电源提供对称电压，且 $u_{AB} = 380\sqrt{2}\cos(\omega t + 30°)V$，试求各相电流。

解： 因为负载对称，所以只算一相即可。

$$\dot{U}_{AB} = 380\angle 30°V \qquad 则 \qquad \dot{U}_A = 220\angle 0°V$$

$$\dot{I}_A = \frac{\dot{U}_A}{Z_A} = \frac{220\angle 0°}{10\angle 53°}A = 22\angle -53°A$$

所以

$$i_A = 22\sqrt{2}\cos(\omega t - 53°)A$$

$$i_B = 22\sqrt{2}\cos(\omega t - 173°)A$$

$$i_C = 22\sqrt{2}\cos(\omega t + 67°)A$$

例 8.2 在图 8.13 中，电源电压对称，每相电压 $U_P = 220V$。A 相接入 40W、220V 白炽灯一只，B 相接入 40W、220V 白炽灯两只（并联），C 相接入 40W、220V、$\cos\varphi = 0.5$ 的荧光灯一只。试求负载相电压、相电流及中性线电流。

解： 40W、220V 的白炽灯的电阻 $R = \dfrac{U^2}{P} = \dfrac{220^2}{40}\Omega = 1210\Omega$

所以 $Z_1 = 1210\Omega$，$Z_2 = \dfrac{R}{2} = 605\Omega$

40W、220V、$\cos\varphi = 0.5$ 的荧光灯

$$Z = |Z|\angle\varphi = \frac{U^2\cos\varphi}{P}\angle\varphi = 605\angle 60°\Omega$$

设 $\dot{U}_A = 220\angle 0°V$，$\dot{U}_B = 220\angle -120°V$，$\dot{U}_C = 220\angle 120°V$

$$\dot{I}_A = \frac{\dot{U}_A}{Z_A} = \frac{220\angle 0°}{1210}A = 0.18A$$

$$\dot{I}_B = \frac{\dot{U}_B}{Z_B} = \frac{220\angle -120°}{605}A = 0.36\angle -120°A$$

$$\dot{I}_C = \frac{\dot{U}_C}{Z_C} = \frac{220\angle 120°}{605\angle 60°}A = 0.36\angle 60°A$$

$$\dot{I}_N = \dot{I}_A + \dot{I}_B + \dot{I}_C = [0.18 + 0.36\angle -120° + 0.36\angle 60°]A = 0.18A$$

如要考虑端线（相线）阻抗及中性线阻抗，则电路如图 8.14 所示。其中 Z_1 为端线（相线）阻抗，Z_N 为中性线阻抗。N 和 N′ 分别为电源和负载的中性点。对于这种电路，一般要

先求出 $\dot{U}_{NN'}$。以 N 为参考点，根据节点电压法，可得

$$\left(\frac{1}{Z_N}+\frac{3}{Z+Z_1}\right)\dot{U}_{N'N}=\frac{1}{Z_1+Z}(\dot{U}_A+\dot{U}_B+\dot{U}_C)$$

由于 $$\dot{U}_A+\dot{U}_B+\dot{U}_C=0$$

所以 $$\dot{U}_{NN'}=0$$

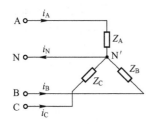

图 8.13 例 8.2 的电路

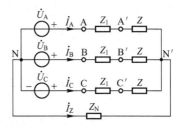

图 8.14 对称三相四线制Y-Y电路

故各相电源和负载中的电流为（线电流等于相电流）

$$\dot{I}_A=\frac{\dot{U}_A-\dot{U}_{N'N}}{Z+Z_1}=\frac{\dot{U}_A}{Z_1+Z}$$

$$\dot{I}_B=\frac{\dot{U}_B-\dot{U}_{N'N}}{Z+Z_1}=\frac{\dot{U}_B}{Z_1+Z}$$

$$\dot{I}_C=\frac{\dot{U}_C-\dot{U}_{N'N}}{Z+Z_1}=\frac{\dot{U}_C}{Z_1+Z}$$

中性线的电流同样等于零，即

$$\dot{I}_N=\dot{I}_A+\dot{I}_B+\dot{I}_C=0$$

可以看出，中性线阻抗 Z_N 的大小不影响对称负载星形联结三相电路的分析计算——（Y接对称负载时）可以认为 Z_N 不起作用，可将其进行短路处理。

Y 接对称负载时，由于 $\dot{U}_{NN'}=0$，各相电流独立，彼此无关；又由于三相电源、三相负载对称，相电流对称，因此，只要分析计算三相电路中的一相即可，其他两相的电压、电流按对称关系就可写出。这就是对称三相电路归结为一相的计算方法，如图 8.15 所示。

对于其他联结方式的对称三相电路，可以根据星形和三角形的等效变换，化成对称的Y-Y三相电路，然后用归结为一相的计算方法。

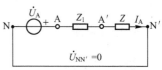

图 8.15 一相计算电路

8.2.2 不对称负载星形联结的三相电路

星形联结的负载不对称时，如图 8.16 所示，要分析计算每一相电路。

三相负载 Z_A、Z_B、Z_C 各不相同。

$$\dot{U}_{N'N}=\frac{\dot{U}_A/Z_A+\dot{U}_B/Z_B+\dot{U}_C/Z_C}{1/Z_A+1/Z_B+1/Z_C+1/Z_N}\neq0$$

负载各相电压（不相等）：

$$\dot{U}_{AN'} = \dot{U}_{AN} - \dot{U}_{N'N}$$

$$\dot{U}_{BN'} = \dot{U}_{BN} - \dot{U}_{N'N}$$

$$\dot{U}_{CN'} = \dot{U}_{CN} - \dot{U}_{N'N}$$

中性点位移：负载中性点与电源中性点不重合（电位不相等，$\dot{U}_{NN'} \neq 0$）。

在电源对称的情况下，可以根据中性点位移的情况来判断负载端不对称的程度。当中性点位移较大（$U_{NN'}$ 较大）时，会造成负载相电压严重不对称，使负载的工作状态不正常。

例 8.3 已知三相负载 R、L、C 为星形联结（图 8.17），三相线电压为

$$\dot{U}_{AB} = U_l \angle 0°$$

$$\dot{U}_{BC} = U_l \angle -120°$$

$$\dot{U}_{CA} = U_l \angle 120°$$

求：各相电流、各线电流及中性线电流。

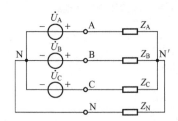

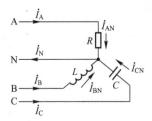

图 8.16 不对称负载星形联结的三相电路   图 8.17 不对称负载 R、L、C 星形联结的三相电路

解：各相电流=各线电流

$$\dot{I}_{AN} = \frac{\dot{U}_{AN}}{R} = \frac{U_P}{R} \angle -30°$$

$$\dot{I}_{BN} = \frac{\dot{U}_{BN}}{j\omega L} = \frac{U_P \angle -150°}{j\omega L} = \frac{U_P}{\omega L} \angle -240°$$

$$\dot{I}_{CN} = \frac{\dot{U}_{CN}}{-j\dfrac{1}{\omega C}} = \frac{U_P \angle 90°}{-j\dfrac{1}{\omega C}} = \frac{U_P}{\dfrac{1}{\omega C}} \angle 180°$$

中性线电流

$$\dot{I}_N = \dot{I}_A + \dot{I}_B + \dot{I}_C = \dot{I}_{AN} + \dot{I}_{BN} + \dot{I}_{CN} \neq 0$$

例 8.4 在例 8.2 中，（1）C 相负载短路，但中性线存在；（2）C 相负载短路且中性线又断开（图 8.18）时，试求负载上的相电压。

解：（1）此时，C 相短路电流很大，将 C 相中的熔断器熔断，而 A 相和 B 相未受影响，其相电压仍为 220V。

（2）此时负载中性点 N 即为 C，因此各相负载电压为

$$\dot{U}_{A'} = \dot{U}_{AC} = -\dot{U}_{CA} = 380 \angle -30° V$$

$$\dot{U}_{B'} = \dot{U}_{BC} = 380 \angle -90° V$$

$$\dot{U}_{C'} = 0$$

这种情况下，A 和 B 相负载所加的电压都超过额定电压 220V，这是不容许的。

例 8.5 在例 8.2 中，（1）C 相断开（开关断开），但中性线存在；（2）C 相断开而中性

线也断开时（图8.19），试求各相负载上的电压。

解：（1）A和B相未受影响，相电压和相电流不变。

（2）这时A相与B相负载的电流相同，为单相串联电路，接在线电压$\dot{U}_{12}$上。

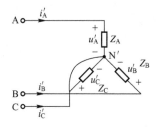

图8.18 例8.4的电路

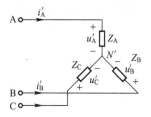

图8.19 例8.5的电路图

$$\dot{U}'_A = \frac{Z_A}{Z_A + Z_B}\dot{U}_{AB} = \frac{1210}{1210 + 605} \times 380\angle -30°\text{V} = 253.3\angle 30°\text{V}$$

$$\dot{U}'_B = \frac{-Z_B}{Z_A + Z_B}\dot{U}_{AB} = \frac{-605}{1210 + 605} \times 38\angle 30°\text{V} = 126.7\angle -150°\text{V}$$

此时A相相电压大于额定值，而B相相电压低于额定值，这也是不容许的。

从上面所举的几个例题可以看出：

1）负载不对称且无中性线时，负载的相电压就不对称，而且各相之间相互影响。有的负载相电压高于额定值，有的负载相电压低于额定电压，这是不容许的。三相负载的相电压必须对称，保证负载上相电压等于额定值。

2）中性线的作用就在于，使星形联结的不对称负载得到对称的相电压。要保证负载相电压对称，就不应让中性线断开。在中性线的干线内不接入熔断器或刀开关。

由于照明电路中各相负载不能保证完全对称，所以绝对不能采用三相三线制供电，而且必须保证零线可靠。

【练习与思考】

8.2.1 在图8.8所示的电路中，为什么中性线不接开关，也不接入熔断器？

8.2.2 为什么白炽灯开关要接在相线上？

8.2.3 三相电路中的对称电压（电流）中的对称与对称负载中的对称含义相同吗？

8.3 负载三角形联结的三相电路

负载三角形联结的三相电路可用图8.20a或图8.20b所示电路来表示。

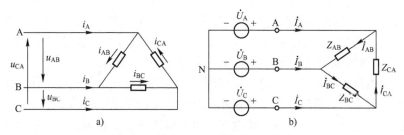

图8.20 负载三角形联结的三相电路

因为各相负载都直接接在相线上，所以负载的相电压等于电源的线电压，而与负载是否对称无关。其相电压总是对称的，即

$$U_{AB} = U_{BC} = U_{CA} = U_l = U_P \tag{8.10}$$

此时，负载的相电流与线电流是不同的。相电流分别为

$$\left.\begin{array}{l} \dot{I}_{AB} = \dfrac{\dot{U}_{AB}}{Z_{AB}} \\[2mm] \dot{I}_{BC} = \dfrac{\dot{U}_{BC}}{Z_{BC}} \\[2mm] \dot{I}_{CA} = \dfrac{\dot{U}_{CA}}{Z_{CA}} \end{array}\right\} \tag{8.11}$$

线电流可由 KCL 得出

$$\left.\begin{array}{l} \dot{I}_A = \dot{I}_{AB} - \dot{I}_{CA} \\ \dot{I}_B = \dot{I}_{BC} - \dot{I}_{AB} \\ \dot{I}_C = \dot{I}_{CA} - \dot{I}_{BC} \end{array}\right\} \tag{8.12}$$

如果负载对称，即

$$Z_{AB} = Z_{BC} = Z_{CA} = Z$$

则负载的相电流也对称，只需求出 $\dot{I}_{AB}$，可直接写出 $\dot{I}_{BC}$ 和 $\dot{I}_{CA}$。

此时负载对称时线电流与相电流的关系可从式（8.12）作出的相量图（图 8.21）看出。显然线电流也是对称的，在相位上较相电流滞后 30°。而线电流也是相电流有效值的 $\sqrt{3}$ 倍，即

$$I_l = \sqrt{3}I_P \tag{8.13}$$

（△接对称负载的）相电流、线电流关系用相量式也可表示为

$$\dot{I}_A = \dot{I}_{AB} - \dot{I}_{CA} = \sqrt{3}I_P\angle(-\varphi-30°) = \sqrt{3}\dot{I}_{AB}\angle-30°$$
$$\dot{I}_B = \dot{I}_{BC} - \dot{I}_{AB} = \sqrt{3}I_P\angle(-\varphi-150°) = \sqrt{3}\dot{I}_{BC}\angle-30° \tag{8.14}$$
$$\dot{I}_C = \dot{I}_{CA} - \dot{I}_{BC} = \sqrt{3}I_P\angle(-\varphi+90°) = \sqrt{3}\dot{I}_{CA}\angle-30°$$

若负载不对称，线电流、相电流均不对称，各相电流需分别算出。

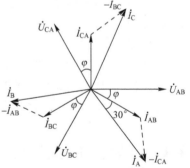

图 8.21　对称负载三角形联结时电压与电流的相量图

例 8.6　有一台三相异步电动机（三相对称负载），当电源线电压为 220V 时，采用三角形联结，电动机额定电流为 11.18A；当电源线电压为 380V 时，采用星形联结，电动机额定电流为 6.47A。请解释为何电压大时电流小，而电压小时电流大。

解：对于三相负载而言，其额定电压或额定电流为线电压或线电流。因为线电压或线电流较相电压或相电流便于测量。但计算三相电路时，不论是星形联结还是三角形联结，都要从相上开始计算，因为只有相电流、相电压与阻抗间才满足欧姆定律，而线电流、线电压与

阻抗间不满足欧姆定律。即 $\dot{U} = Z\dot{I}$ 中的 $\dot{U}$、$\dot{I}$ 只能是相电压和相应相的相电流。线电压为 220V 三角形联结时，相电压也是 220V，虽然线电流为 11.8A，但相电流为 $11.18/\sqrt{3}\text{A} = 6.47\text{A}$；线电压为 380V 星形联结时，其相电压也是 220V，相电流是 6.47A，线电流也是 6.47A。也就是说，相电压都是 220V，相电流都是 6.47A，完全一致。

例 8.7 线电压为 380V 的三相电源上接有两组对称负载：一组三角形联结的负载阻抗 $Z_\triangle = \text{j}38\Omega$；另一组星形联结的负载阻抗 $R_\text{Y} = 220\Omega$，如图 8.22 所示。试求：（1）各组负载的相电流；（2）电路线电流。

解：设线电压 $\dot{U}_\text{AB} = 380\angle30°\text{V}$，则相电压为 $\dot{U}_\text{A} = 220\angle0°\text{V}$

（1）由于两组负载对称，故只计算一相即可。

三角形负载 AB 相的电流为

$$\dot{I}_\text{AB\triangle} = \frac{\dot{U}_\text{AB}}{Z_\triangle} = \frac{380\angle30°}{\text{j}38}\text{A} = 10\angle-60°\text{A}$$

星形负载 A 相的相电流即为 A 相的相线电流

$$\dot{I}_\text{AY} = \frac{\dot{U}_\text{A}}{R_\text{Y}} = \frac{220\angle0°}{22}\text{A} = 10\text{A}$$

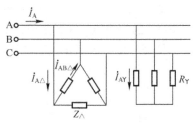

图 8.22 例 8.7 的电路

（2）先求三角形负载的线电流 $\dot{I}_\text{1\triangle}$，由对称三角形负载的线电流、相电流关系可得

$$\dot{I}_\text{A\triangle} = 10\sqrt{3}\angle(-60°-30°)\text{A} = 10\angle-90°\text{A}$$

用相量形式的 KCL 得电路线电流

$$\dot{I}_\text{A} = \dot{I}_\text{A\triangle} + \dot{I}_\text{AY} = (10\sqrt{3}\angle-90°+10)\text{A} = 20\angle-60°\text{A}$$

电路的线电流也对称。

8.4 三相电路的功率

将正弦交流电路的功率应用到三相电路即可。不论负载如何联结，三相电路总有功功率等于各相有功功率之和，三相电路总无功功率等于各个无功功率之和。即

有功功率：$\qquad\qquad P = P_\text{A} + P_\text{B} + P_\text{C}$

无功功率：$\qquad\qquad Q = Q_\text{A} + Q_\text{B} + Q_\text{C}$

如果负载是对称的，则每相有功功率都相等。因此三相总有功功率是各相有功功率的三倍。

设 $\qquad\qquad u_\text{A} = \sqrt{2}U\cos\omega t \qquad i_\text{A} = \sqrt{2}I\cos(\omega t - \varphi)$

$$p_\text{A} = u_\text{A}i_\text{A} = 2UI\cos\omega t\cos(\omega t - \varphi)$$
$$= UI[\cos\varphi + \cos(2\omega t - \varphi)]$$
$$p_\text{B} = u_\text{B}i_\text{B} = UI\cos\varphi + UI\cos[(2\omega t - 240°) - \varphi]$$
$$p_\text{C} = u_\text{c}i_\text{c} = UI\cos\varphi + UI\cos[(2\omega t + 240°) - \varphi]$$
$$P = p = p_\text{A} + p_\text{B} + p_\text{C} = 3UI\cos\varphi = 3P_\text{P} = 3U_\text{p}I_\text{p}\cos\varphi \qquad (8.15)$$

式中，φ 角是某相相电压超前该相相电流的角度，即阻抗的阻抗角。

当对称负载星形联结时，

$$U_l = \sqrt{3} U_p, I_l = I_p$$

当对称负载三角形联结时，

$$U_l = U_p, I_l = \sqrt{3} I_p$$

将上述关系代入式（8.15）

$$P = \sqrt{3} U_l I_l \cos\varphi \tag{8.16}$$

但是，φ 角仍与式（8.15）中相同。

式（8.15）和式（8.16）都可用来计算对称负载的三相有功功率，但大多采用式（8.16），因为线电压和线电流的数值更容易测量出来。

同理，可得出三相无功功率和视在功率

$$Q = 3 U_p I_p \sin\varphi = \sqrt{3} U_l I_l \sin\varphi \tag{8.17}$$

$$S = 3 U_p I_p = \sqrt{3} U_l I_l \tag{8.18}$$

例 8.8 有一三相电动机，每相等效阻抗 Z=（29+j21.8），绕组为星形联结于线电压 $U = 380\text{V}$ 的三相电源上。试求电动机的相电压、线电压以及从电源输入的功率。

解：

$$I_p = \frac{U_p}{|Z|} = \frac{220}{\sqrt{29^2 + 21.8^2}}\text{A} = 6.1\text{A}$$

$$I_l = I_p = 6.1\text{A}$$

$$P = \sqrt{3} U_l I_l \cos\varphi = \sqrt{3} \times 380 \times 6.1 \times \frac{29}{\sqrt{29^2 + 21.8^2}}\text{W}$$

$$= \sqrt{3} \times 380 \times 6.1 \times 0.8\text{W} = 3200\text{W} = 3.2\text{kW}$$

例 8.9 图 8.23 所示的电路中，$U_l = 380\text{V}$，三相对称负载星形联结，求负载每相阻抗 Z。

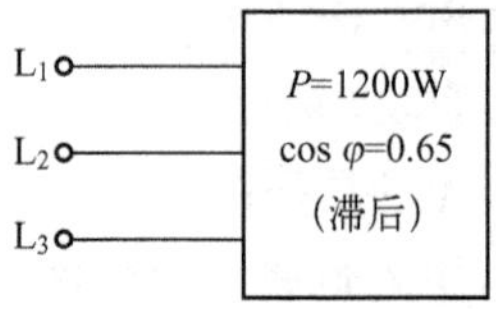

解： 因为是三相对称负载，则

$$I_l = \frac{P}{\sqrt{3} U_l \cos\varphi} = \frac{1200}{\sqrt{3} \times 380 \times 0.65}\text{A} = 2.80\text{A}$$

$$I_p = I_l = 2.80\text{A}$$

$$U_p = \frac{U_l}{\sqrt{3}} = \frac{380}{\sqrt{3}}\text{V} = 220\text{V}$$

图 8.23 例 8.9 的图

$\cos\varphi = 0.65$（滞后），负载是感性负载，$\varphi = \arccos 0.65 = 49.5°$

$$Z = |Z| \angle\varphi = \frac{U_p}{I_p} \angle\varphi = \frac{220}{2.8} \angle 49.5°\Omega = 78.6 \angle 49.5°\Omega$$

三相功率的测量：

1. 三表法

三相四线制接法，用三个功率表测量，如图 8.24 所示。

三相总功率为三个功率表测得数据的总和。

$$p = u_A i_A + u_B i_B + u_C i_C$$

三相总功率：
$$P = P_A + P_B + P_C$$

若负载对称，则只需一块功率表——功率表读数乘以 3 即总功率。

2. 二表法

三相三线制的电路中，用二表法测功率，如图 8.25 所示。

三相总功率等于两表测得数据之和。

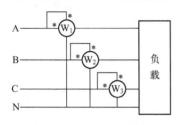

图 8.24　三表法测量三相功率

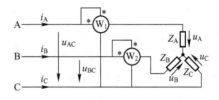

图 8.25　二表法测量三相功率

两表法测量功率的原理：

由
$$i_C = -i_A - i_B$$

可得

$$
\begin{aligned}
p &= u_A i_A + u_B i_B + u_C i_C \\
  &= i_A (u_A - u_C) + i_B (u_B - u_C) \\
  &= i_A u_{AC} + i_B u_{BC}
\end{aligned}
$$

$$P = U_{AC} I_A \cos\varphi_1 + U_{BC} I_B \cos\varphi_2 = P_1 + P_2$$

式中，φ_1 是 u_{AC} 与 i_A 的相位差；φ_2 是 u_{BC} 与 i_B 的相位差。

（注：△联结的负载可以变为丫联结，故上述结论仍成立。）

结论：三相总功率等于两表测得数据之和。单个功率表的读数没有意义。

实验用的三相功率表实际上就是根据"二表法"的原理设计的。

例 8.10　图 8.26 所示的电路中，已知电动机的功率为 2.5kW，电动机的功率因数 $\cos\varphi = 0.866$（滞后），电源的线电压为 380V，各相对称。电动机为星形联结，N 为其中性点。

求：功率表 W_1、W_2 的读数。

解：（1）求电流大小

$$\because P = \sqrt{3} U_l I_l$$

$$\therefore I_l = \frac{P}{\sqrt{3} U_l \cos\varphi} = \frac{2.5 \times 10^3}{\sqrt{3} \times 380 \times 0.866} \text{A} = 4.386 \text{A}$$

（2）求电流、电压的相位关系

设：$\dot{U}_A = 220\angle 0° \text{V}$

$\dot{U}_{AB} = 380\angle 30° \text{V}$

则：$\dot{U}_{BC} = 380\angle -90° \text{V}$

$$\dot{U}_{CB} = 380\angle 90°\text{V}$$

$\because \quad \cos\varphi = 0.866$

$\therefore \quad \varphi = 30°$

$\therefore \quad \dot{I}_A = 4.386\angle -30°\text{A}$

$\dot{I}_A$、$\dot{U}_{AB}$ 的相位差 $\varphi_1 = 60°$

$\therefore P_1 = U_{AB}I_A\cos\varphi_1 = 380\times 4.386\times\cos 60°\text{W} = 833.3\text{W}$

故功率表 W_1 的读数为 833.3W。

同理可得

$$\dot{I}_C = 4.386\angle 90°\text{A}$$

$\dot{I}_C$、$\dot{U}_{CB}$ 的相位差 $\varphi_2 = 0°$

$\therefore P_2 = U_{CB}I_C\cos\varphi_2 = 380\times 4.386\times\cos 0°\text{W} = 1666.7\text{W}$

故功率表 W_2 的读数为 1666.7W

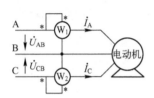

图 8.26　例 8.10 的图

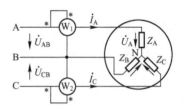

图 8.27　例 8.10 中有关电流、电压参考方向的图

【练习与思考】

8.4.1　不对称负载能否用 $P = \sqrt{3}U_l I_l\cos\varphi$、$Q = \sqrt{3}U_l I_l\sin\varphi$ 和 $S = \sqrt{3}U_l I_l$ 来计算三相总有功功率、三相无功功率和视在功率？　如果已知各相电路的有功功率分别为 P_1、P_2 和 P_3，求三相总有功功率。

8.4.2　$P_p = U_p I_p\cos\varphi$ 中的 φ 是某相电压超前对应相电流的角度，那么 $P = \sqrt{3}U_l I_l\cos\varphi$ 中的 φ 可以认为是某线电压超前对应线电流的角度吗？

本章小结

本章在介绍三相电源的基础上，分析了负载星形联结和三角形联结的三相电路的电压、电流和各种功率。应重点掌握对称三相电路的分析，了解不对称三相电路的分析。

主要知识点：

1）电源星形联结时，线电压、相电压及其关系（$\sqrt{3}$ 倍，30°角），对称电压或电流的特点。

2）负载星形联结三相四线制电路的分析，负载对称时三相三线制电路的分析。

3）负载三角形联结三相电路的分析，特别是负载对称时，线电流、相电流（$\sqrt{3}$ 倍，30°角）的关系。

4）对称三相负载中，三相有功功率、三相无功功率和三相视在功率的线电压、线电流的关系式。

习题

8.1 有一个三相对称负载，其每相的复阻抗 $Z=(8+j6)\Omega$，如果将负载分别联结成星形和三角形接于线电压 $U_l = 380V$ 的三相电源上，试分别求两种情况下的相电压、相电流及线电流。

8.2 三相四线制电路中，电源线电压 $U_l = 380V$，三个电阻性负载接成星形，其电阻为 $R_1 = 11\Omega, R_2 = R_3 = 22\Omega$。

（1）试求负载相电压、相电流及中性线电流，并作出它们的相量图；

（2）如无中性线，求负载相电压及中性点电压（用结点电压公式）；

（3）如无中性线，当 L_1 相短路时，求各相电压和电流，并作出它们的相量图；

（4）如无中性线，当 L_3 相断开时，求另外两相的电压和电流；

（5）在（3）和（4）中有中性线则如何？

8.3 有一次某楼的白炽灯发生故障，第二层和第三层楼的所有白炽灯突然都暗淡下来，而第一层的白炽灯亮度未变，试问这是什么原因？这楼的白炽灯是如何联结的？同时又发现第三层的白炽灯比第二层楼的还要暗些，这又是什么原因？画出电路图。

8.4 图 8.28 所示的三相四线制电路中，电源线电压为 380V，接有对称星形联结的白炽灯负载，其总功率为 180W。此外，在 L_3 相上接有额定电压为 220V、功率为 40W、功率因数 $\cos\varphi = 0.5$ 的荧光灯一只。试求电流 $\dot{I}_A$、$\dot{I}_B$、$\dot{I}_C$ 及 $\dot{I}_N$，设 $\dot{U}_A = 220\angle0°V$。

8.5 在线电压为 380V 的三相电源上，接有两组对称负载，如图 8.29 所示，试求线路电流 I 及三相总有功功率。

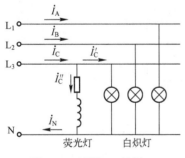

图 8.28 习题 8.4 的图

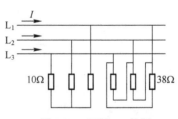

图 8.29 习题 8.5 的图

8.6 图 8.30 所示的电路中，电源线电压 $U_l = 380V$，则：（1）图中各相负载的阻抗模都等于 10Ω，是否可以说负载是对称的？（2）试求各相电流及中性线电流。（3）试求三相有功功率和三相无功功率。

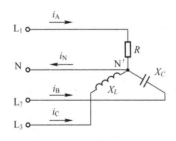

图 8.30 习题 8.6 的图

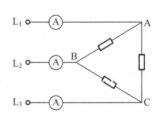

图 8.31 习题 8.7 的图

8.7　图 8.31 中，对称负载接成三角形，已知电源电压 $U_l = 220\text{V}$，电流表读数 $I_l = 17.3\text{A}$，三相有功功率 $P = 4.5\text{kW}$，试求：（1）每相负载的阻抗（假设是感性负载）；（2）当 L_1、L_2 相断开时，图中各电流表的读数和三相总有功功率；（3）当 L_1 相断开时，图中各电流表的读数和三相总有功功率 P。

8.8　图 8.23 所示的电路中，$U_l = 380\text{V}$，三相对称负载三角形联结，求负载每相阻抗。

8.9　图 8.32 所示电路中，假定三相电动机是星形对称负载，$U_{\text{A'B'}} = 380\text{V}$，三相电动机吸收的功率为 1.4kW，其功率因数 $\cos\varphi = 0.866$，$Z_1 = -\text{j}55\Omega$。求 U_{AB} 和电源端的功率因数 $\cos'\varphi$。

8.10　对称三相电路如图 8.33 所示，每相阻抗 $Z = 38 + \text{j}22\Omega$，星形联结于线电压 $U = 380\text{V}$ 的三相电源上。试求两个功率表的读数。

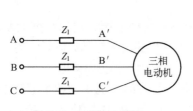

图 8.32　习题 8.9 的图

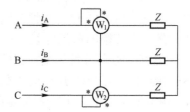

图 8.33　习题 8.10 的图

8.11　对称三相电路如图 8.34 所示，已知 $Z_L = 2.236\angle63.435°\Omega$，$Z = 30\angle60°\Omega$，$\dot{U}_{\text{A'B'}} = 143.16\angle0°\text{V}$，求 U_{AB} 及 I_{A}。

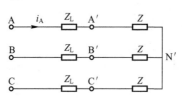

图 8.34　习题 8.11 的图

第9章 非正弦周期电流电路

本章介绍应用傅里叶级数和叠加定理分析非正弦周期电流电路的方法，给出计算非正弦周期电流和电压有效值、平均值以及平均功率的公式，并简要介绍非正弦周期信号频谱的概念。

9.1 非正弦周期信号

在前面的章节中，我们讨论了直流电路和正弦交流电路以及它们的分析方法，在实际工程中还存在非正弦周期电流电路，这种电路中的电流和电压是非正弦的周期信号。

如果一个电路中有直流电源和正弦电源共同作用时，一般情况下，电路中的电流既不是直流也不是正弦电流，而是非正弦周期电流。若电路是线性的，便可应用叠加定理分别计算直流电源和正弦电源的响应，再把它们的瞬时值相加，得到由直流量和正弦量合成的非正弦周期电流或电压。当一个电路中有几个不同频率的正弦电源共同作用时，也适用同样的方法。

其次，有些电路中电源本身就是非正弦的周期信号。例如电源电压的变化规律为方波或锯齿波（图 9.1），此时其响应一般也是非正弦周期函数。为了求出这种响应，可将给定的电源电压或电流分解为傅里叶级数，其中包含恒定分量和一系列频率不同的正弦分量，相当于有一个直流电源和多个正弦电源同时作用于电路。这便和上述情况一样，可应用叠加定理计算电路的响应。

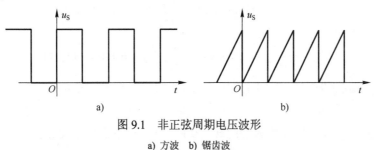

图 9.1 非正弦周期电压波形

a) 方波 b) 锯齿波

再次，当一个电路中含有非线性元件时，即使激励是正弦的，其响应一般也是非正弦周期信号。例如图 9.2 所示电路中，输入电压 u_i 是正弦波，由于半导体二极管具有单向导电性，其输出电压 u_o 成为具有单向性的非正弦周期电压。

最后要指出的是，前面章节中的直流电源和正弦交流电源都是理想的电路元件，而工程中应用的某些直流电源和正弦交流电源，严格地说，是在一定条件下近似的直流电源和正弦交流电源。例如通过正弦波整流而形成的直流波形，尽管可使用某些措施使其波形尽量平直，但仍不可避免地存在周期性的起伏，即所谓的纹波。又如由发电机产生的正弦电压，其波形难以做到为理想的正弦波，总是存在一定的畸变，严格地说应该是非正弦周期电压。因此在研究实际电路时，尽管电源是直流或正弦的电源，也要考虑纹波或畸变的影响，即应建立非正弦周期电流、电压模型进行分析。

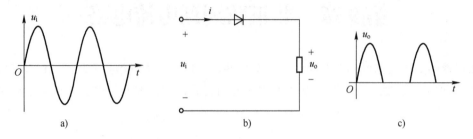

图 9.2   二极管整流电路及输入（正弦）、输出（非正弦）周期电压

9.2   非正弦周期信号的谐波分析

工程中遇到的周期函数 $f(t)$ 总可以分解为如下的傅里叶级数：

$$f(t) = A_0 + \sum_{k=1}^{\infty}\left(a_k \cos k\omega t + b_k \sin k\omega t\right) \tag{9.1}$$

式中，$\omega = 2\pi/T$ 是角频率，T 是 $f(t)$ 的周期；A_0、a_k、b_k 为傅里叶系数，其中 A_0 就是函数 $f(t)$ 在一个周期内的平均值：

$$A_0 = \frac{1}{T}\int_0^T f(t)\mathrm{d}t = \frac{1}{2\pi}\int_0^{2\pi} f(\omega t)\mathrm{d}(\omega t) \tag{9.2}$$

而 a_k、b_k 分别为

$$a_k = \frac{2}{T}\int_0^T f(t)\cos k\omega t\mathrm{d}t = \frac{1}{\pi}\int_0^{2\pi} f(\omega t)\cos k\omega t\mathrm{d}(\omega t) \tag{9.3}$$

$$b_k = \frac{2}{T}\int_0^T f(t)\sin k\omega t\mathrm{d}t = \frac{1}{\pi}\int_0^{2\pi} f(\omega t)\sin k\omega t\mathrm{d}(\omega t) \tag{9.4}$$

将式（9.2）、式（9.3）、式（9.4）代入式（9.1），即得到周期函数 $f(t)$ 的傅里叶级数展开式。

在数学分析中，傅里叶级数通常用式（9.1）表示。下面将它变换为在电工中更为适用的形式。

设

$$a_k = A_{km}\cos\varphi_k \tag{9.5}$$

$$b_k = -A_{km}\sin\varphi_k \tag{9.6}$$

将其代入式（9.1），则式（9.1）变换为

$$f(t) = A_0 + \sum_{k=1}^{\infty} A_{km}\cos\left(k\omega t + \varphi_k\right) \tag{9.7}$$

其中 $A_{km}\cos\varphi_k \cos k\omega t - A_{km}\sin\varphi_k \sin k\omega t = A_{km}\cos\left(k\omega t + \varphi_k\right)$

式中，A_{km} 和 φ_k 可由式（9.5）、式（9.6）求得，即

$$A_{km} = \sqrt{a_k^2 + b_k^2} \tag{9.8}$$

$$\varphi_k = \arctan \frac{-b_k}{a_k} \tag{9.9}$$

傅里叶级数中的 A_0 是常量，称为恒定分量或直流分量。第二项 $A_{1m}\cos(\omega t + \varphi_1)$ 是正弦量，其频率与原周期函数 $f(t)$ 的频率相同，称为基波或一次谐波，A_{1m} 和 φ_1 分别为基波的幅值和初相位。第三项 $A_{2m}\cos(2\omega t + \varphi_2)$ 也是正弦量，但其频率为基波的两倍，称为二次谐波。依此类推，有三次谐波、四次谐波，等等。除恒定分量和基波外，其余各次谐波统称为高次谐波。由于傅里叶级数是收敛的，一般来说其谐波次数越高，幅值越小。

谐波幅值 A_{km} 随角频率 $k\omega$ 变化的情况可用图形表示（图9.3），称为非正弦函数的幅值频谱。图中竖线长度表示 A_{km} 的数值，称为谱线。相邻两根谱线的间隔等于基波角频率 ω。这种谱线间具有一定间隔的频谱称为离散频谱。

同样可以画出相位频谱，用以表示各次谐波初相位 φ_k 随角频率 $k\omega$ 变化的情况。这种将周期函数分解为恒定分量和各次谐波分量的做法称为谐波分析。表 9.1 中给出了几种常见周期函数的傅里叶级数，在进行谐波分析时可以参考、使用。

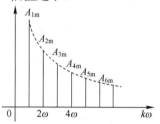

图 9.3　幅值频谱

表 9.1　一些常用函数的傅里叶级数

$f(t)$的波形图	$f(t)$分解为傅里叶级数	A（有效值）	A_{m}（平均值）
	$f(t) = A_{\mathrm{m}}\cos(\omega_1 t)$	$\dfrac{A_m}{\sqrt{2}}$	$\dfrac{2A_{\mathrm{m}}}{\pi}$
	$f(t) = \dfrac{4A_{\max}}{a\pi}\Big[\sin a(\omega_1 t)$ $+ \dfrac{1}{9}\sin(3a)\sin(3\omega_1 t) +$ $\dfrac{1}{25}\sin(5a)\sin(5\omega_1 t) + \cdots +$ $\dfrac{1}{k^2}a\sin(ka)\sin(k\omega_1 t) + \cdots\Big]$ （式中，$a = \dfrac{2\pi d}{T}$，k 为奇数）	$A_{\max}\sqrt{1 - \dfrac{4a}{3\pi}}$	$A_{\max}\left(1 - \dfrac{a}{\pi}\right)$
	$f(t) = A_{\max}\Big\{\dfrac{1}{2} - \dfrac{1}{\pi}$ $\Big[\sin(\omega_1 t) + \dfrac{1}{2}\sin(2\omega_1 t) +$ $\dfrac{1}{3}\sin(3\omega_1 t) - \cdots\Big]$	$\dfrac{A_{\max}}{\sqrt{3}}$	$\dfrac{A_{\max}}{2}$

$f(t)$的波形图	$f(t)$分解为傅里叶级数	A（有效值）	A_m（平均值）
	$f(t) - A_\max \left\{ a + \dfrac{2}{\pi}\left[\sin(a\pi)\right.\right.$ $\cdot\cos(\omega_1 t) + \dfrac{1}{2}\sin(2a\pi)$ $\cdot\cos(2\omega_1 t) + \dfrac{1}{3}\sin(3a\pi)$ $\left.\left.\cdot\cos(3\omega_1 t) + \cdots\right]\right\}$	$\sqrt{a}\,A_\max$	$a A_\max$
	$f(t) = \dfrac{8 A_\max}{\pi^2}\left[\sin(\omega_1 t) - \dfrac{1}{9}\right.$ $\sin(3\omega_1 t) + \dfrac{1}{25}\sin(5\omega_1 t) - \cdots$ $\left. + \dfrac{(-1)^{\frac{k-1}{2}}}{k^2}\sin(k\omega_1 t) + \cdots\right]$ （k 为奇数）	$\dfrac{A_\max}{\sqrt{3}}$	$\dfrac{A_\max}{2}$
	$f(t) = \dfrac{4 A_\max}{\pi}\left[\sin(\omega_1 t) - \right.$ $\dfrac{1}{3}\sin(3\omega_1 t) + \dfrac{1}{5}\sin(5\omega_1 t)$ $\left. + \cdots + \dfrac{1}{k}\sin(k\omega_1 t) + \cdots\right]$ （k 为奇数）	$A_\max$	$A_\max$
	$f(t) = \dfrac{4 A_\mathrm{m}}{\pi}\left[\dfrac{1}{2} + \dfrac{1}{1\times 3}\right.$ $\cos(2\omega_1 t) - \dfrac{1}{3\times 5}\cos(4\omega_1 t)$ $\left. + \dfrac{1}{5\times 7}\cos(6\omega_1 t) - \cdots\right]$	$\dfrac{A_\mathrm{m}}{\sqrt{2}}$	$\dfrac{2 A_\mathrm{m}}{\pi}$

 傅里叶级数的系数决定于周期函数的波形。通过观察波形的某些对称性，可以判断哪些系数存在，哪些系数为零，同时还能够简化求系数的运算。下面讨论三种常见的对称性。

 1）若函数 $f(t)$ 为奇函数，即 $f(t) = -f(-t)$，此时函数的波形关于原点对称（图 9.4），则傅里叶级数中式（9.1）只含有正弦项，不含恒定分量和余弦项，即

$$A_0 = 0 , \quad a_k = 0$$

 这是因为恒定分量和余弦项都是偶函数，不符合给定条件。也可根据式（9.2）、式（9.3）、式（9.4）来证明。

 2）若函数 $f(t)$ 为偶函数，即 $f(t) = f(-t)$，此时函数波形关于纵轴对称（图 9.5），则傅里叶级数中只含有恒定分量（当 $A_0 \neq 0$ 时）和余弦项，而没有正弦项，即

$$b_k = 0$$

 这是因为正弦项都是奇函数，不符合给定条件。当然也可以根据式（9.2）、式（9.3）、式（9.4）来证明。

 3）若函数 $f(t)$ 上、下半波镜像对称，即 $f(t) = -f(t \pm T/2)$（图 9.6），则傅里叶级数中只含奇次谐波，即

$$a_{2k} = b_{2k} = 0$$

证明略。

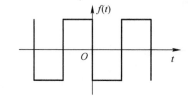

图 9.4 奇函数的例子

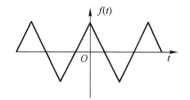

图 9.5 偶函数的例子

表 9.1 中的矩形波、三角波和梯形波都是奇函数，因此它们的傅里叶级数中只含正弦项；而脉冲信号和正弦全波整流波形都是偶函数，故只含有恒定分量和余弦项。但应注意：是奇函数还是偶函数，不仅与波形有关，还与时间轴坐标原点的选择有关。函数上、下半波镜像对称与时间轴坐标原点的选择无关，决定于函数本身的性质。表 9.1 中矩形波、三角波和梯形波除了关于原点对称外，还具有上、下半波镜像对称的性质，因而其傅里叶级数中只含有奇次谐波。

从表 9.1 中还可以看到傅里叶级数的收敛速度与波形的关系。表中前三个函数都有不连续的点，它们谐波分量的幅值按照与 k 成反比的规律减小；而后四个函数是连续的，但它们的一阶导数都存在不连续的点，它们谐波分量的幅值按照与 k^2 成反比的规律减小。可以粗略地说，波形越平滑，谐波幅值衰减越快。掌握这一规律有助于根据给定的波形判断其频谱的形式，也可以根据给定频谱判断波形的平滑程度。

例 9.1 求图 9.7 所示周期性方波的傅里叶展开式。

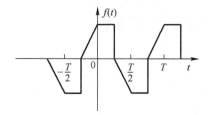

图 9.6 奇谐波函数的例子

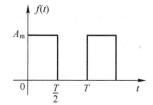

图 9.7 例 9.1 的图

解： 首先写出给定波形在一个周期内的表达式：

$$f(t) = \begin{cases} A, & 0 < t \leqslant T/2 \\ 0, & T/2 < t \leqslant T \end{cases}$$

根据式（9.2）、式（9.3）和式（9.4）求 A_0、a_k 和 b_k：

$$A_0 = \frac{1}{T} \int_0^{T/2} A\mathrm{d}t = \frac{A}{2}$$

$$a_k = \frac{2}{T} \int_0^{T/2} A \cos k\omega t \mathrm{d}t = \frac{2A}{k\omega T} \sin k\omega t \bigg|_0^{T/2} = 0$$

$$b_k = \frac{2}{T} \int_0^{T} A \sin k\omega t \mathrm{d}t = \frac{2A}{k\omega T} (-\cos k\omega t) \bigg|_0^{T/2}$$

$$= \frac{A}{k\pi}(1 - \cos k\pi) = \begin{cases} \dfrac{2A}{k\pi}, k = 1,3,5,\cdots \\ 0, k = 2,4,6,\cdots \end{cases}$$

$$A_{km} = \sqrt{a_k^2 + b_k^2} = b_k , \quad \varphi_k = \arctan \frac{-b_k}{a_k} = -90°$$

于是得到：

$$f(t) = \frac{A}{2} + \frac{2A}{\pi}\left[\cos(\omega t - 90°) + \frac{1}{3}\cos(3\omega t - 90°) + \frac{1}{5}\cos(5\omega t - 90°) + \cdots\right]$$

这一方波的幅值频谱和相位频谱如图 9.8 所示。

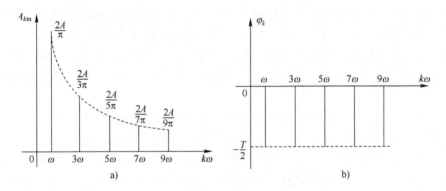

图 9.8   周期方波的幅值频谱和相位频谱

9.3   非正弦周期信号的有效值、平均值和平均功率

1. 有效值

本书第 6 章中已讨论了有效值的概念，可知任一周期电流的有效值为

$$I = \sqrt{\frac{1}{T}\int_0^T i^2 \mathrm{d}t}$$

若

$$i(t) = I_0 + \sum_{k=1}^{\infty} I_{km}\cos(k\omega t + \varphi_k)$$

则其有效值

$$I = \sqrt{\frac{1}{T}\int_0^T i^2(t)\mathrm{d}t} = \sqrt{\frac{1}{T}\int_0^T\left[I_0 + \sum_{k=1}^{\infty} I_{km}\cos(k\omega t + \varphi_k)\right]^2\mathrm{d}t} \tag{9.10}$$

将式（9.10）方括号的平方展开，将得到下列四种类型的积分，其积分结果分别为

$$\frac{1}{T}\int_0^T I_0^2\mathrm{d}t = I_0^2 \tag{9.11}$$

$$\frac{1}{T}\int_0^T \sum_{k=1}^{\infty} I_{km}^2\cos^2(k\omega t + \varphi_k)\mathrm{d}t = \sum_{k=1}^{\infty}\frac{1}{2}I_{km}^2 \tag{9.12}$$

$$\frac{1}{T}\int_0^T I_0 \sum_{k=1}^{\infty} I_{km}\cos\left(k\omega t+\varphi_k\right)\mathrm{d}t=0 \tag{9.13}$$

$$\frac{1}{T}\int_0^T \sum_{k=1}^{\infty}\sum_{k'=1}^{\infty} I_{km}I_{k'm}\cos\left(k\omega t+\varphi_k\right)\cos\left(k'\omega t+\varphi_{k'}\right)\mathrm{d}t=0\,,\quad k\neq k' \tag{9.14}$$

其中式（9.14）等于零是由于三角函数的正交性。将以上四式代入式（9.10）得

$$I=\sqrt{I_0^2+\sum_{k=1}^{\infty}\frac{1}{2}I_{km}^2}=\sqrt{I_0^2+I_1^2+I_2^2+\cdots} \tag{9.15}$$

式中，$I_1=\dfrac{I_{1m}}{\sqrt{2}}$，$I_2=\dfrac{I_{2m}}{\sqrt{2}}$，…分别为一次谐波、二次谐波、…的有效值。这是因为各谐波都是正弦量，它们的有效值是幅值的 $1/\sqrt{2}$。

式（9.15）表明，任意周期量的有效值等于它的恒定分量的平方与各次谐波分量有效值的平方之和的平方根。

例 9.2 已知周期电流 $i=\left[1+0.89\cos\left(\omega t+60°\right)+0.63\cos\left(2\omega t-20°\right)\right]\mathrm{A}$，求其有效值。

解： 根据式（9.15）得电流 i 的有效值为

$$I=\sqrt{1^2+\frac{0.89^2}{2}+\frac{0.63^2}{2}}\,\mathrm{A}=1.26\mathrm{A}$$

2．平均值

在实践中还用到平均值的概念，以电流 i 为例，其平均值定义为

$$I_{\mathrm{av}}=\frac{1}{T}\int_0^T |i|\mathrm{d}t \tag{9.16}$$

按式（9.16）可求得正弦电流 i 的平均值为

$$I_{\mathrm{av}}=\frac{1}{T}\int_0^T |I_{\mathrm{m}}\cos(\omega t)|\mathrm{d}t=\frac{4I_{\mathrm{m}}}{T}\int_0^{\frac{T}{4}}\cos(\omega t)\mathrm{d}t$$

$$=\frac{4I_{\mathrm{m}}}{\omega T}\left[\sin(\omega t)\right]_0^{\frac{T}{4}}=0.637I_{\mathrm{m}}=0.898I$$

它相当于正弦电流经全波整流后的平均值（图 9.9），这是因为取电流的绝对值相当于把负半周的值变为对应的正值。

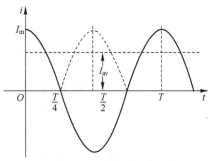

图 9.9　正弦电流 i 的平均值

对于非正弦周期电流，用直流仪表测量时，测得的结果是非正弦周期电流的恒定分量；用电磁系仪表测得的结果是非正弦周期电流的有效值；而用全波整流仪表测量时，测得的结果是非正弦周期电流的平均值。

3．平均功率

设一端口网络的端口非正弦周期电压、电流取关联参考方向，分别为

$$u=U_0+\sum_{k=1}^{\infty} U_{km}\cos\left(k\omega t+\varphi_{ku}\right) \tag{9.17}$$

$$i = I_0 + \sum_{k=1}^{\infty} I_{km} \cos(k\omega t + \varphi_{ki}) \tag{9.18}$$

则其平均功率为

$$P = \frac{1}{T} \int_0^T ui\mathrm{d}t \tag{9.19}$$

将式（9.17）、式（9.18）代入式（9.19），得

$$\begin{aligned} P = &\frac{1}{T}\int_0^T U_0 I_0 \mathrm{d}t + \frac{1}{T}\int_0^T U_0 \sum_{k=1}^{\infty} I_{km}\cos(k\omega t + \varphi_{ki})\mathrm{d}t \\ &+ \frac{1}{T}\int_0^T I_0 \sum_{k=1}^{\infty} U_{km}\cos(k\omega t + \varphi_{ku})\mathrm{d}t \\ &+ \frac{1}{T}\int_0^T \sum_{k=1}^{\infty}\sum_{k'=1}^{\infty} U_{km} I_{k'm}\cos(k\omega t + \varphi_{ku})\cos(k'\omega t + \varphi_{k'i})\mathrm{d}t \\ &+ \frac{1}{T}\int_0^T \sum_{k=1}^{\infty} U_{km} I_{km}\cos(k\omega t + \varphi_{ku})\cos(k\omega t + \varphi_{ki})\mathrm{d}t \end{aligned} \tag{9.20}$$

式（9.20）等号右端第一项积分为

$$P_0 = U_0 I_0 \tag{9.21}$$

P_0 为恒定分量产生的平均功率。由于三角函数的正交性，式（9.20）等号右端第二、三、四项积分都为零，最后一项是两个同频正弦量乘积的积分，其平均功率为

$$P_k = U_k I_k \cos\varphi_k \tag{9.22}$$

式中，U_k、I_k 分别为第 k 次谐波电压、电流的有效值；$\varphi_k = \varphi_{ku} - \varphi_{ki}$ 为第 k 次谐波电压超前电流的相位差。由此可见，只有同频的电压、电流才能产生平均功率。将式（9.21）、式（9.22）代入式（9.20），并考虑其中第二、三、四项积分为零，可得电路的平均功率为

$$P = U_0 I_0 + \sum_{k=1}^{\infty} P_k = U_0 I_0 + \sum_{k=1}^{\infty} U_k I_k \cos\varphi_k \tag{9.23}$$

可见，非正弦周期电流电路的平均功率等于恒定分量产生的功率和各次谐波分量产生的平均功率之和。

例 9.3 已知某无源二端网络的端口电压和电流分别为

$$u = [100 + 84.6\cos(\omega t + 30°) + 56.6\cos(2\omega t + 10°)]\mathrm{V}$$

$$i = \left[1 + 0.89\cos(\omega t + 60°) + 0.63\cos(2\omega t - 20°)\right]\mathrm{A}$$

求此二端网络的平均功率。

解： 根据式（9.23）可得此二端网络的平均功率为

$$P = [100\times 1 + \frac{84.6}{\sqrt{2}}\times\frac{0.89}{\sqrt{2}}\times\cos(30° - 60°) + \frac{56.6}{\sqrt{2}}\times\frac{0.63}{\sqrt{2}}\times\cos(10° + 20°)]\mathrm{W} = 148\mathrm{W}$$

9.4 非正弦周期电流电路的分析

已知非正弦周期电流电路的激励和电路参数，可按如下步骤计算电路的非正弦周期响应。

1）利用傅里叶级数，把给定的非正弦周期激励分解为恒定分量和各次谐波分量。

2）分别计算电路在上述恒定分量和各次谐波分量单独作用下的响应。

求恒定分量的响应要用计算直流电路的方法，电容看作开路，电感看作短路；求各次谐波分量的响应，则要应用交流电路的计算方法，由于电容、电感对不同频率的谐波呈现不同的电抗，所以各次谐波对应的电路阻抗不同，必须分别计算其响应。k 次谐波的感抗和容抗分别为

$$X_{Lk} = k\omega L = kX_{L1}, \quad X_{Ck} = \frac{1}{k\omega C} = \frac{1}{k}X_{C1}$$

3）根据叠加定理，把恒定分量和各次谐波分量响应的瞬时值进行叠加。在第 2）步骤中通常用相量法计算各次谐波的响应，叠加时应将各次谐波的响应相量变换成瞬时值形式，然后叠加得到电路的非正弦周期响应随时间变化的函数。由于各次谐波响应的相量表示的是不同频率的正弦量，所以不能将这种相量直接相加。

根据所求出的电路非正弦周期响应的时间函数，可进一步求出其有效值、平均值和平均功率。

例 9.4 图 9.10a 所示电路中，$R = 20\Omega$，$L = 1\text{mH}$，$C = 1000\text{pF}$，电流源波形为周期方波，如图 9.10b 所示，其中 $I_m = 157\mu\text{A}$，$T = 6.28\mu\text{s}$，求电压 u。

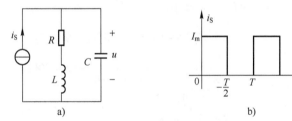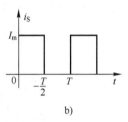

图 9.10　例 9.4 的图

解：（1）将方波激励分解为恒定分量和各次谐波分量。

根据例 9.1 的结果，将已知条件代入可得

$$i_S = 78.5 + 100\left[\cos(\omega t - 90°) + \frac{1}{3}\cos(3\omega t - 90°) + \frac{1}{5}\cos(5\omega t - 90°) + \cdots\right]\mu\text{A}$$

其中 $\omega = 2\pi/T = 10^6\,\text{rad/s}$

（2）分别计算恒定分量和各次谐波分量单独作用时的 u。

① 恒定分量作用时

恒定分量 $I_{S0} = 78.5\mu\text{A}$，此时电感相当于短路，电容相当于开路，故

$$U_0 = I_{S0}R = 78.5 \times 10^{-6} \times 20\text{V} = 1.57\text{mV}$$

② 基波作用时

基波电流为 $i_{S1} = 100\cos(\omega t - 90°)\mu\text{A}$，为正弦量，可用相量法分析。

此时

$$X_{L1} = \omega L = 10^6 \times 1 \times 10^{-3}\Omega = 1000\Omega \qquad X_{C1} = \frac{1}{\omega C} = \frac{1}{10^6 \times 1000 \times 10^{-12}}\Omega = 1000\Omega$$

阻抗

$$Z_1 = \frac{(R + jX_{L1})(-jX_{C1})}{R + jX_{L1} - jX_{C1}}$$

由于 $X_{L1} \gg R$ ，可得 $\qquad Z \approx \dfrac{X_{L1}X_{C1}}{R} = 50\text{k}\Omega$

所以 $\qquad \dot{U}_{1m} = Z_1\dot{I}_{1m} = 50 \times 10^3 \times 100\angle -90° \times 10^{-6}\text{V} = 5\angle -90°\text{V}$

③ 三次谐波作用时

三次谐波电流为 $i_{S3} = \dfrac{100}{3}\cos(3\omega t - 90°)\mu\text{A}$ ，也是正弦量，所以也用相量法分析。

此时角频率为 3ω ，故

$$X_{L3} = 3\omega L = 3 \times 10^6 \times 1 \times 10^{-3}\Omega = 3000\Omega$$

$$X_{C3} = \frac{1}{3\omega C} = \frac{1}{3 \times 10^6 \times 1000 \times 10^{-12}}\Omega \approx 333\Omega$$

$$Z_3 = \frac{(R + jX_{L3})(-jX_{C3})}{R + jX_{L3} - jX_{C3}} = 374.5\angle -89.19°\Omega$$

$$\dot{U}_{3m} = Z_3\dot{I}_{3m} = 374.5\angle -89.19° \times \frac{100}{3}\angle -90° \times 10^{-6}\text{V} = 12.5\angle -179.19°\text{mV}$$

④ 五次谐波作用时

五次谐波电流为 $i_{S5} = \dfrac{100}{5}\cos(5\omega t - 90°)\mu\text{A}$ ，其角频率为 5ω ，故

$$X_{L5} = 5\omega L = 5 \times 10^6 \times 1 \times 10^{-3}\Omega = 5000\Omega$$

$$X_{C5} = \frac{1}{5\omega C} = \frac{1}{5 \times 10^6 \times 1000 \times 10^{-12}}\Omega = 200\Omega$$

$$Z_5 = \frac{(R + jX_{L5})(-jX_{C5})}{R + jX_{L5} - jX_{C5}} = 208.3\angle -89.53°\Omega$$

$$\dot{U}_{5m} = Z_5\dot{I}_{5m} = 208.3\angle -89.53° \times \frac{100}{5}\angle -90° \times 10^{-6}\text{V} = 4.166\angle -179.53°\text{mV}$$

可见，五次谐波的有效值仅占基波有效值的 $4.166 / 5000 = 0.08\%$ ，五次以上谐波的有效值所占基波有效值的百分比更小，所以不必计算更高次谐波的影响。

（3）把相量变为瞬时值，再将恒定分量与各次谐波分量瞬时值叠加。

$u = U_0 + u_1 + u_3 + u_5$

$= \left[1.57 + 5000\cos(\omega t - 90°) + 12.5\cos(3\omega t - 179.19°) + 4.166\cos(5\omega t - 179.53°) \right]\text{mV}$

例 9.5 图 9.11a 所示电路中， $U_{S1} = 10\text{V}$ ， $u_{S2} = 20\sqrt{2}\cos\omega t\,\text{V}$ ， $i_S = \left(2 + 2\sqrt{2}\cos\omega t\right)\text{A}$ ， $\omega = 10\text{rad/s}$ 。（1）求电流源的端电压 u 及其有效值；（2）求电流源发出的平均功率。

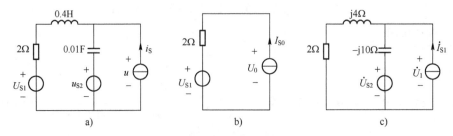

图 9.11 例 9.5 的图

解：令直流电源 U_{S1} 和 i_S 的恒定分量 I_{S0} 作用，电容开路，电感短路，作直流电路模型，如图 9.11b 所示。电流源端电压 u 的恒定分量为

$$U_0 = I_{S0}R + U_{S1} = 2 \times 2\text{V} + 10\text{V} = 14\text{V}$$

再令频率为 ω 的正弦电压源 u_{S2} 和 i_S 的基波作用，电路的相量模型如图 9.11c 所示，其中 $\dot{U}_{S2} = 20\angle0°\text{V}$，$\dot{I}_{S1} = 2\angle0°\text{A}$。应用结点电压法求电流源端电压的基波分量 $\dot{U}_1$。

$$\left(\frac{1}{2+\text{j}4} + \frac{1}{-\text{j}10} \right)\dot{U}_1 = \frac{20}{-\text{j}10} + 2$$

化简得 $\qquad\qquad\qquad (0.1 - \text{j}0.1)\dot{U}_1 = 2 + \text{j}2$

解得 $\qquad\qquad\qquad\qquad \dot{U}_1 = 20\angle90°\text{V}$

则电流源的端电压瞬时值为

$$u = U_0 + u_1 = \left[14 + 20\sqrt{2}\cos(\omega t + 90°) \right]\text{V}$$

其有效值为 $\qquad\qquad U = \sqrt{U_0^2 + U_1^2} = \sqrt{14^2 + 20^2}\text{V} = 24.4\text{V}$

电流源发出的平均功率为

$$P = U_0 I_{S0} + U_1 I_{S1}\cos(90° - 0°) = 28\text{W}$$

本章小结

1. 非正弦周期信号 $f(t)$ 可分解为傅里叶级数

$$f(t) = A_0 + \sum_{k=1}^{\infty} A_{km}\cos(k\omega t + \varphi_k)$$

式中，$\omega = 2\pi/T$，T 是 $f(t)$ 的周期；$A_0 = \frac{1}{T}\int_0^T f(t)\text{d}t$；$A_{km} = \sqrt{a_k^2 + b_k^2}$；$\varphi_k = \arctan\dfrac{-b_k}{a_k}$，

$a_k = \dfrac{2}{T}\int_0^T f(t)\cos k\omega t\text{d}t$，$b_k = \dfrac{2}{T}\int_0^T f(t)\sin k\omega t\text{d}t$。

若 $f(t)$ 为奇函数，则 $A_0 = a_k = 0$；若 $f(t)$ 为偶函数，则 $b_k = 0$；若 $f(t)$ 为上、下半波镜像对称，则傅里叶级数中只含有奇次谐波。

2. 非正弦周期信号的有效值等于其恒定分量和各次谐波分量有效值平方和的平方根，即

$$I = \sqrt{I_0^2 + \sum_{k=1}^{\infty}\frac{1}{2}I_{km}^2} = \sqrt{I_0^2 + I_1^2 + I_2^2 + \cdots}$$

3. 非正弦周期信号的平均值为 $\qquad I_{\text{av}} = \dfrac{1}{T}\int_0^T |i|\text{d}t$

4. 非正弦周期电流电路的平均功率等于恒定分量产生的功率与各次谐波分量的平均功率之和，即

$$P = U_0 I_0 + \sum_{k=1}^{\infty}P_k - U_0 I_0 + \sum_{k=1}^{\infty}U_k I_k \cos\varphi_k$$

5. 计算非正弦周期电流电路的步骤是：将激励分解为恒定分量与各次谐波分量之和；

分别计算恒定分量与各次谐波分量的响应；最后将各分量响应的瞬时值进行叠加。

习题

9.1 求图 9.12 所示锯齿波的傅里叶级数展开式，并画出频谱图。

9.2 已知周期函数 $f(t)$ 的 1/4 周期的波形如图 9.13 所示，若 $f(t)$ 满足下列条件，试画出 $f(t)$ 的波形图。

（1）只包含正弦函数；
（2）包含常数项和余弦函数；
（3）只包含正弦函数的奇次谐波项。

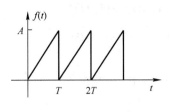

图 9.12 习题 9.1 的图

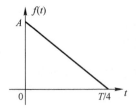

图 9.13 习题 9.2 的图

9.3 选择时间坐标原点，使图 9.14 所示波形具有某种对称性，并求其傅里叶级数展开式。

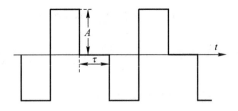

图 9.14 习题 9.3 的图

9.4 求下列非正弦周期电压的有效值：

（1）$u_1(t)$ 是振幅为 10V 的锯齿波；

（2）$u_2(t) = \left[10 - 5\sqrt{2}\cos(\omega t + 20°) - 2\sqrt{2}\cos(3\omega t - 30°) \right]$V。

9.5 将上题的电压 $u_1(t)$ 和 $u_2(t)$ 分别加到一个 5Ω 的电阻上，试求电阻吸收的平均功率。

9.6 将一个线圈接在非正弦周期电源上，电源电压 $u = \left[14.14\cos\omega t + 2.83\cos(3\omega t + 30°) \right]$V。如果线圈电阻和对基波的感抗均为 1Ω，求线圈电流 i 及其有效值。

图 9.15 习题 9.7 的图

9.7 图 9.15 所示电路中，$R = 5Ω$，$1/\omega C = 5Ω$，电压
$$u = \left[200\sqrt{2}\cos(\omega t + 20°) + 100\sqrt{2}\cos(3\omega t - 30°) \right]$$V，试求电流 $i(t)$

及其有效值以及此电路吸收的平均功率。

9.8　测量线圈电阻 R 和电感 L 时，测得电流 $I=15\text{A}$ ，电压 $U=60\text{V}$ ，频率 $f=50\text{Hz}$ ，功率 $P=225\text{W}$ 。又从电压波形分析中得知，除基波外还有三次谐波，其振幅为基波振幅的40%。试求线圈电阻 R 和电感 L 。若不计三次谐波的影响，所求电感值为多少？有多大误差？

9.9　图 9.16 所示电路中，已知：$R_1=R_2=50\Omega$ ，$\omega L_1=\omega L_2=50\Omega$ ，$\omega M=40\Omega$ 。求两电阻吸收的平均功率和电源发出的平均功率。

9.10　图 9.17 所示电路中，已知：$R_1=1\Omega$ ，$R_2=3\Omega$ ，$L=2\text{H}$ ，$I_\text{S}=4\text{A}$ ，$u_\text{S}=4\sqrt{2}\cos 2t\text{V}$ ，求电流 i 的有效值。

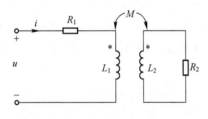

图 9.16　习题 9.9 的图

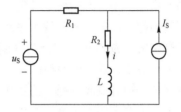

图 9.17　习题 9.10 的图

9.11　图 9.18 所示电路中，已知：$i_S=4\cos 2\omega t\text{ A}$ ，$\omega=100\text{rad/s}$ 。求电流 i 和电压源发出的平均功率。

9.12　图 9.19 所示电路中，已知：

$$i_\text{S}=\left[0.5+0.25\cos\left(\omega t+30°\right)+0.15\cos 3\omega t+0.06\cos\left(5\omega t-20°\right)\right]\text{A}$$

$R=3000\Omega$ ，$\omega L=30\Omega$ ，$1/(\omega C)=270\Omega$ 。试求电压 u 及其有效值。

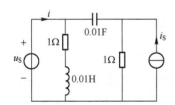

图 9.18　习题 9.11 的图

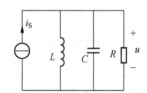

图 9.19　习题 9.12 的图

第 10 章　一阶电路的过渡过程——暂态分析

在前一章所讨论的电路中，各处的电压或电流都是数值大小稳定的直流；在将要讨论的正弦电路中，各处的电流或电压都是幅值稳定的正弦量。这样的工作状态称为电路的稳定状态，简称稳态。当电路工作条件发生变化时，电路就要从原来的稳态经历一定时间（过程）后达到新的稳态，这一过程称为过渡过程。如电动机从静止状态（原稳态）起动，它的转速从零逐渐上升，最后到达稳定值（新的稳态）；当电动机停下来时，它的转速从某一稳态值逐渐下降，最后为零（新的稳态）。

电路中同样有过渡过程，但往往为时短暂，故又称为暂态过程。如 R、C 串联后接到直流电源上，电容上的电压是逐渐增长到稳态值（电源电压）的，其电路中的充电电流是逐渐衰减到零的。

研究暂态过程的目的：认识和掌握这种客观存在的规律，以便加以利用，同时也必须防止它可能产生的危害。例如常利用暂态来改善波形及产生特定的波形，但也要防止某些电路在接通或断开的暂态过程中，产生电压过高（过电压）或电流过大（过电流）的现象，以免电气设备或器件损坏。

10.1　换路定则及其应用

10.1.1　动态电路及动态方程

电容元件和电感元件的电流、电压关系是导数（或积分）关系，所以称为动态元件，又称为储能元件。当电路中含有电容元件和电感元件时，根据 KVL 和 KCL 以及元件自身的电流、电压关系（元件的 VCR）列出的电路方程，是以电流、电压为变量的微分方程或微分-积分方程，这种电路称为动态电路。以电流、电压为变量的微分方程或微分-积分方程就称为动态方程。电容元件和电感元件称为动态元件。

如果电路仅含一个动态元件（电感 L 或电容 C），其他为电阻、受控源等无源线性时不变元件，则电路方程将是一阶线性常微分方程，这样的电路称为一阶（动态）电路。本章即研究一阶电路暂态过程中的电流、电压响应及其变化规律。

10.1.2　换路定则

自然界的任何物质在一定的稳态下，都具有一定的或一定变化形式的能量。当条件改变时，能量随着改变，但能量的积累或衰减是需要一定时间的，不能跃变。如电动机的转速不能跃变，这是因为它的动能不能跃变；电动机的温度不能跃变，这是因为它吸取或释放的热能不能跃变。

而在电路中，由于电路的接通、切断、短路、电源电压改变或参数改变等所谓换路，使有储能元件电容、电感存在的电路中的能量发生变化，但储能元件 L、C 中储存的磁场能量 $W_L = \frac{1}{2}Li_L^2$ 和电场能量 $W_C = \frac{1}{2}CU_C^2$ 是不能跃变的，即 i_L、u_C 不能跃变。

因为如果 u_C 和 i_L 突变意味着元件所储存能量的突变，而能量 W 的突变要求电源提供的功率 $P = \frac{dw}{dt}$ 达到无穷大，这在实际上是不可能的。因此 u_C 和 i_L 只能是连续变化，不能突变。由此得出确定暂态过程初始值的重要定则——换路定则。

若以换路瞬间（规定换路是瞬间完成的）作为计时起点，令此时 $t=0$，换路前终了瞬间以 $t=0_-$ 表示，换路后初始瞬间以 $t=0_+$ 表示，则可得出换路定则如下：

1）从 $t=0_-$ 到 $t=0_+$ 瞬间，电容 C 两端电压不能跃变，即

$$u_C(0_+) = u_C(0_-) \tag{10.1}$$

2）从 $t=0_-$ 到 $t=0_+$ 瞬间，电感 L 的电流不能跃变，即

$$i_L(0_+) = i_L(0_-) \tag{10.2}$$

u_C、i_L 不能跃变并不是不变，而是在换路后连续变化。

需要指出的是，由于电阻不是储能元件，因而电阻电路不存在暂态过程，另外，由于电容电流 $i_C = C\frac{du_C}{dt}$，电感电压 $u_L = L\frac{di}{dt}$，所以电容电流 i_C 和电感电压 u_L 是可以突变的。

10.1.3 换路定则的应用——初始值的确定

利用换路定则可以确定换路后瞬间的电容电压和电感电流，从而确定电路的初始状态。由换路定则求暂态过程初始值的步骤如下：

1）由换路前电路求出 $u_C(0_-)$ 和 $i_L(0-)$。

2）由换路定则确定 $u_C(0_+)$ 和 $i_L(0_+)$，即

$$u_C(0_+) = u_C(0_-)$$

$$i_L(0_+) = i_L(0_-)$$

3）按换路后的电路，根据 KCL、KVL 欧姆定律并以 $u_C(0_+)$ 和 $i_L(0_+)$ 为条件，求出其他各电流、电压初始值。

例 10.1 图 10.1 所示的电路原已达到稳定状态。试求开关 S 闭合后瞬间各电容电压和各支路的电流。

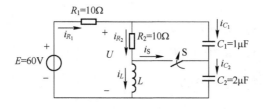

图 10.1 例 10.1 的电路

解：设电压、电流的参考方向如图所示。S 闭合前电路已稳定，电容相当于开路，电感

相当于短路。

故
$$u(0_-) = \frac{E}{R_1 + R_2} \times R_2 = \frac{60}{10+10} \times 10\text{V} = 30\text{V}$$

$$u_{C_1}(0_-) = \frac{C_2}{C_1 + C_2} \times u(0_-) = \frac{2}{1+2} \times 30\text{V} = 20\text{V}$$

$$u_{C_2}(0_-) = \frac{C_1}{C_1 + C_2} \times u(0_-) = \frac{1}{1+2} \times 30\text{V} = 10\text{V}$$

$$i_L(0_-) = \frac{u(0_-)}{R_2} = \frac{30}{10}\text{A} = 3\text{A}$$

换路后瞬间，由换路定则，得

$$u_{C_1}(0_+) = u_{C_1}(0_-) = 20\text{V}$$

$$u_{C_2}(0_+) = u_{C_2}(0_-) = 10\text{V}$$

$$i_L(0_+) = i_L(0_-) = 3\text{A}$$

由换路后的电路可知：

$$i_{R_2}(0_+) = \frac{u_{C_1}(0_+)}{R_2} = \frac{20}{10}\text{A} = 2\text{A}$$

$$i_S(0_+) = i_{R_2}(0_+) - i_L(0_+) = 2\text{A} - 3\text{A} = -1\text{A}$$

$$i_{R_1}(0_+) = \frac{E - [u_{C_1}(0_+) + u_{C_2}(0_+)]}{R_1} = \frac{60 - (20+10)}{10}\text{A} = 3\text{A}$$

$$i_{C_1}(0_+) = i_{R_2}(0_+) - i_L(0_+) = 3\text{A} - 2\text{A} = 1\text{A}$$

$$i_{C_2}(0_+) = i_S(0_+) + i_{C_1}(0_+) = -1\text{A} + 1\text{A} = 0\text{A}$$

例 10.2 已知电路及参数如图 10.2 所示。开关 S 在 $t=0$ 时从位置 1 换接到位置 2，换路前电路已稳定。求：$u_C(0_+)$、$u_R(0_+)$、$i(0_+)$。

解： 由换路前电路得

$$u_C(0_-) = R_1 I_S = 10 \times 0.6\text{V} = 6\text{V}$$

则

$$u_C(0_+) = u_C(0_-) = 6\text{V}$$

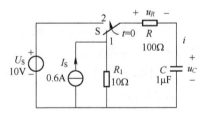

图 10.2　例 10.2 的电路

又由 KVL 得

$$u_R(0_+) = u_{C_1}(0_+) - u_S = 0$$

$$u_R(0_+) = u_S - u_C(0_+) = 4\text{V}$$

$$i(0_+) = \frac{u_R(0_+)}{R} = 0.04\text{A}$$

分析要点：

1）应用换路定则确定 $u_C(0_+)$ 和 $i_L(0_+)$，u_C、i_L 不能跃变，i_C、u_L 等可以跃变。

2）计算 $t=0_+$ 时各电压、电流值，只需计算 $t=0_-$ 时的 $i_L(0_-)$ 和 $u_C(0_-)$，其余都与 $t=0_-$

时的值无关，不必求解。

【练习与思考】

10.1.1 图 10.3 所示电路原已达稳态，求换路后瞬间（$t=0_+$时）各支路电流。

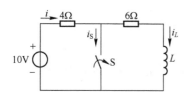

图 10.3 练习与思考 10.1.1 的图

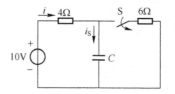

图 10.4 练习与思考 10.1.2 的图

10.1.2 图 10.4 所示电路原已达稳态，求换路后瞬间（$t=0_+$时）各元件上的电压和通过的电流。

10.1.3 在图 10.5 中，已知 $R=2\Omega$，电压表的内阻为 2.5kΩ，电源电压 $U=4$V。试求开关 S 断开瞬间电压表两端的电压。换路前电路已处于稳态。

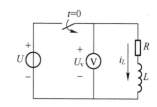

图 10.5 练习与思考 10.1.3 的图

10.2 *RC* 电路的暂态响应

RC 电路的暂态响应经典法就是通过求解电路的微分方程以得出电路的响应（电压和电流）。由于激励和响应都是时间的函数，所以这种分析是时域分析。

10.2.1 *RC* 电路的零输入响应

RC 电路的零输入是指输入信号为零。在此条件下，由电容的初始状态 $u_C(0_+)$ 所产生的电路的响应，称为零输入响应。

分析 *RC* 电路的零输入响应，就是分析它的放电过程。如图 10.6 所示，开关 S 原合在位置 2，电容 C 已有储能，$u_C(0_-)\neq0$。在 $t=0$ 时将开关 S 从位置 2 合到位置 1，电路脱离电源，输入电压为零，于是电容经电阻开始放电。

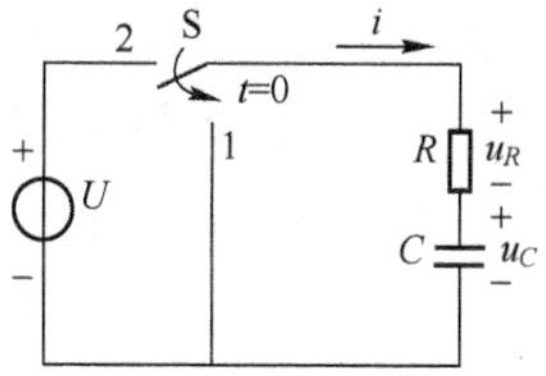

$t\geq0$ 时，由基尔霍夫电压定律得

$$iR+u_C=0$$

图 10.6 RC 放电电路

而

$$i=C\frac{\mathrm{d}u_C}{\mathrm{d}t}$$

则

$$RC\frac{\mathrm{d}u_C}{\mathrm{d}t}+u_C=0 \tag{10.3}$$

应用求解微分方程的数学方法可得 $\qquad u_C=Ae^{-\frac{t}{RC}}$ （10.4）

由换路定则知 $u_C(0_+)=u_C(0)$，代入式（10.4）得

$$A=u_C(0_+)$$

故
$$u_C = u_C(0_+)e^{-\frac{t}{RC}} = u_C(0_+)e^{-\frac{t}{\tau}} \tag{10.5}$$

其随时间的变化曲线如图 10.7a 所示。它以 $u_C(0_+)$ 为初始值，随时间按指数规律衰减而趋于零。

式（10.5）中

$$\tau = RC$$

τ 称为 RC 电路的时间常数。它具有时间的量纲，决定了 u_C 衰减的快慢。

当 $t = \tau$ 时　　$u_C(\tau) = u_C(0_-)e^{-1} = 36.8\% \, u_C(0_+)$

可见时间常数 τ 等于 u_C 衰减到初始值 $u_C(0_+)$ 的 36.8%所需的时间。可以用数学证明，指数曲线上任意点的次切距的长度都等于 τ。例如

$$\left.\frac{\mathrm{d}u_C}{\mathrm{d}t}\right|_{t=0} = \frac{-u_C(0_+)}{\tau}$$

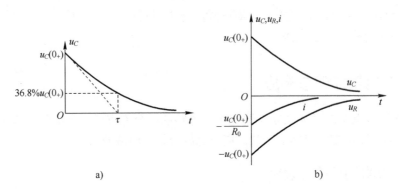

图 10.7　u_C、u_R、i 的变化曲线

理论上，电路只有经过 $t = \infty$ 的时间才能达到稳定，但是实际上经过 $t = (3 \sim 5)\tau$ 的时间，就可认为达到稳定状态了。因为

$$u_C(3\tau) = u_C(0_+)e^{-3} = 0.05u_C(0_+) = 5\%u_C(0_+)$$

$$u_C(5\tau) = u_C(0_+)e^{-5} = 0.7\%u_C(0_+)$$

τ 越大，u_C 衰减越慢。因在一定的 $u_C(0_+)$ 下，C 越大，储存的电荷越多；而 R 越大，则放电电流越小。这都使放电变慢。反之就快。

$t \geqslant 0$ 时电容的放电电流和电阻 R 上的电压为

$$i = C\frac{\mathrm{d}u_C}{\mathrm{d}t} = \frac{u_C(0_+)}{R}e^{-\frac{t}{\tau}} \tag{10.6}$$

$$u_R = Ri = -u_C(0_+)e^{-\frac{t}{\tau}} \tag{10.7}$$

式中的负号表示放电电流实际方向与图 10.6 中的参考方向相反。

u_C、u_R、i 的变化曲线如图 10.7b 所示。

例 10.3 电路如图 10.8 所示，开关 S 闭合前电路已处于稳态，在 $t=0$ 时将开关闭合。试求 $t \geq 0$ 时的电压 u_C 和电流 i_2、i_3 及 i_C。

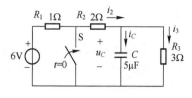

图 10.8 例 10.3 的图

解： 由换路定则，得

$$u_C(0_+) = u_C(0_-) = \frac{U}{R_1 + R_2 + R_3} \times R_3 = \frac{6}{1+2+3} \times 3V = 3V$$

而 $t \geq 0$ 时，开关 S 将电压源短路，电容 C 经 R_2、R_3 放电。故 $\tau = \frac{R_2 R_3}{R_2 + R_3} \cdot C =$

$\frac{2 \times 3}{2+3} \times 5 \times 10^{-6} s = 6 \times 10^{-6} s$

从而可得

$$u_C = u_C(0_+) e^{-\frac{t}{\tau}} = 3 \times e^{-\frac{10^6}{6}t} V \approx 3e^{-1.7 \times 105 t} V$$

由此得

$$i_C = C \frac{du_C}{dt} = -2.5 e^{-1.7 \times 10^5 t} A$$

$$i_3 = \frac{u_C}{R_3} = e^{-1.7 \times 10^5 t} A$$

$$i_2 = i_3 + i_C = -1.5 e^{-1.7 \times 10^5 t} A$$

10.2.2 *RC* 电路的零状态响应

换路前电容元件未储有能量，$u_C(0_-) = 0$，这种状态称为 *RC* 电路的零状态。在此条件下，由电源激励产生的电路的响应，称为零状态响应。

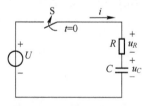

图 10.9 *RC* 充电电路

RC 电路的零状态响应，实际上就是 *RC* 电路的充电过程。以图 10.9 所示电路为例，其 $u_C(0_-) = 0$，$t=0$ 时合上开关 S。

由基尔霍夫电压定律，得 $t \geq 0$ 时的微分方程

$$Ri + u_C = U$$

$$i = C \frac{du_C}{dt}$$

$$RC\frac{\mathrm{d}u_C}{\mathrm{d}t}+u_C=U \tag{10.8}$$

式（10.8）的通解为：一个是特解 u_C'，一个是补函数 u_C''。特解 u_C' 与已知函数 U 形式相同，设 $u_C'=K$，代入式（10.8），得 $K=U$。故

$$u_C'=U$$

补函数 u_C'' 是齐次微分方程 $RC\frac{\mathrm{d}u_C}{\mathrm{d}t}+u_C=0$ 的通解（与前同），解之得

$$u_C''=A\mathrm{e}^{-\frac{t}{RC}}$$

式（10.8）的通解为　$u_C=u_C'=u_C''=U+A\mathrm{e}^{-\frac{t}{RC}}$

将 $u_C(0_+)=u_C(0_-)=0$ 代入，得 $A=-U$。故

$$u_C=U-U\mathrm{e}^{-\frac{t}{RC}}=U(1-\mathrm{e}^{-\frac{t}{RC}})=u_C(\infty)(1-\mathrm{e}^{-\frac{t}{RC}}) \tag{10.9}$$

式（10.9）中，$t=\infty$ 时 $u_C(\infty)=U$，是 u_C 按指数规律增长而最终达到的新稳态值。暂态响应 u_C 可视为由两个分量相加而得：其一是达到稳定时的电压 $u_C'=u_C(\infty)$，称为稳态分量；其二是仅存在于暂态过程中的 u_C''，称为暂态分量，总是按指数规律衰减。其变化规律与电源电压无关，大小与电源电压有关。暂态分量趋于零时，暂态过程结束。

u_C 随时间的变化曲线如图 10.10 所示，其中分别画出了 u_C'、u_C''。$t\geq 0$ 时，C 上的充电电流及电阻 R 上的电压分别为

$$i=C\frac{\mathrm{d}u_C}{\mathrm{d}t}=\frac{U}{R}\mathrm{e}^{-\frac{t}{RC}}=\frac{u_C(\infty)}{R}\mathrm{e}^{-\frac{t}{\tau}} \tag{10.10}$$

$$u_R=Ri=U\mathrm{e}^{-\frac{t}{\tau}}=u_C(\infty)\mathrm{e}^{-\frac{t}{\tau}} \tag{10.11}$$

i、u_R 及 u_C 随时间变化的曲线如图 10.11 所示。

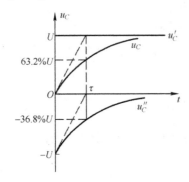

图 10.10　u_C 的变化曲线

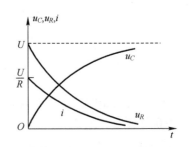

图 10.11　u_C、u_R 及 i 的变化曲线

分析较复杂电路的暂态过程时，可以应用戴维南定理将储能元件（电容或电感）划出，而将换路后其余部分看作一个等效电压源，于是化为一个简单电路，而后利用上述经典法得出的式子解出。

例 10.4 在图 10.12a 所示的电路中，U=9V，R_1=6kΩ，R_2=3kΩ，C=10^3pF，$u_C(0)$=0。试求 $t \geqslant 0$ 时的电压 u_C。

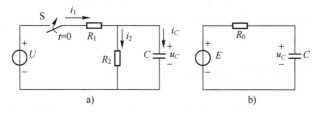

图 10.12　例 10.4 的图

解： 应用戴维南定理将换路后的电路化为图 10.12b 所示等效电路（R_0、C 串联电路）。等效电源的电动势和内阻分别为

$$E = \frac{R_2 U}{R_1 + R_2} = \frac{3 \times 9}{6 + 3} \text{V} = 3\text{V}$$

$$R_0 = \frac{R_1 R_2}{R_1 + R_2} = \frac{6 \times 3}{6 + 3} \text{kΩ} = 2\text{kΩ}$$

$$\tau = R_0 C = 2 \times 10^3 \times 10^3 \times 10^{-13} \text{s} = 2 \times 10^{-6} \text{s}$$

于是由式（10.9）得

$$u_C = E(1 - e^{-\frac{t}{\tau}}) = 3(1 - e^{-5 \times 10^5 t})\text{V}$$

本题也可用经典法求解。

10.2.3　RC电路的全响应

所谓 RC 电路的全响应，是指电源激励和电容元件的初始状态 $u_C(0_+)$ 均不为零时电路的响应。

若在图 10.9 所示的电路中，$u_C(0_-) \neq 0$。$t \geqslant 0$ 时的电路的微分方程和式（10.8）相同，也可得

$$u_C = u_C' + u_C'' = U + A e^{-\frac{t}{RC}} = u_C(\infty) + A e^{-\frac{t}{RC}}$$

但积分常数 A 与零状态时不同。在 $t=0_+$ 时，$u_C(0_+) \neq 0$，则

$$A = u_C(0_+) - U = u_C(0_+) - u_C(\infty)$$

故　　　　$$u_C = U + [u_C(0_+) - U] e^{-\frac{t}{RC}} = u_C(\infty) + [u_C(0_+) - u_C(\infty)] e^{-\frac{t}{RC}} \qquad (10.12)$$

式（10.12）可改写为

$$u_C = u_C(0_+) e^{-\frac{t}{\tau}} + U(1 - e^{-\frac{t}{\tau}}) \qquad (10.13)$$

即　　　　　　　　　　　　　全响应=零输入响应+零状态响应

这是叠加定理在电路暂态分析中的体现。$u_C(0_+)$ 和电源分别单独作用的结果即是零输入

响应和零状态响应。

式（10.12）也可表示为

$$全响应=稳态分量+暂态分量$$

求得u_C后，可根据元件的电压、电流关系及基尔霍夫定律等求其他电压或电流。

10.3 一阶 RL 电路的暂态响应

RL 电路发生换路后，同样会产生过渡过程。在图 10.13 所示电路中，$t=0$ 时将开关 S 由 2 位置合到 1 位置，$i_L(0_-) \neq 0$；在图 10.14 所示的电路中，$i_L(0_-)=0$，$t=0$ 时将开关 S 合上；在图 10.15 所示的电路中，$i_L(0_-) \neq 0$，$t=0$ 时将开关 S 合上。因此，在 $t \geqslant 0$ 时，三个电路将分别产生零输入响应、零状态响应和全响应。

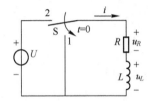

图 10.13　RL 电路的零输入响应

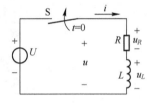

图 10.14　RL 电路的零状态响应

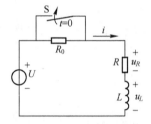

图 10.15　RL 电路的全响应

根据基尔霍夫定律，由 $t \geqslant 0$ 后的电路可分别列出三电路 $t \geqslant 0$ 时的微分方程:

$$Ri_L + L\frac{\mathrm{d}i_L}{\mathrm{d}t} = 0 \qquad 或 \qquad \frac{L}{R}\frac{\mathrm{d}i_L}{\mathrm{d}t} + i_L = 0 \qquad (10.14)$$

$$Ri_L + L\frac{\mathrm{d}i_L}{\mathrm{d}t} = U \qquad 或 \qquad \frac{L}{R}\frac{\mathrm{d}i_L}{\mathrm{d}t} + i_L = \frac{U}{R} \qquad (10.15)$$

$$Ri_L + L\frac{\mathrm{d}i_L}{\mathrm{d}t} = U \qquad 或 \qquad \frac{L}{R}\frac{\mathrm{d}i_L}{\mathrm{d}t} + i_L = \frac{U}{R} \qquad (10.16)$$

将以上三式与 RC 电路的零输入响应、零状态响应、全响应的分方程式（10.3）和（10.8）相比较，可以看出，它们具有相同的形式。因此，同样的分析可解得

RL 电路的零输入响应为

$$i_L = i_L(0_+)\mathrm{e}^{-\frac{R}{L}t} = i_L(0_+)\mathrm{e}^{-\frac{t}{\tau}} \qquad (10.17)$$

RL 电路的零状态响应为

$$i_L = \frac{U}{R}(1 - e^{-\frac{R}{L}t}) = \frac{U}{R}(1 - e^{-\frac{t}{\tau}}) = i_L(\infty)(1 - e^{-\frac{t}{\tau}}) \qquad (10.18)$$

RL 电路的全响应为

$$i_L = \frac{U}{R} + \left[i_L(0_+) - \frac{U}{R}\right]e^{-\frac{R}{L}t} = i_L(\infty) + [i_L(0_+) - i_L(\infty)]e^{-\frac{t}{\tau}} \qquad (10.19)$$

式中，$\tau = \dfrac{L}{R}$ 分别为各电路的时间常数，它决定着过渡过程的快慢。全响应结果［式 (10.19)］一般又可看作

全响应=稳态分量+暂态分量

求得 i_L 后，可根据元件的电压、电流关系及基尔霍夫定律等求得其他电压、电流。

【练习与思考】

10.3.1 有一台直流电动机，它的励磁线圈的电阻为 50Ω，当加上额定励磁电压经过 0.15s 后，励磁电流增长到稳态值的 63.2%，试求线圈的电感。

10.3.2 一个线圈的电感 *L*=0.1H，通有直流 *I*=5A，现将此线圈短路，经过 *t*=0.01s 后，线圈中电流减小到初始值的 36.8%，试求线圈的电阻 *R*。

10.4 一阶线性电路暂态分析的三要素法

总结 10.2 节的一阶 *RC* 电路和 10.3 节的一阶 *RL* 电路不同状态暂态响应的分析结果，将各种响应写成一般式子来表示（零输入响应、零状态响应可看作全响应的特例），则为

$$f(t) = f(\infty) + [f(0_+) - f(\infty)]e^{-\frac{t}{\tau}}$$

式中，$f(t)$ 表示任意（响应中的）电压或电流。

这就是分析只含有一个（或可等效为一个）储能元件电容或电感的一阶线性电路暂态响应的三要素法公式。$f(0_+)$、$f(\infty)$、τ 称为暂态过程电路响应的三要素。其中

$f(0_+)$：换路后所求响应的初始值。确定方法在 10.1.3 节中已进行了分析。

$f(\infty)$：换路后暂态过程结束时所求响应达到的稳态值，即 $t=\infty$ 时的值。这可由换路后的电路达到新的稳态时，运用相应电路分析方法求解确定。

τ：换路后电路的时间常数。对于 *RC* 电路，$\tau = R_0 C$；对于 *RL* 电路，$\tau = \dfrac{L}{R_0}$。R_0 是将电路中储能元件电容或电感断开，剩余二端网络除源后所得无源二端网络的等效输入端电阻。

只要求得换路后的 $f(0_+)$、$f(\infty)$、τ 这三个"要素"，就能直接写出电路的响应 $f(t)$（电压或电流），这种方法称为三要素法。

应当注意的一点是，在确定 $f(0_+)$ 时，只有 u_C 和 i_L 有 $f(0_+) = f(0_-)$，即 $u_C(0_+) = u_C(0_-)$，$i_L(0-) = i_L(0_+)$，而其他电流或电压通常 $f(0_+) \neq f(0_-)$。

电路响应 $f(t)$ 的变化曲线如图 10.16 所示，均按指数规律增长或衰减。

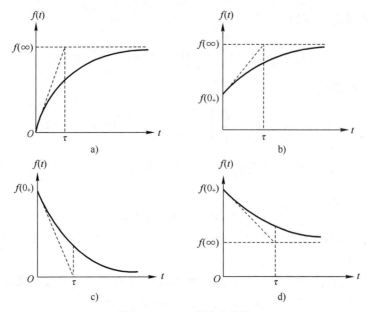

图 10.16 $f(t)$ 的变化曲线

下面举例说明三要素法的应用。

例 10.5 在图 10.17 中，开关 S 长期合在位置 1 上，如在 $t=0$ 时把它合到位置 2，试求 $t \geqslant 0$ 时的 $u_C(t)$。已知 $R_1=1\text{k}\Omega$，$R_2=2\text{k}\Omega$，$U_1=3\text{V}$，$U_2=5\text{V}$，$C=3\mu\text{F}$。

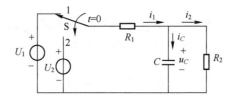

图 10.17 例 10.5 的图

解： 由三要素法得

$$u_C(0_+)=u_C(0_-)=\frac{R_2}{R_1+R_2}\times U_1=\frac{2}{1+2}\times 3\text{V}=2\text{V}$$

$$u_C(\infty)=\frac{R_2}{R_1+R_2}\times U_2=\frac{2}{1+2}\times 5\text{V}=\frac{10}{3}\text{V}$$

$$\tau=\frac{R_1R_2}{R_1+R_2}\cdot C=\frac{1\times 2}{1+2}\times 10^3\times 3\times 10^{-6}\text{s}=2\times 10^{-3}\text{s}$$

$$u_C=u_C(\infty)+[u_C(0_+)-u_C(\infty)]\text{e}^{-\frac{t}{\tau}}=\left[\frac{10}{3}+\left(2-\frac{10}{3}\right)\text{e}^{-\frac{t}{2\times 10^{-3}}}\right]\text{V}=\left(\frac{10}{3}-\frac{4}{3}\text{e}^{-500t}\right)\text{V}$$

例 10.6 求图 10.18a 所示电路在 $t \geqslant 0$ 时的 $u_0(t)$，设 $u_C(0_-)=0$。

解： 由三要素法得

因 $$u_C(0_+)=u_C(0_-)=0$$

故 $$u_0(0_+) = U = 6\text{V}$$

而 $$u_0(\infty) = \frac{R_2}{R_1 + R_2} \times U = \frac{20}{10 + 20} \times 6\text{V} = 4\text{V}$$

$$\tau = R_0 C = \frac{R_1 R_2}{R_1 + R_2} \times C = \frac{10 \times 20}{10 + 20} \times 10^3 \times 10^3 \times 10^{-12}\text{s} = \frac{2}{3} \times 10^{-5}\text{s}$$

故 $$u_0(t) = u_0(\infty) + [u_0(0_+) - u_0(\infty)]\text{e}^{-\frac{t}{\tau}} = 4 + (6-4)\text{e}^{-1.5 \times 10^5 t} = (4 + 2\text{e}^{-1.5 \times 10^5 t})\text{V}$$

其变化曲线如图 10.18b 所示。

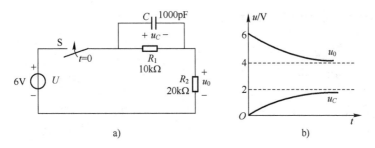

图 10.18 例 10.6 的图

例 10.7 在图 10.19 中，$U=20\text{V}$，$C=4\mu\text{F}$，$R=50\text{k}\Omega$。在 $t=0$ 时闭合 S_1，在 $t=0.1\text{s}$ 时闭合 S_2。求：S_2 闭合后的电压 u_R，设 $u_C(0_-)=0$。

解：① $0 \leqslant t \leqslant 0.1\text{s}$ 时，由三要素法，得

$$u_C(0_+) = u_C(0_-) = 0$$

$$u_C(\infty) = U = 20\text{V}$$

$$\tau_1 = RC = 50 \times 10^3 \times 4 \times 10^{-6}\text{s} = 0.2\text{s}$$

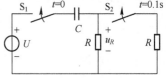

图 10.19 例 10.7 的图

故 $$u_C = u_C(\infty) + [u_C(0_+) - u_C(\infty)]\text{e}^{-\frac{t}{\tau_1}} = \left[20 + (0-20)\text{e}^{-\frac{t}{0.2}}\right]\text{V} = 20(1 - \text{e}^{-\frac{t}{0.2}})\text{V}$$

故 $$u_R = U - u_C = 20\text{e}^{-5t}\text{V}$$

② $t \geqslant 0.1\text{s}$ 时，同理得

$$u_R(0.1_+) = 20\text{e}^{-0.5}\text{V} = 12.13\text{V}$$

$$u_R(\infty) = 0$$

$$\tau_2 = \frac{R}{2} \cdot C = \frac{50}{2} \times 10^3 \times 4 \times 10^{-6}\text{s} = \frac{\tau_1}{2} = 0.1\text{s}$$

故 $$u_R(0.1_+) u_R = u_R(\infty) + [u_C(0.1_+) - u_R(\infty)]\text{e}^{-\frac{t-0.1}{\tau_2}} = 12.13\text{e}^{-10(t-0.1)}\text{V}$$

例 10.8 在图 10.20 所示电路中，已知 $u_S = 10\text{V}$，$R_1 = 3\text{k}\Omega$，$R_2 = 2\text{k}\Omega$，$L = 10\text{mH}$。在 $t=0$ 时开关 S 闭合。闭合前电路已达稳态。求开关 S 闭合后暂态过程中的 $i_L(t)$、$u_L(t)$，并画出波形图。

解： 先求三要素

$$i_L(0+) = i_L(0-) = \frac{u_S}{R_1 + R_2} = \frac{10}{(3+2) \times 10^3}\text{A} = 2\text{mA}$$

$$i_L(\infty) = \frac{u_S}{R_2} = \frac{10}{2 \times 10^3} \text{A} = 5\text{mA}$$

$$\tau = \frac{L}{R} = \frac{10 \times 10^{-3}}{2 \times 10^3} \text{s} = 5 \times 10^{-6} \text{s}$$

$$i_L(t) = i_L(\infty) + [i_L(0+) - i_L(\infty)]e^{-\frac{t}{2}} = [5 + (2-5)e^{-\frac{t}{2}}] = (5 - 3e^{-2\times10^{-5}t})\text{mA}$$

$$u_L(t) = L\frac{\text{d}i_L(t)}{\text{d}t} = 6e^{-2\times10^{-5}t}\text{mV}$$

$i_L(t)$、$u_L(t)$ 的波形如图 10.21 所示。

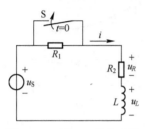

图 10.20 例 10.8 的电路图

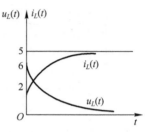

图 10.21 例 10.8 的波形图

例 10.9 电路如图 10.22 所示，开关 S 合在 1 时电路已达稳态。在 $t=0$ 时开关 S 合向 2，求 $t \geqslant 0$ 时的 $u_L(t)$。

解:
$$i_L(0_+) = i_L(0_-) = -\frac{8}{2}\text{A} = -4\text{A}$$

由 KCL 得
$$i_L(\infty) + i_1(\infty) = 2 \qquad\qquad ①$$

由 KVL 得
$$4i_L(\infty) - 2i_1(\infty) - 4i_1(\infty) = 0 \qquad\qquad ②$$

由方程①、②解出
$$i_L(\infty) = 1.2\text{A}$$

对换路后的电路先除独立电流源（开路），然后采用加电压 U 求电流 i_1 的方法（含受控源的电路，不能用电阻串并联法求 R_{eq}），如图 10.23 所示，可求得

$$8i_1 + 2i_1 = U$$

$$R_{eq} = \frac{U}{i_1} = 10\Omega$$

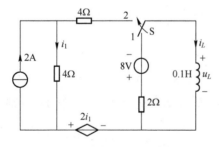

图 10.22 例 10.9 的电路图

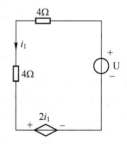

图 10.23 例 10.9 求 R_{eq} 的电路图

故
$$\tau = \frac{L}{R_{eq}} = \frac{0.1}{10}\text{s} = 0.01\text{s}$$

$\therefore$
$$i_L(t) = i_L(\infty) + [i_L(0+) - i_L(\infty)]e^{-\frac{t}{\tau}} = [1.2 + (-4-1.2)e^{-\frac{t}{0.01}}]\text{A} = (1.2 - 5.2e^{-100t})\text{A}$$

而
$$u_L(t) = L\frac{\mathrm{d}i_L}{\mathrm{d}t} = 52e^{-100t}\text{V}$$

$t \geqslant 0$ 时的 $i_L(t)$、$u_L(t)$ 波形图如图 10.24a、b 所示。

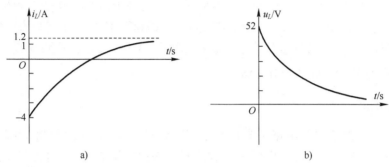

图 10.24　例 $10.9\ i_L(t)$、$u_L(t)$ 的波形图

分析要点如下:

1) 用三要素法求解一阶电路暂态响应,关键是依具体电路正确求出"三要素"。确定 $f(0_+)$ 时,不能误用 $f(0_+) = f(0_-)$。求 $f(0_-)$ 和 $f(\infty)$ 时,直流稳态电路电容相当于开路,电感相当于短路。

2) 研究某一时间段的暂态响应,响应在该段起始时间的值即其初始值 $f(0_+)$。暂态过程不同,起始时间不同,则有不同的 τ 和 $f(0_+)$,勿将两次不同时间的换路起始时间搞混。

要正确理解、运用公式 $f(t) = f(\infty) + [f(0_+) - f(\infty)]e^{-\frac{t}{\tau}}$,分清何时重新换路,何时开始新的暂态。

3) 关键是求 u_C 或 i_L,它们求出后,求其他响应(电压或电流)就相对容易了。u_C、i_L 是确定其他电压或电流响应的重要条件。

【练习与思考】

10.4.1　试用三要素法写出图 10.25 所示指数曲线的表达式 u_C。

10.4.2　图 10.26 是一特殊电路,试分析一下,$\tau = R_0 C = ?$ R_0 是否为零?若 $u_{C1}(0_-) = u_{C2}(0_-) = 0$,$t = 0$ 时 S 合上,则 $t = 0_+$ 时,$u_{C1}(0_+)$、$u_{C2}(0_+)$ 是否可跃变?

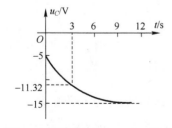

图 10.25　练习与思考 10.4.1 的图

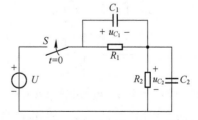

图 10.26　练习与思考 10.4.2 的图

10.5 微分电路与积分电路

本节所讲的微分电路与积分电路是指电容元件充放电的 RC 电路，但与 10.2 节所讲的电路不同，这里是矩形脉冲激励，并且可以选用不同的电路时间常数而构成输出电压波形和输入电压波形之间的特定（微分或积分）的关系。

为便于说明矩形脉冲的获得，我们看一下 10.2 节的图 10.6。在 $t=0$ 时，将开关合到位置 2 上，使电路与电源接通；在 $t=t_1$ 时，将开关合到位置 1 上，切断电源。这样，在输入端得到的便是如图 10.27 所示的矩形脉冲电压 u_1。但是在实际上不是利用开关，而是可以直接输入一个矩形脉冲电压，脉冲幅度为 U，脉冲宽度为 t_p。如果是周期性的话，则脉冲周期为 T。

下面分别讨论微分电路和积分电路。

10.5.1 微分电路

首先分析图 10.28 的 RC 电路（设电路处于零状态），输入的是矩形脉冲电压 u_1，在电阻 R 两端输出的电压为 $u_2, u_2 = u_R$。电压 u_2 的波形同电路的时间常数 τ 和脉冲宽度 t_p 的大小有关。当 t_p 一定时，改变和 τ 和 t_p 的比值，电容元件充放电的快慢就不同，输出电压 u_2 的波形就不同（图 10.29）。

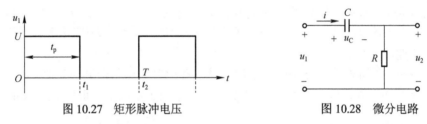

图 10.27 矩形脉冲电压   图 10.28 微分电路

在图 10.28 中，设输入矩形脉冲 u_1 的幅度为 $U=6\text{V}$。当 $\tau = 10t_p$ 和 $t=t_1=t_p$ 时，

$$u_2 = U\text{e}^{-\frac{t}{\tau}} = 6\text{e}^{-0.1} = 6 \times 0.905\text{V} = 5.43\text{V}$$

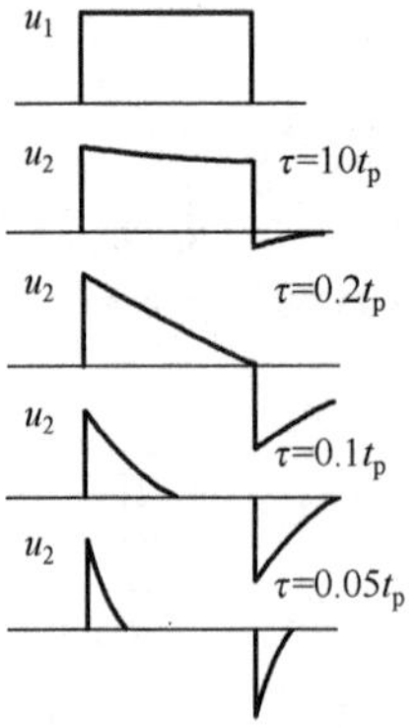

图 10.29 τ 不同，u_2 的波形也就不同 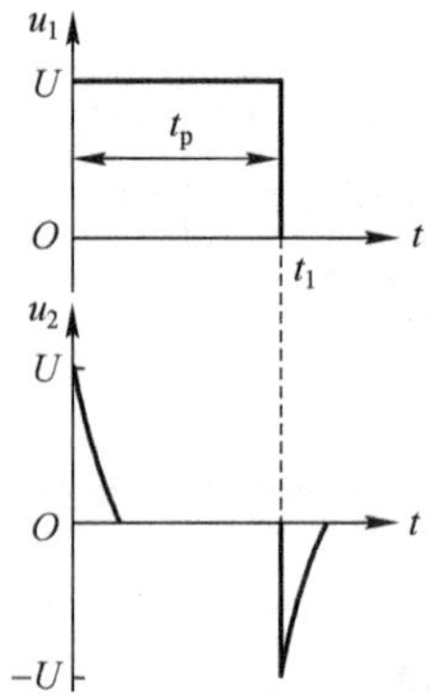   图 10.30 u_1 和 u_2 的波形

由于 $\tau \gg t_p$，电容充电很慢，在经过一个脉冲宽度（$t=t_p$）时，电容上只充到 $(6-5.43)\text{V} = 0.57\text{V}$，而剩下的 5.34V 加在电阻两端。这时，输出电压 u_2 和输入电压 u_1 的波形很相近

204

（图 10.29），电路就成为一般的阻容耦合电路。

随着 τ 和 t_P 的比值的减小，在电阻两端逐步形成正负尖脉冲输出（图 10.29）

例 10.10 在图 10.28 的电路中，$R=20\text{k}\Omega$，$C=100\text{pF}$。输入信号电压 u_1 是单个矩形脉冲（图 10.30），其幅值 $U=6\text{V}$，脉冲宽度 $t_p=50\mu\text{s}$。试分析和作出输出电压 u_2 的波形，设电容元件原先未储能。

解： $\tau=RC=20\times10^3\times100\times10^{-12}\text{s}=2\times10^{-6}\text{s}=2\mu\text{s}$

τ 是输入电压的脉冲宽度的 1/25，$\tau\ll t_P$。

在 $t=0$ 时，u_1 从零突然上升到 6V，即 $u_1=U=6\text{V}$，开始对电容元件充电。由于电容元件两端电压不能跃变，在这瞬间它相当于短路（$u_C=0$），所以 $u_2=U=6\text{V}$。因为 $\tau\ll t_P$，相对于 t_P 而言，充电很快，u_C 很快增长到 U 值；与此同时，u_2 很快衰减到零值。这样，在电阻两端就输出一个正尖脉冲（图 10.30）。u_2 的表达式为

$$u_2=U\mathrm{e}^{-\frac{t}{\tau}}=6\mathrm{e}^{-\frac{t}{2\times10^{-6}}}\text{V}$$

在 $t=t_1$ 时，u_1 突然下降到零（这时输入端不是开路，而是短路），也由于 u_C 不能跃变，所以在这瞬间，$u_2=-u_C=-U=-6\text{V}$，极性与前相反。而后电容元件经电阻很快放电，u_2 很快衰减到零。这样就输出一个负尖脉冲。u_2 的表达式为

$$u_2=U\mathrm{e}^{-\frac{t}{\tau}}=6\mathrm{e}^{-\frac{t}{2\times10^{-6}}}\text{V}$$

比较例 10.10 中 u_1 和 u_2 的波形，可见到在 u_1 的上升跃变部分（从 0 跃变到 6V），$u_2=U=6\text{V}$，此时正值最大；在 u_1 的平直部分，$u_2\approx0$；在 u_1 的下降跃变部分（从 6V 跃变到 0），$u_2=-U=-6\text{V}$，此时负值最大。所以输出电压 u_2 与输入电压 u_1 近于成微分关系。这种输出尖脉冲反映了输入矩形脉冲的跃变部分，是对矩形脉冲微分的结果，因此这种电路称为微分电路。

如果输入的是周期性矩形脉冲，则输出的是周期性正负尖脉冲（图 10.31）。

上述的微分关系也可从下面的数学推导看出。

由于 $\tau\ll t_P$，充放电很快，除了电容刚开始充电或放电的一段极短的时间之外，$u_1=u_C+u_2\approx u_C\gg u_2$，因而

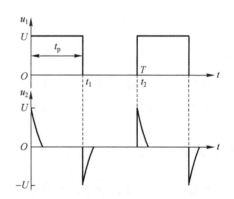

图 10.31 微分电路的输入电压和输出电压的波形

$$u_2=iR=RC\frac{\mathrm{d}u_C}{\mathrm{d}t}\approx RC\frac{\mathrm{d}u_1}{\mathrm{d}t}$$

上式表明，输出电压 u_2 近似地与输入电压 u_1 对时间的微分成正比。

RC 微分电路具有两个条件：（1）$\tau\ll t_P$（一般 $\tau<0.2t_P$）；（2）从电阻两端输出。

在脉冲电路中，常应用微分电路把矩形脉冲变换为尖脉冲，作为触发信号。

10.5.2 积分电路

微分和积分在数学上是对应的两个方面，同样，微分电路和积分电路也是对应的两个方

面。虽然它们都是 RC 串联电路，但是，当条件不同时，所得结果也就相反。如上面所述，微分电路必须具有①$\tau \ll t_P$ 和②从电阻两端输出两个条件。如果条件变为：①$\tau \gg t_P$；②从电容两端输出，这样，电路就转化为积分电路了（图10.32a）。

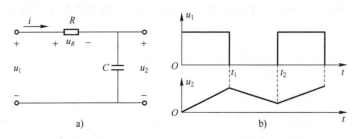

图10.32　积分电路及输入电压和输出电压的波形

图10.32b 是积分电路的输入电压 u_1 和输出电压 u_2 的波形。由于 $\tau \gg t_P$，电容缓慢充电，其上的电压在整个脉冲持续时间内缓慢增长，当还未增长到趋近稳定值时，脉冲已告终止（$t=t_1$），以后电容经电阻缓慢放电，电容上电压也缓慢衰减，在输出端输出一个锯齿波电压。时间常数 τ 越大，充放电越是缓慢，所得锯齿波电压的线性也就越好。

从图 10.32b 的波形上看，u_2 是对 u_1 积分的结果。从数学上看，当输入的是单个矩形脉冲（图 10.27）时，由于 $\tau \gg t_P$，充放电很缓慢，就是 u_C 增长和衰减很缓慢，充电时 $u_2 = u_C \ll u_R$，因此

$$u_1 = u_R + u_2 \approx u_R = Ri$$

或

$$i \approx \frac{u_1}{R}$$

所以输出电压为

$$u_2 = u_C = \frac{1}{C}\int i\mathrm{d}t \approx \frac{1}{RC}\int u_1\mathrm{d}t$$

输出电压 u_2 和输入电压 u_1 近于成积分关系，因此这种电路称为积分电路。

在脉冲电路中，可应用积分电路把矩形脉冲变换为锯齿波电压，作扫描等用。

本章小结

本章讨论了直流激励下，一阶 RC 和 RL 电路的暂态响应，掌握换路定则确定初始值的方法，掌握一阶 RC 和 RL 电路的零输入、零状态、全响应分析，重点是利用一阶电路的三要素公式求电路响应，同时要了解微分、积分电路。

主要知识点：

1）换路定则和用该定则求初始值的方法。

2）一阶 RC 和 RL 电路的零输入、零状态、全响应的时域分析。

3）利用一阶电路的三要素公式求直流激励下的 RC 和 RL 响应的方法。

4）由 RC 组成的微分和积分电路分析。

习题

10.1 在图 10.33a、b 所示电路中，开关 S 在 $t=0$ 时从位置 1 合到位置 2。试求：电路在 $t=0_+$ 时刻电压、电流的初始值。

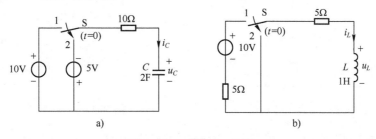

图 10.33 习题 10.1 的图

10.2 在图 10.34 所示电路中，$E=100\text{V}$，$R_1=1\Omega$，$R_2=99\Omega$，$C=10\mu\text{F}$，试求：

（1）S 闭合瞬间（$t=0_+$），各支路电流及各元件两端电压的数值；

（2）S 闭合后到达稳定状态时（1）中各电流和电压的数值；

（3）当用电感元件替换电容元件后，（1）、（2）两种情况下的各支路电流及各元件两端电压的数值。

10.3 电路如图 10.35 所示，求在开关 S 闭合瞬间（$t=0_+$）各元件中的电流及其两端电压；当电路到达稳态时又各等于多少？设在 $t=0_-$ 时，电路中的储能元件均未储能。

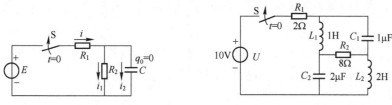

图 10.34 习题 10.2 的图　　　图 10.35 习题 10.3 的图

10.4 图 10.36 所示各电路在换路前都处于稳态，试求：换路后其中电流 i 的初始值 $i(0_+)$ 和稳态值 $i(\infty)$。

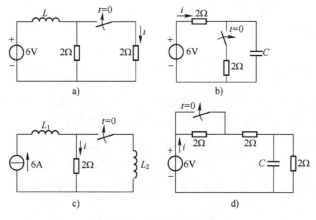

图 10.36 习题 10.4 的图

10.5 在图 10.37 所示电路中，$E=20\text{V}$，$R_1=12\text{k}\Omega$，$R_2=6\text{k}\Omega$，$C_1=10\mu\text{F}$，$C_2=20\mu\text{F}$。电容元件原先均未储能。当开关闭合后，试求电容元件两端电压 u_C。

10.6 在图 10.38 所示电路中，$I=10\text{mA}$，$R_1=3\text{k}\Omega$，$R_2=3\text{k}\Omega$，$R_3=6\text{k}\Omega$，$C=2\mu\text{F}$。在开关 S 闭合前电路已处于稳态。求：$t\geqslant 0$ 时 u_C 和 i_1，并作出它们随时间的变化曲线。

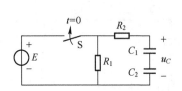
图 10.37 习题 10.5 的图

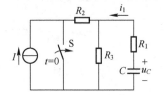
图 10.38 习题 10.6 的图

10.7 电路如图 10.39 所示，在开关 S 闭合前电路已处于稳态，求：开关闭合后的电压 u_C。

10.8 在图 10.40 所示电路中，$R_1=2\text{k}\Omega$，$R_2=1\text{k}\Omega$，$C=3\mu\text{F}$，$I=1\text{mA}$，开关长时间闭合。当 $t=0_-$ 时将开关 S 断开，试求：$t\geqslant 0$ 时电流源两端的电压 $u(t)$。

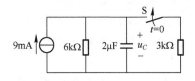
图 10.39 习题 10.7 的图

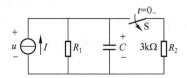
图 10.40 习题 10.8 的图

10.9 在图 10.41a 所示的电路中，电源波形如图 10.41b 所示，$u_C(0_-)=1\text{V}$。试求：$t\geqslant 0$ 时 i_3 和 u_C。

10.10 电路如图 10.42 所示，求 $t\geqslant 0$ 时：（1）电容电压 u_C；（2）B 点电位 v_B 的变化规律（3）A 点电位 v_A 的变化规律。换路前电路处于稳态。

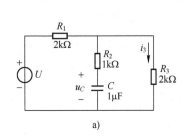

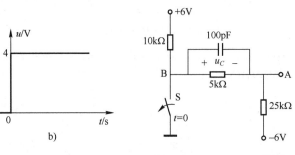

图 10.41 习题 10.9 的图

图 10.42 习题 10.10 的图

10.11 在图 10.43 中，开关 S 先合在位置 1，电路处于稳态。$t=0$ 时，将开关从位置 1 合到位置 2，试求 $t=\tau$ 时 u_C 的值。在 $t=\tau$ 时，又将开关合到位置 1，试求 $t=0.02\text{s}$ 时 u_C 的值。此时，再将开关合到位置 2，作出 u_C 的变化曲线。充电电路和放电电路的时间常数是否相等？

10.12 在图 10.44 所示电路中，当开关 S 闭合一段时间后，电压表指示的线圈端电压为 2V，现开关 S 突然断开，问此瞬间电压表承受多大电压（线圈电阻 $R=1\Omega$，电压表内阻 $R_0=10\text{k}\Omega$）？

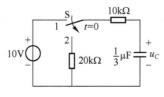

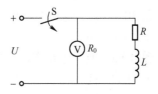

图 10.43　习题 10.11 的图　　　　　　图 10.44　习题 10.12 的图

10.13　电路如图 10.45 所示，在换路前已处于稳态。当将开关从位置 1 合到位置 2 后，试求：i_L 和 i，并作出它们的变化曲线。

10.14　电路如图 10.46 所示，试用三要素法求 $t \geq 0$ 时的 i_1、i_2 及 i_L。换路前电路处于稳态。

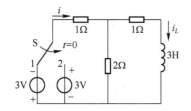

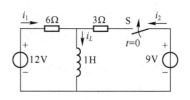

图 10.45　习题 10.13 的图　　　　　　图 10.46　习题 10.14 的图

10.15　在图 10.47 所示电路中，当具有电阻 $R=1\Omega$ 及电感 $L=0.2H$ 的电磁继电器线圈中的电流 $i=30A$ 时，继电器即动作而将电源切断。设负载电阻和线路电阻分别为 $R_L=20\Omega$ 和 $R_l'=1\Omega$，直流电源电压 $U=220V$。试问当负载被短路后，需要经过多长时间继电器才能将电源切断？

10.16　在图 10.48 所示电路中，$U=30V$，$R_1=60\Omega$，$R_2=R_3=40\Omega$，$L=6H$，换路前电路处于稳态。求：$t \geq 0$ 时的电流 i_L、i_2 和 i_3。

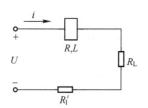

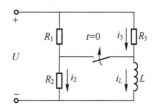

图 10.47　习题 10.15 的图　　　　　　图 10.48　习题 10.16 的图

10.17　在图 10.49 所示电路中，开关 S 闭合前电容无初始储能。$t=0$ 时将开关 S 闭合，求：$t \geq 0$ 时的电容电压 $u_C(t)$ 和电流 $i_C(t)$。

10.18　在图 10.50 所示电路中，开关 S 打开前电路已达稳定状态，$t=0$ 时将开关 S 打开。求：$t \geq 0$ 时的电感电压 $u_L(t)$。

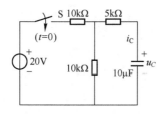

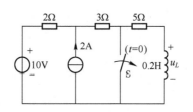

图 10.49　习题 10.17 的图　　　　　　图 10.50　习题 10.18 的图

10.19　在图 10.51 所示电路中，开关 S 闭合前电容无初始储能。t=0 时将开关 S 闭合，求：$t \geqslant 0$ 时的电容电压 $u_C(t)$。

10.20　在图 10.52 所示电路中，开关 S 打开前电路已达稳态，t=0 时将开关 S 打开。求：$t \geqslant 0$ 时的电容电流 $i_C(t)$。

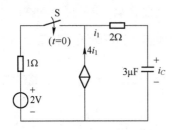

图 10.51　习题 10.19 的图

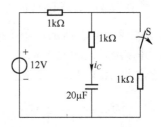

图 10.52　习题 10.20 的图

10.21　在图 10.53 所示电路中，开关 S 打开前电路已达稳态，t=0 时将开关 S 闭合。求：$t \geqslant 0$ 时的电感电流 $i(t)$。

10.22　在图 10.54 所示电路中，开关 S 闭合前电容电压 $u_C(0_-) = 6\text{V}$，t=0 时将开关 S 闭合，求：$t \geqslant 0$ 时电容支路的电流 $i(t)$。

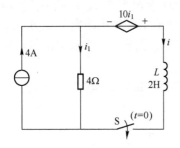

图 10.53　习题 10.21 的图

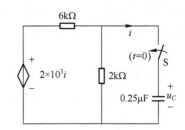

图 10.54　习题 10.22 的图

第11章 动态电路的复频域分析——运算法

本章介绍拉普拉斯变换法在线性电路分析中的应用。主要内容有：拉普拉斯变换的定义，拉普拉斯变换与电路分析有关的一些基本性质，求拉普拉斯反变换的部分分式法（分解定理）。此外，本章还将介绍 KCL 和 KVL 的运算形式、运算阻抗、运算导纳及运算电路，并通过实例说明它们在电路复频域分析中的应用。

11.1 拉普拉斯变换的定义

对于一个含有多个动态元件的电路，用直接求解微分方程的方法比较困难。例如，对于一个 n 阶微分方程，直接求解时需要知道方程变量及其各阶导数[直至（$n-1$）阶导数]在 $t=0_-$ 时刻的值，而电路中给定的初态是各电感电流和电容电压在 $t=0_+$ 时刻的值，从这些值求得所需初始条件的工作量很大。而拉普拉斯变换是通过积分变换，把已知的时域函数变换为频域函数，从而把时域的微分方程化为频域函数的代数方程。求出频域函数后，再作拉普拉斯反变换，返回时域，从而求得满足电路初始条件的原微分方程的解（时域响应），且不需要确定积分常数。拉普拉斯变换和傅里叶变换都是积分变换，但拉普拉斯变换却是求解高阶复杂动态电路的有效而重要的方法之一。

1. 拉普拉斯变换（拉普拉斯变换）

如果函数 $f(t)$ 在 $t \geqslant 0$ 时有定义，且 $\int_{0_-}^{\infty} f(t)\mathrm{e}^{-st}\mathrm{d}t$ 为有限值（收敛），则 $f(t)$ 的拉普拉斯变换为

$$F(s) = \int_{0_-}^{\infty} f(t)\mathrm{e}^{-st}\mathrm{d}t \tag{11.1}$$

式中，$s = \sigma + \mathrm{j}\omega$，为复数变量，称为复频率，单位为 Hz。

$F(s)$ 是 $f(t)$ 的象函数，$f(t)$ 是 $F(s)$ 的原函数。

式（11.1）表明，拉普拉斯变换是一种积分变换。还可以看出 $f(t)$ 的拉普拉斯变换 $F(s)$ 存在的条件是：该式右边的积分为有限值，故 e^{-st} 称为收敛因子。对于一个函数 $f(t)$，如果存在正的有限值常数 M 和 c，使得对于所有 t 满足条件

$$|f(t)| \leqslant M\mathrm{e}^{ct}$$

则 $f(t)$ 的拉普拉斯变换式 $F(s)$ 总存在，因为总可以找到一个合适的 s 值，使式（11.1）中的积分为有限值。

从式（11.1）中还可以看出，把原函数 $f(t)$ 与 e^{-st} 的乘积从 $t=0_-$ 到 ∞ 对 t 进行积分，则此积分的结果不再是 t 的函数，而是复变量 s 的函数。所以拉普拉斯变换是一个把时间域的函数 $f(t)$ 变换到 s 域内的复变函数 $F(s)$。应用拉普拉斯变换法进行电路分析是电路的一种复

频域分析方法，又称运算法。定义中的拉普拉斯变换的积分从 $t = 0_-$ 开始，可以计及 $t = 0$ 时 $f(t)$ 包含的冲激，从而给计算存在冲激函数电压和电流的电路带来方便。

2. 拉普拉斯反变换（拉氏反变换）

如果 $F(s)$ 已知，要求出与它对应的原函数 $f(t)$，由 $F(s)$ 到 $f(t)$ 的变换称为拉普拉斯反变换，它定义为

$$f(t) = \frac{1}{2\pi j} \int_{c-j\infty}^{c+j\infty} F(s) e^{st} ds \tag{11.2}$$

式中，c 为正的有限常数。

通常可用符号 $L[\ ]$ 表示对方括号里的时域函数作拉普拉斯变换，用符号 $L^{-1}[\ ]$ 表示对方括号里的复变函数作拉普拉斯反变换。

3. 举例

例 11.1 求以下函数的象函数：

（1）单位阶跃函数；

（2）单位冲激函数；

（3）指数函数。

解：（1）单位阶跃函数

$$f(t) = \xi(t)$$

单位阶跃函数的象函数

$$F(s) = L[f(t)] = \int_{0_-}^{\infty} \varepsilon(t) e^{-st} dt = \int_{0_-}^{\infty} e^{-st} dt = -\frac{1}{s} e^{-st} \Big|_{0_-}^{\infty} = \frac{1}{s}$$

（2）单位冲激函数

$$f(t) = \delta(t)$$

单位冲激函数的象函数

$$F(s) = L[f(t)] = \int_{0_-}^{\infty} \delta(t) e^{-st} dt = \int_{0_-}^{0_+} \delta(t) e^{-st} dt = e^{-s(0)} = 1$$

（3）指数函数

$$f(t) = e^{at}$$

指数函数的象函数

$$F(s) = L[f(t)] = \int_{0_-}^{\infty} e^{at} e^{-st} dt = \int_{0_-}^{\infty} e^{-(s-\alpha)t} dt = -\frac{1}{s-\alpha} e^{-(s-\alpha)t} \Big|_{0_-}^{\infty} = \frac{1}{s-\alpha}$$

11.2 拉普拉斯变换的基本性质

拉普拉斯变换有许多重要性质，本节仅介绍与分析线性电路有关的一些基本性质。

1. 线性性质

设 $f_1(t)$ 和 $f_2(t)$ 是两个任意的时间函数，它们的象函数分别为 $F_1(s)$ 和 $F_2(s)$，A_1 和 A_2

是两个任意实常数，

则 $L[A_1f_1(t) + A_2f_2(t)] = A_1 L[f_1(t)] + A_2 L[f_2(t)] = A_1F_1(s) + A_2F_2(s)$

证明：$L[A_1f_1(t) + A_2f_2(t)] = \int_{0_-}^{\infty} [A_1f_1(t) + A_2f_2(t)]e^{-st}dt$

$$= \int_{0_-}^{\infty} A_1f_1(t)e^{-st}dt + \int_{0_-}^{\infty} A_2f_2(t)e^{-st}dt = A_1F_1(s) + A_2F_2(s)$$

例 11.2 求：$f(t) = U\varepsilon(t)$的象函数。

解： $$F(s) = L[U\varepsilon(t)] = U L[\varepsilon(t)] = \frac{U}{s}$$

例 11.3 求：$f(t) = \sin(\omega t)$的象函数。

解： $$F(s) = L[\sin(\omega t)] = L\left[\frac{1}{2j}(e^{j\omega t} - e^{-j\omega t})\right] = \frac{1}{2j}\left[\frac{1}{s - j\omega} - \frac{1}{s + j\omega}\right] = \frac{\omega}{s^2 + \omega^2}$$

由此可见，根据拉普拉斯变换的线性性质，求函数乘以常数的象函数以及求几个函数相加减的结果的象函数时，可以先求各函数的象函数再进行计算。

2. 微分性质

函数$f(t)$的象函数与其导数$f'(t) = \dfrac{df(t)}{dt}$的象函数之间有如下关系：

若 $$L[f(t)] = F(s)$$

则 $$L\left[\frac{df(t)}{dt}\right] = sF(s) - f(0_-)$$

推广： $$\zeta\left[\frac{d^n f(t)}{dt^n}\right] = s^n F(s) - s^{n-1}f(0_-) - \cdots - f^{(n-1)}(0_-)$$

证明： $L\left[\dfrac{df(t)}{dt}\right] = \int_{0_-}^{\infty} \dfrac{df(t)}{dt}e^{-st}dt = \int_{0_-}^{\infty} e^{-st}df(t) = e^{-st}f(t)\Big|_{0_-}^{\infty} - \int_{0_-}^{\infty} e^{-st}f(t)(-s)dt$

$$= sF(s) - f(0_-)$$

只要s的实部σ取得足够大，当$t \to \infty$时，$e^{-st}f(t) \to 0$，则$F(s)$存在，于是得

$$\zeta[f'(t)] = sF(s) - f(0)$$

例 11.4 求：$f(t) = \cos(\omega t)$的象函数。

解： $$\frac{d\sin(\omega t)}{dt} = \omega\cos(\omega t) \Rightarrow \cos(\omega t) = \frac{1}{\omega}\frac{d\sin(\omega t)}{dt}$$

$$L[\cos\omega t] = \zeta\left[\frac{1}{\omega}\frac{d}{dt}(\sin(\omega t))\right] = \frac{1}{\omega}\left(\frac{s\omega}{s^2 + \omega^2} - 0\right) = \frac{s}{s^2 + \omega^2}$$

例 11.5 求$f(t) = t^n$的象函数。

解： 设$L[f(t)] = F(s)$，$L\left[\dfrac{d^n f(t)}{dt^n}\right] = L[n!] = \dfrac{n!}{s}$

而
$$L\left[\frac{\mathrm{d}^n f(t)}{\mathrm{d}t^n}\right] = s^n F(s)$$

所以
$$\frac{n!}{s} = s^n F(s)$$

故
$$F(s) = L\left[t^n\right] = \frac{n!}{s^{n+1}}$$

3. 积分性质

函数 $f(t)$ 的象函数与其积分 $\int_{0_-}^{\infty} f(\varepsilon)\mathrm{d}\varepsilon$ 的象函数之间满足如下关系：

若
$$L[f(t)] = F(s)$$

则
$$\zeta[\int_{0_-}^{t} f(t)\mathrm{d}t] = \frac{1}{s}F(s)$$

证明：令 $u = \int f(t)\mathrm{d}t$，$\mathrm{d}v = \mathrm{e}^{-st}\mathrm{d}t$，则 $\mathrm{d}u = f(t)\mathrm{d}t$，$v = -\dfrac{\mathrm{e}^{-st}}{s}$。利用分部积分式 $\int u\mathrm{d}v = uv - \int v\mathrm{d}u$，所以

$$\int_0^{\infty}\left(\int_{0_-}^{t} f(\varepsilon)\mathrm{d}\varepsilon\right)\mathrm{e}^{-st}\mathrm{d}t = \left(\int_{0_-}^{t} f(\varepsilon)\mathrm{d}\varepsilon\right)\frac{\mathrm{e}^{-st}}{-s}\bigg|_{0_-}^{\infty} - \int_0^{\infty} f(t)\left(-\frac{\mathrm{e}^{-st}}{s}\right)\mathrm{d}t$$

$$= \left(\int_{0_-}^{t} f(\varepsilon)\mathrm{d}\varepsilon\right)\frac{\mathrm{e}^{-st}}{-s}\bigg|_{0_-}^{\infty} + \frac{1}{s}\int_0^{\infty} f(t)\mathrm{e}^{-st}\mathrm{d}t$$

只要 s 的实部 σ 取得足够大，当 $t \to \infty$ 时和 $t = 0$ 时，等式右边第一项都为零，所以有

$$\zeta\left[\int_{0_-}^{t} f(\varepsilon)\mathrm{d}\varepsilon\right] = \frac{F(s)}{s}$$

例 11.6 利用积分性质求函数 $f(t) = t$ 的象函数。

解：由于 $f(t) = t = \int_0^{t} \varepsilon(\xi)\mathrm{d}\xi$，所以

$$\zeta[f(t)] = \frac{1}{s} \cdot \frac{1}{s} = \frac{1}{s^2}$$

4. 延迟性质

函数 $f(t)$ 的象函数与其延迟函数 $f(t-t_0)$ 的象函数之间有如下关系：

若 $L[f(t)] = F(s)$　　　则：$L[f(t-t_0)] = \mathrm{e}^{-st_0}F(s)$

其中，当 $t < t_0$ 时，$f(t-t_0) = 0$。

证明：　　令 $\tau = t - t_0$，则

$$\zeta[f(t-t_0)] = \int_{t_{0_-}}^{\infty} f(t-t_0)\mathrm{e}^{-st}\mathrm{d}t = \mathrm{e}^{-st_0}\int_{t_{0_-}}^{\infty} f(t-t_0)\mathrm{e}^{-s(t-t_0)}\mathrm{d}(t-t_0)$$

$$= \mathrm{e}^{-st_0}\int_{0_-}^{\infty} f(\tau)\mathrm{e}^{-s\tau}\mathrm{d}\tau = \mathrm{e}^{-st_0}F(s)$$

例 11.7 求图 11.1 所示矩形脉冲的象函数。

解： 图 11.1 中的矩形脉冲可用解析式表示为

$$f(t) = \varepsilon(t) - \varepsilon(t-\tau)$$

因为 $\zeta\left[\varepsilon(t)\right] = \dfrac{1}{s}$，根据延迟性质

$$\zeta\left[\varepsilon(t-\tau)\right] = \frac{1}{s}e^{-s\tau}$$

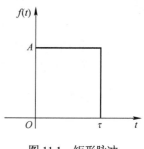

图 11.1 矩形脉冲

又根据拉普拉斯变换的线性性质，得

$$\zeta\left[f(t)\right] = \zeta\left[\varepsilon(t) - \varepsilon(t-\tau)\right] = \frac{1}{s}\left(1 - e^{-s\tau}\right)$$

根据拉普拉斯变换的定义及与电路分析有关的拉普拉斯变换的一些基本性质，可以方便地求得一些常用的时间函数的象函数，表 11.1 为常用函数的拉普拉斯变换表。

表 **11.1** 常用函数的拉普拉斯变换表

原函数 $f(t)$	象函数 $F(s)$	原函数 $f(t)$	象函数 $F(s)$
$A\delta(t)$	A	$e^{-at}\cos(t)$	$\dfrac{s+a}{(s+a)^2+\omega^2}$
$A\varepsilon(t)$	A/s	te^{-at}	$\dfrac{1}{(s+a)^2}$
Ae^{-at}	$\dfrac{A}{s+a}$	t	$\dfrac{1}{s^2}$
$1-e^{-at}$	$\dfrac{a}{s(s+a)}$	$\sinh(at)$	$\dfrac{a}{s^2-a^2}$
$\sin(\omega t)$	$\dfrac{\omega}{s^2+\omega^2}$	$\cosh(at)$	$\dfrac{s}{s^2-a^2}$
$\cos(\omega t)$	$\dfrac{s}{s^2+\omega^2}$	$(1-at)e^{-at}$	$\dfrac{s}{(s+a)^2}$
$\sin(\omega t+\varphi)$	$\dfrac{s\sin\varphi+\omega\cos\varphi}{s^2+\omega^2}$	$\dfrac{1}{2}t^2$	$\dfrac{1}{s^3}$
$\cos(\omega t+\varphi)$	$\dfrac{s\cos\varphi+\omega\sin\varphi}{s^2+\omega^2}$	$\dfrac{1}{n!}t^n$	$\dfrac{1}{s^n+1}$
$e^{-at}\sin\omega t$	$\dfrac{\omega}{(s+a)^2+\omega^2}$	$\dfrac{1}{n!}t^n e^{at}$	$\dfrac{1}{(s+a)^{n+1}}$

11.3 拉普拉斯反变换的部分分式展开

在用拉普拉斯变换求解线性电路的时域响应时，需要将频域响应的拉普拉斯变换式子反变换为时间函数，如果象函数较简单，往往能从拉普拉斯变换表中查出其原函数。对于不能从表中查出原函数的情况，如果能设法把象函数分解为若干简单的、能从表中查到的项，就可以查出各项对应的原函数，而它们之和即为所求原函数。

电路响应的象函数可表示为两个实系数的 s 的多项式之比（有理分式），即为

$$F(s) = \frac{N(s)}{D(s)} = \frac{a_0 s^m + a_1 s^{m-1} + \cdots + a_m}{b_0 s^n + b_1 s^{n-1} + \cdots + b_n} \quad (n \geqslant m)$$

式中，m 和 n 为正整数，且 $n \geqslant m$。

把 $F(s)$ 分解成若干个简单项之和，利用拉普拉斯变换表求原函数，这种方法称为部分分式展开法（分解定理）。

用部分分式展开有理分式 $F(s)$ 时，需要把有理分式化为真分式。若 $n > m$，则 $F(s)$ 为真分式。若 $n = m$，则

$$F(s) = A + \frac{N_0(s)}{D(s)}$$

式中，A 是一个常数，其对应的时间函数为 $A\delta(t)$，余数项 $\dfrac{N_0(s)}{D(s)}$ 是真分式。

用部分分式展开真分式时，需要对分母多项式作因式分解，求出 $D(s) = 0$ 的根。$D(s) = 0$ 的根可以是单根、共轭复根和重根几种情况。

1）若 $D(s) = 0$ 有 n 个单根，分别为 $p_1, p_2, \cdots, p_n$，利用部分分式可将 $F(s)$ 分解为

$$F(s) = \frac{k_1}{s - p_1} + \frac{k_2}{s - p_2} + \cdots + \frac{k_n}{s - p_n} \tag{11.3}$$

式中，$K_1, K_2, \cdots, K_n$ 是待定系数。

将式（11.3）两边都乘以 $(s - p_1)$，得

$$(s - p_1) F(s) = K_1 + (s - p_1) \left(\frac{K_2}{s - p_2} + \cdots + \frac{K_n}{s - p_n} \right)$$

令 $s = p_1$，则等式除第一项外都变为零，这样求得

$$K_1 = \left[(s - p_1) F(s) \right]_{s = p_1}$$

同理可得 $K_2, K_3, \cdots, K_n$。所以确定式中各待定系数的公式为

$$K_i = \left[(s - p_i) F(s) \right]_{s = p_i} \qquad i = 1, 2, 3, \cdots, n$$

系数 K_i 还可以用求极限的方法确定其值，即

$$k_i = \lim_{s \to p_i} \frac{N(s)(s - p_i)}{D(s)} = \lim_{s \to p_i} \frac{N'(s)(s - p_i) + N(s)}{D'(s)} = \frac{N(s)}{D'(s)} \bigg|_{s = p_i}$$

所以确定式（11.3）中各待定系数的另一个公式为

$$K_i = \frac{N(s)}{D'(s)} \bigg|_{s = p_i} \qquad i = 1, 2, 3, \cdots, n$$

确定了式（11.3）中各待定系数后，相应的原时域函数为

$$f(t) = \zeta^{-1} \left[F(s) \right] = \sum_{i=1}^{n} K_i e^{p_i} = \sum_{i=1}^{n} \frac{N(p_i)}{D'(p_i)} e^{p_i t}$$

例 11.8 求 $F(s) = \dfrac{2s + 1}{s^3 + 7s^2 + 10s}$ 的原函数 $f(t)$。

解： $s^3 + 7s^2 + 10s = 0$ 对应的根为：$p_1 = 0, p_2 = -2, p_3 = -5$

故
$$k_1 = \frac{N(s)}{D'(s)}\Big|_{s=p_1} = \frac{2s+1}{3s^2+14s+10}\Big|_{s=0} = 0.1$$

$$k_2 = \frac{N(s)}{D'(s)}\Big|_{s=p_2} = \frac{2s+1}{3s^2+14s+10}\Big|_{s=-2} = 0.5$$

$$k_3 = \frac{N(s)}{D'(s)}\Big|_{s=p_3} = \frac{2s+1}{3s^2+14s+10}\Big|_{s=-5} = -0.6$$

所以
$$F(s) = \frac{0.1}{s} + \frac{0.5}{s+2} + \cdots - \frac{0.6}{s+5}$$

$$f(t) = 0.1 + 0.5e^{-2t} - 0.6e^{-5t}$$

2）若$D(s)=0$有共轭复根，一对共轭复根为一分解单元，设为：$p_1 = \alpha + j\omega$，$p_2 = \alpha - j\omega$。则

$$F(s) = \frac{N(s)}{D(s)} = \frac{N(s)}{(s-\alpha-j\omega)(s-\alpha+j\omega)D_1(s)} = \frac{K_1}{s-\alpha-j\omega} + \frac{K_2}{s-\alpha+j\omega} + \frac{N_1(s)}{D_1(s)}$$

$$f(t) = (K_1 e^{(\alpha+j\omega)t} + K_2 e^{(\alpha-j\omega)t}) + f_1(t) = (|K_1|e^{j\theta}e^{(\alpha+j\omega)t} + |K_1|e^{-j\theta}e^{(\alpha-j\omega)t}) + f_1(t)$$

$$= |K_1|e^{\alpha t}[e^{j(\omega t+\theta)} + e^{-j(\omega t+\theta)}] + f_1(t) = 2|K_1|e^{\alpha t}\cos(\omega t + \theta_1) + f_1(t) \qquad (11.4)$$

其中
$$k_1 = [(s-\alpha-j\omega)F(s)]_{s=\alpha+j\omega} = \frac{N(s)}{D'(s)}\Big|_{s=\alpha+j\omega} = |K_1|e^{j\theta_1}$$

$$k_2 = [(s-\alpha-j\omega)F(s)]_{s=\alpha-j\omega} = \frac{N(s)}{D'(s)}\Big|_{s=\alpha-j\omega} = |K_1|e^{j\theta_1} \quad （k_1, k_2 为共轭复数）$$

例 11.9 求 $F(s) = \dfrac{s+3}{s^2+2s+5}$ 的原函数 $f(t)$。

解： $s^2+2s+5=0$ 的根为：$p_1 = -1+j2, p_2 = -1-j2$

$$k_1 = \frac{N(s)}{D'(s)}\Big|_{s=-1+j2} = \frac{s+3}{2s+2}\Big|_{s=-1+j2} = 0.5 - j0.5 = 0.5\sqrt{2}e^{-j\frac{\pi}{4}}$$

$$k_2 = 0.5\sqrt{2}e^{j\frac{\pi}{4}}$$

所以
$$f(t) = 2|K_1|e^{\alpha t}\cos(\omega t + \theta_1) = \sqrt{2}e^{-t}\cos(2t - \frac{\pi}{4})$$

3）若$D(s)=0$具有n重根p_1，则应含$(s-p_1)^n$的因式。现设$D(s)$中含有$(s-p_1)^3$的因式，p_1为$D(s)=0$的三重根，其余为单根，则$F(s)$可分解为

$$F(s) = \frac{K_{13}}{s-p_1} + \frac{K_{12}}{(s-p_1)^2} + \frac{K_{11}}{(s-p_1)^3} + \left(\frac{K_2}{s-p_2} + \cdots\right) \qquad (11.5)$$

对于单根，仍采用 $K_i = \dfrac{N(s)}{D'(s)}\bigg|_{s=p_i}$ 公式计算。为了确定 K_{11}、K_{12}、K_{13}，可以将式

（11.5）两边都乘以 $(s-p_1)^3$，则 K_{11} 被单独分离出来，即

$$(s-p_1)^3 F(s) = (s-p_1)^2 K_{13} + (s-p_1) K_{12} + K_{11} + (s-p_1)^3 \left(\frac{K_2}{s-p_2} + \cdots \right)$$

则

$$K_{11} = (s-p_1)^3 F(s) \Big|_{s=p_1}$$

再对式（11.5）两边对 s 求导一次，K_{12} 被分离出来，即

$$\frac{d}{ds} \Big[(s-p_1)^3 F(s) \Big] = 2(s-p_1) K_{13} + K_{12} + \frac{d}{ds} \Big[(s-p_1)^3 \left(\frac{K_2}{s-p_2} + \cdots \right) \Big]$$

所以

$$K_{12} = \frac{d}{ds} \Big[(s-p_1)^3 F(s) \Big]_{s=p_1}$$

用同样的方法可得

$$K_{13} = \big[\frac{1}{2!} \frac{d^2}{ds^2} (s-p_1)^3 F(s) \big] \Big|_{s=p_1}$$

从以上分析过程可以推导出，当 $D(s)=0$ 具有 q 阶重根，其余为单根时的分解式为

$$F(s) = \frac{K_{1q}}{s-p_1} + \frac{K_{1(q-1)}}{(s-p_1)^2} + \cdots + \frac{K_{11}}{(s-p_1)^q} + \left(\frac{K_2}{s-p_2} + \cdots \right)$$

式中

$$K_{11} = (s-p_1)^q F(s) \Big|_{s=p_1}$$

$$K_{12} = \Big[\frac{d}{ds} (s-p_1)^q F(s) \Big] \Big|_{s=p_1}$$

$$K_{13} = \Big[\frac{1}{2!} \frac{d^2}{ds^2} (s-p_1)^q F(s) \Big] \Big|_{s=p_1}$$

$$\vdots$$

$$K_{1q} = \frac{1}{(q-1)!} \frac{d^{q-1}}{ds^{q-1}} \Big[(s-p_1)^q F(s) \Big] \Big|_{s=p_1}$$

如果 $D(s)=0$ 具有多个重根时，对每个重根分别利用上述方法即可得到各系数。

例 11.10 求 $F(s) = \dfrac{1}{(s+1)^3 s^2}$ 的原函数 $f(t)$。

解： 令 $(s+1)^3 s^2 = 0$，$p_1 = -1$ 为三重根，$p_2 = 0$ 为二重根。

故

$$F(s) = \frac{k_{13}}{s+1} + \frac{k_{12}}{(s+1)^2} + \frac{k_{11}}{(s+1)^3} + \frac{k_{22}}{s} + \frac{k_{21}}{s^2}$$

$$K_{11} = \left[(s+1)^3 F(s)\right]\big|_{s=-1} = \frac{1}{s^2}\big|_{s=-1} = 1$$

$$K_{12} = \left[\frac{\mathrm{d}}{\mathrm{d}s}(s+1)^3 F(s)\right]\big|_{s=-1} = \frac{-2}{s^3}\big|_{s=-1} = 2$$

$$K_{13} = \left[\frac{1}{2!}\frac{\mathrm{d}^2}{\mathrm{d}s^2}(s+1)^3 F(s)\right]\big|_{s=-1} = \frac{6}{2s^4}\big|_{s=-1} = 3$$

而
$$K_{21} = \left[s^2 F(s)\right]\big|_{s=0} = 1$$

$$K_{22} = \left[\frac{\mathrm{d}}{\mathrm{d}s}s^2 F(s)\right]\big|_{s=0} = \frac{-3}{(s+1)^4}\big|_{s=0} = -3$$

所以
$$F(s) = \frac{3}{s+1} + \frac{2}{(s+1)^2} + \frac{1}{(s+1)^3} + \frac{-3}{s} + \frac{1}{s^2}$$

$$f(t) = 3\mathrm{e}^{-t} + 2t\mathrm{e}^{-t} + \frac{1}{2}t^2\mathrm{e}^{-t} - 3 + t$$

11.4 动态电路的复频域模型——运算电路

要进行复频域分析，就要把时域电路变成复频域电路，即运算电路。

11.4.1 基尔霍夫定律的复频域形式

基尔霍夫定律的时域表示式为

对任一节点
$$\sum i(t) = 0$$

对任一回路
$$\sum u(t) = 0$$

根据拉普拉斯变换的线性性质得出基尔霍夫定律的运算形式如下：

对任一结点
$$\sum I(s) = 0 \qquad\qquad (11.6)$$

对任一回路
$$\sum U(s) = 0 \qquad\qquad (11.7)$$

同理，根据线性电路元件的电压、电流的时域关系式，可以推导出各元件的电压、电流关系的运算形式。

11.4.2 单元件的运算电路模型

1. 电阻元件

图 11.2a 所示电阻元件的电压、电流时域关系式为

$$u(t) = Ri(t)$$

两边取拉普拉斯变换，得

$$U(s) = RI(s) \qquad (11.8)$$

式（11.8）就是电阻元件 VCR 的运算形式，对应的图 11.2b 称为电阻元件 R 的运算电路。

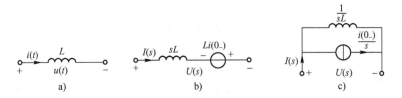

图 11.2　电阻元件的运算电路

2. 电感元件

对于图 11.3a 所示电感电路，有

$$u(t) = L \frac{\mathrm{d}i(t)}{\mathrm{d}t}$$

两边取拉普拉斯变换，并根据拉普拉斯变换的微分性质，得

$$L\big[u(t)\big] = L\left[\frac{\mathrm{d}i(t)}{\mathrm{d}t}\right]$$

$$U(s) = sLI(s) - Li(0_-) \qquad (11.9)$$

式（11.9）中的 sL 为电感的运算阻抗，$i(0_-)$ 表示电感中的初始电流。这样就可以得到图 11.3b 所示电感的运算电路。$Li(0_-)$ 表示附加电压源的电压，它反映了电感中初始电流的作用。

式（11.9）还可以改写为

$$I(s) = \frac{1}{sL}U(s) + \frac{i(0_-)}{s}$$

对应的可以获得图 11.3c 所示电感的运算电路。其中 $\dfrac{1}{sL}$ 为电感的运算导纳，$\dfrac{i(0_-)}{s}$ 表示附加电流源的电流。

图 11.3　电感元件的运算电路

3. 电容元件

同理，对于图 11.4a 所示电容电路，有

$$u(t) = \frac{1}{C}\int_{0_-}^{t} i(t)\mathrm{d}t + u(0_-)$$

两边取拉普拉斯变换，并根据拉普拉斯变换的积分性质，得

$$U(s) = \frac{1}{sC}I(s) + \frac{u(0_-)}{s} \tag{11.10}$$

这样可以获得图 11.4b 所示电容的运算电路。其中 $\frac{1}{sC}$ 和 sC 分别为电容 C 的运算阻抗和运算导纳，$\frac{u(0_-)}{s}$ 和 $Cu(0_-)$ 分别为反映电容初始电压的附加电压源的电压和附加电流源的电流。

式（11.10）还可以改写为

$$I(s) = sCU(s) - Cu(0_-)$$

对应的可以获得图 11.4c 所示电容并联形式的运算电路。其中 sC 为电容 C 的运算导纳，$Cu(0_-)$ 为反映电容初始电压的附加电流源的电流。

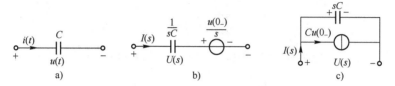

图 11.4　电容的运算电路

4. 耦合电感

对两个耦合电感，其运算电路中应包括由于互感所引起的附加电源。根据图 11.5a 所示耦合电感电路，有

$$u_1(t) = L_1 \frac{di_1(t)}{dt} + M \frac{di_2(t)}{dt}$$

$$u_2(t) = L_2 \frac{di_2(t)}{dt} + M \frac{di_1(t)}{dt}$$

对上式两边取拉普拉斯变换有

$$\begin{cases} U_1(s) = sL_1 I_1(s) - L_1 i_1(0_-) + sM I_2(s) - M i_2(0_-) \\ U_2(s) = sL_2 I_2(s) - L_2 i_2(0_-) + sM I_1(s) - M i_1(0_-) \end{cases} \tag{11.11}$$

式中，sM 称为互感运算阻抗；$Mi_1(0_-)$ 和 $Mi_2(0_-)$ 都是附加的电压源，附加电压源的方向与电流 i_1 和 i_2 的参考方向有关。图 11.5b 为具有耦合电感的运算电路。

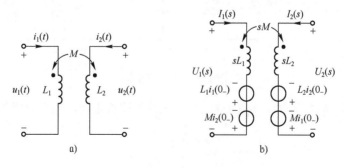

图 11.5　耦合电感的运算电路

11.4.3　*RLC*串联运算电路

图 11.6a 所示为 *RLC* 串联电路。设电源电压为 $u(t)$，电感中初始电流为 $i(0_-)$，电容中初始电压为 $u_C(0_-)$。如用运算电路表示，将得到图 11.6b。

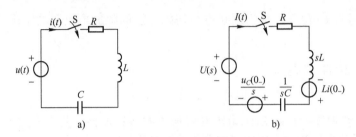

图 11.6　*RLC* 串联电路

根据

$$\sum U(s) = 0$$

有

$$U(s) = RI(s) + sLI(s) - Li(0_-) + \frac{1}{sC}I(s) + \frac{u_C(0_-)}{s}$$

即

$$U(s) - \frac{u_C(0_-)}{s} + Li(0_-) = \left(R + sL + \frac{1}{sC}\right)I(s)$$

$$U(s) - \frac{u_C(0_-)}{s} + Li(0_-) = Z(s)I(s)$$

式中

$$Z(s) = R + sL + \frac{1}{sC}$$

为 *RLC* 串联电路的运算阻抗。在零初始条件下，$i(0_-) = 0$，$u(0_-) = 0$，则有

$$U(s) = \left(R + sL + \frac{1}{sC}\right)I(s) = Z(s)I(s) \qquad (11.12)$$

式（11.12）即运算形式的欧姆定律。

例 11.11　画出图 11.7a 所示电路在 $t \geqslant 0$ 时的运算电路。

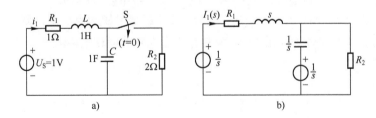

图 11.7　例 11.7 的图

解： 初始值　$i_1(0_-) = 0$，$u_C(0_-) = 1\text{V}$。电感无附加电源，电容有附加电源。

而运算阻抗

$$\frac{1}{sC} = \frac{1}{s}$$

$$sL = s$$

其在 $t \geqslant 0$ 时的运算电路如图 11.7b 所示。

11.5 动态线性电路的复频域分析

运算法与相量法的基本思想类似。相量法把正弦量变换为相量（复数），从而把求解线性电路的正弦稳态问题归结为以相量为变量的线性代数方程。运算法把时间函数变换为对应的象函数，从而把问题归结为求解以象函数为变量的线性代数方程。当电路的所有独立初始条件为零时，电路元件 VCR 的相量形式与运算形式是类似的，加之 KCL 和 KVL 的相量形式与运算形式也是类似的，所以对于同一电路列出的相量方程和零状态下的运算形式的方程在形式上相似，但这两种方程具有不同的意义。在非零状态条件下，电路方程的运算形式中还应考虑附加电源的作用。当电路中的非零独立初始条件考虑成附加电源之后，电路方程的运算形式仍与相量方程类似。可见，相量法中的各种计算方法和定理在形式上完全可以移用于运算法。

在运算法中求得象函数之后，利用拉普拉斯变换就可以求得对应的时间函数。

根据上述思想，以下将通过一些实例说明拉普拉斯变换在线性电路分析中的应用。

例 11.12 电路如图 11.8a 所示，开关 S 闭合前电路处于稳态。$t=0$ 时开关 S 闭合，试用运算法求解电流 $i_1(t)$。

解： U_S 的拉普拉斯变换为

$$L[U_S] = L[1] = \frac{1}{s}$$

由于开关 S 闭合前电路处于稳态，所以电感电流 $i_L(0_-) = 0$，电容电压 $u_C(0_-) = 1\text{V}$。该电路的运算电路如图 11.8b 所示。

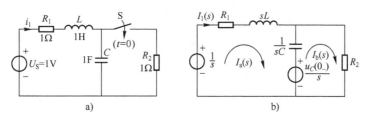

图 11.8 例 11.12 的图

应用回路电流法，设回路电流方向如图 11.8b 所示，可列出方程：

$$\left(R_1 + sL + \frac{1}{sC}\right)I_a(s) - \frac{1}{sC}I_b(s) = \frac{1}{s} - \frac{u_C(0_-)}{s}$$

$$-\frac{1}{sC}I_a(s) + \left(R_2 + \frac{1}{sC}\right)I_b(s) = \frac{u_C(0_-)}{s}$$

代入已知数据，得

$$\left(1 + s + \frac{1}{s}\right)I_a(s) - \frac{1}{s}I_b(s) = 0$$

$$-\frac{1}{s}I_a(s) + \left(1 + \frac{1}{s}\right)I_b(s) = \frac{1}{s}$$

解之得

$$I_1(s) = I_a(s) = \frac{1}{s(s^2 + 2s + 2)}$$

求 $s(s^2 + 2s + 2) = 0$ 的根为 $s=0$, $s=-1+j$, $s=-1-j$

则待定系数

$$K_1 = \frac{1}{3s^2 + 4s + 2} \bigg|_{s=0} = \frac{1}{2}$$

$$K_2 = \frac{1}{3s^2 + 4s + 2} \bigg|_{s=-1+j} = \frac{1}{-2-2j} = \frac{1}{2\sqrt{2}} e^{j145°}$$

$$K_3 = \frac{1}{3s^2 + 4s + 2} \bigg|_{s=-1-j} = \frac{1}{-2+2j} = \frac{1}{2\sqrt{2}} e^{-j145°}$$

所以响应为

$$i_1(t) = \frac{1}{2}(1 - e^{-t}\cos t - e^{-t}\sin t)\text{A}$$

例 11.13　电路如图 11.9a 所示，激励为电流源。试分别求激励为阶跃函数和冲激函数时电路的响应 $u(t)$。

解：运算电路如图 11.9b 所示。

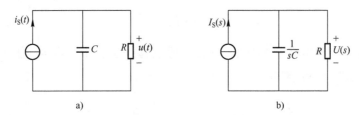

图 11.9　例 11.13 的图

（1）当 $i_S(t) = \varepsilon(t)\text{A}$ 时，$I_S(s) = \dfrac{1}{s}$

$$U(s) = Z(s)I_S(s) = \frac{R \cdot \dfrac{1}{sC}}{R + \dfrac{1}{sC}} \cdot \frac{1}{s} = \frac{1}{sC\left(s + \dfrac{1}{RC}\right)} = \frac{R}{s} - \frac{R}{s + \dfrac{1}{RC}}$$

其反变换为

$$u(t) = L^{-1}[U(s)] = R(1 - e^{-\frac{1}{RC}^2})\varepsilon(t)\text{V}$$

（2）当 $i_S(t) = \delta(t)\text{A}$ 时，$I_S(s) = 1$

$$U(s) = Z(s)I_S(s) = \frac{R \cdot \dfrac{1}{sC}}{R + \dfrac{1}{sC}} = \frac{\dfrac{1}{C}}{s + \dfrac{1}{RC}}$$

其反变换为

$$u(t) = \frac{1}{C} e^{-\frac{1}{RC}t} \varepsilon(t) \, \text{V}$$

以上结果分别为 RC 并联电路的阶跃响应和冲击响应。

例 11.14 电路如图 11.10a 所示，开关 S 闭合前电路处于稳态。$t=0$ 时开关 S 闭合，试求 $t \geqslant 0$ 时的 $u_L(t)$。已知 u_{S1} 为指数电压，$u_{S1} = 2\,e^{-2t}\,\text{V}$，$u_{S2}$ 为直流电压，$u_{S2} = 5\text{V}$，$R_1 = R_2 = 5\Omega$，$L = 1\text{H}$。

解：与图 11.10a 相对应的运算电路如图 11.10b 所示。其中：

$$L[u_{S1}] = L\left[2e^{-2t}\right] = \frac{2}{s+2}$$

$$L[u_{S2}] = L[5] = \frac{5}{s}$$

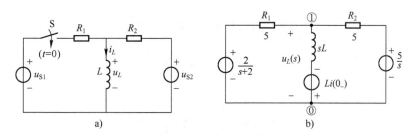

图 11.10 例 11.14 的图

电感电流的初始值为

$$i_L(0_-) = \frac{u_{S2}}{R_2} = 1\text{A}$$

用结点电压法求解。设◎节点为参考节点，节点电压 $U_{n1}(s)$ 就是 $U_L(s)$。

则

$$\left(\frac{1}{R_1} + \frac{1}{R_2} + \frac{1}{sL}\right)U_L(s) = \frac{\frac{2}{s+2}}{R_1} + \frac{\frac{5}{s}}{R_2} - \frac{Li(0_-)}{sL}$$

代入已知数据，得

$$\left(\frac{2}{5} + \frac{1}{s}\right)U_L(s) = \frac{2}{5(s+2)} + \frac{1}{s} - \frac{1}{s}$$

故

$$U_L(s) = \frac{2s}{(s+2)(2s+5)} = \frac{K_1}{s+2} + \frac{K_2}{s+2.5}$$

而

$$K_1 = \frac{2s}{2s+5}\bigg|_{s=-2} = -4$$

$$K_2 = \frac{2s}{2s+5}\bigg|_{s=-2.5} = 5$$

所以

$$U_L(t) = L^{-1}[U_L(s)] = \left(-4e^{-2t} + 5e^{-2.5t}\right)\text{V}$$

例 11.15 电路如图 11.11a 所示，已知 $R_1 = R_2 = 1\Omega$，$L_1 = L_2 = 0.1\mathrm{H}$，$M = 0.05\mathrm{H}$，激励为直流电压 $U_S = 1\mathrm{V}$，试求 $t = 0$ 时开关闭合后的电流 $i_1(t)$ 和 $i_2(t)$。

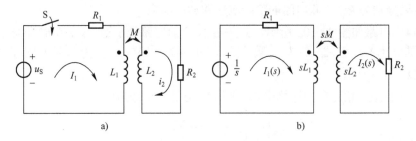

图 11.11 例 11.15 的图

解：与图 11.11a 相对应的运算电路如图 11.11b 所示。列出回路电流方程：

$$\left(R_1 + sL_1\right)I_1(s) - sMI_2(s) = \frac{1}{s}$$

$$-sMI_1(s) + \left(R_2 + sL_2\right)I_2(s) = 0$$

代入已知数据，可得

$$\left(1 + 0.1s\right)I_1(s) - 0.05sI_2(s) = \frac{1}{s}$$

$$-0.05sI_1(s) + \left(1 + 0.1s\right)I_2(s) = 0$$

解之得

$$I_1(s) = \frac{0.1s + 1}{s\left(0.75 \times 10^{-2}s^2 + 0.2s + 1\right)}$$

$$I_2(s) = \frac{0.05}{0.75 \times 10^{-2}s^2 + 0.2s + 1}$$

其反变换为

$$i_1(t) = \left(1 - 0.5\mathrm{e}^{-6.67t} - 0.5\mathrm{e}^{-20t}\right)\mathrm{A}$$

$$i_2(t) = 0.5\left(\mathrm{e}^{-6.67t} - \mathrm{e}^{-20t}\right)\mathrm{A}$$

本章小结

1. 已知时域函数求其象函数

利用表 11.1 结合拉普拉斯变换的性质就可以求出时域函数的象函数。

2. 已知象函数求其原函数

第一步，先将非真分式的象函数化为真分式。

第二步，用部分分式展开法将象函数分解，并确定相应的系数。

第三步，查表 11.1 可得各单项的原函数，将它们相加即可求得原函数。

3. 求一端口的输入运算阻抗

1）先将时域电路转化为运算电路，对不含受控源的网络，采用运算阻抗的串联、并联、星形与三角形等效变换等方法，求出总的等效运算阻抗。

2）对含有受控源的网络，需要采用外加（运算）电源法求出其输入运算阻抗。

4. 已知电路的结构、参数与激励，求其响应

1）根据题给条件计算出所有电感电流的初值 $i_L(0_-)$ 及所有电容电压的初值 $u_C(0_-)$，在此基础上画出与题给时域电路对应的运算电路。

2）对于只有一个激励的简单电路，可用分压、分流关系求出响应的象函数。对于含多个激励的复杂电路，可采用支路电流法、回路电流法、结点电压法及各种定理求出响应的象函数。

3）将求出的响应的象函数用部分分式法分解并确定各个系数，查表 11.1 求出各单项的时域函数，再将所有单项叠加即得响应的时域形式。

5. 含耦合电感的电路

分析方法同上。

习题

11.1 求下列各函数的象函数：

（1）$t\cos(\omega t)$ （2）$e^{-2t}\cos(3t)$ （3）$e^{-2t}\sin(4t)$

11.2 求下列象函数的原函数 $f(t)$：

（1）$F(s) = \dfrac{1}{s} + \dfrac{2}{s+1}$ （2）$F(s) = \dfrac{4}{(s+1)(s+3)}$

（3）$F(s) = \dfrac{3s+1}{s+4}$ （4）$F(s) = \dfrac{12}{(s+2)^2(s+4)}$

11.3 对下列 $F(s)$ 分别求 $f(t)$：

（1）$F(s) = \dfrac{2s^2+4s+1}{(s+1)(s+2)^3}$ （2）$F(s) = \dfrac{s+1}{(s+2)(s^2+2s+5)}$

（3）$F(s) = \dfrac{6(s-1)}{s^4-1}$

11.4 求图 11.12 所示电路中的 $i(t)$、$u_C(t)$。

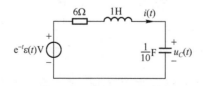

图 11.12 习题 11.4 的图

11.5 求图 11.13 所示两电路的输入运算阻抗 $Z_{in}(s)$。

227

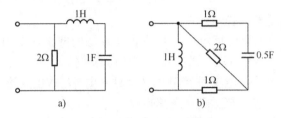

图 11.13　习题 11.5 的图

11.6　求图 11.14 所示电路中的回路电流 i_1 和 i_2。

11.7　在图 11.15 所示电路中，$i(0_-)=1\mathrm{A}$，$u(0_-)=2\mathrm{V}$，求 $t>0$ 时的 $u(t)$。

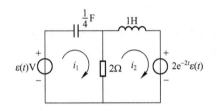

图 11.14　习题 11.6 的图

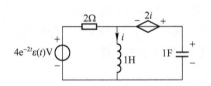

图 11.15　习题 11.7 的图

11.8　在图 11.16 所示电路中，开关 S 原为闭合，电路已达稳态，$t=0$ 时打开开关 S，求 $i(t)$ 和 $u_L(t)$。

11.9　图 11.17 所示电路原已达到稳态，在 $t=0$ 时合上开关 S，求电流 $i(t)$。

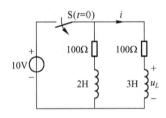

图 11.16　习题 11.8 的图

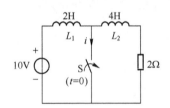

图 11.17　习题 11.9 的图

11.10　图 11.18 所示电路中，开关 S 原为闭合，电路已达稳态，$t=0$ 时打开开关 S，求 $t\geqslant 0$ 时的 $i(t)$ 和 $u_2(t)$。

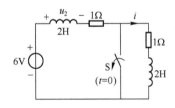

图 11.18　习题 11.10 的图

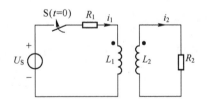

图 11.19　习题 11.11 的图

11.11　图 11.19 所示电路中，已知 $L_1=1\ \mathrm{H}$，$L_2=4\ \mathrm{H}$，$k=0.5$，$R_1=R_2=1\Omega$，$U_{\mathrm{S}}=2\ \mathrm{V}$，电感中原无磁场能量。$t=0$ 时闭合开关 S，求 $t\geqslant 0$ 时的 i_1、i_2。

11.12　图 11.20 所示电路中，开关 S 在 $t=0$ 时打开，电路原处于稳态。求 $t>0$ 时的

$i_1(t)$。

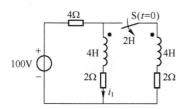

图 11.20 习题 11.12 的图

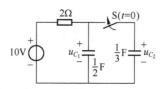

图 11.21 习题 11.13 的图

11.13 图 11.21 所示电路中，开关 S 闭合前电路已达稳态，且 $u_{C_2}(0_-)=0$，$t=0$ 时开关 S 闭合，求 $t \geqslant 0$ 时的 $u_{C_2}(t)$。

11.14 图 11.22 所示电路中，已知 $R_1=R_2=R_3=3\Omega$，$C_1=C_2=2\,\mathrm{F}$，$u_{S1}=u_{S2}=6\,\mathrm{V}$，$t=0$ 时开关 S 闭合，开关动作以前电路已处于稳态，求 $t \geqslant 0$ 时的 u_{C_1} 和 u_{C_2}。

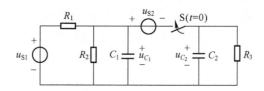

图 11.22 习题 11.14 的图

11.15 图 11.23 所示电路中，$u_C(0_-)=0$，求 S 闭合后的 $u_C(t)$、$i(t)$。

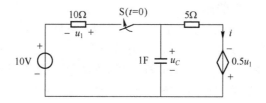

图 11.23 习题 11.15 的图

11.16 求图 11.24 所示电路中的电流 $i_1(t)$、$i_2(t)$。

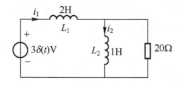

图 11.24 习题 11.16 的图

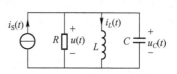

图 11.25 习题 11.17 的图

11.17 图 11.25 所示电路中，已知 $L=0.2\,\mathrm{H}$，$R=\dfrac{2}{7}\Omega$，$C=0.5\,\mathrm{F}$，$u_C(0_-)=2\,\mathrm{V}$，$i_L(0_-)=3\,\mathrm{A}$，$i_S(t)=10\cos(5t)\varepsilon(t)\,\mathrm{A}$，求 $u(t)$。

第 12 章　电路方程的矩阵形式

在第 3 章中曾介绍过几种常用的电路分析方法，比如回路电流法和结点电压法，它们不仅适用于电阻电路，也同样适用于正弦稳态电路和运算电路。当电路规模较小、结构较简单时，可以由人工用观察法列出电路的方程，再由人工求解。但在实际的工程应用中，随着电路规模的日益增大和结构的日趋复杂，这时人工计算就显然力不从心了，用计算机进行电路分析和设计成为科学发展的必然趋势。为了适应现代计算的需要，对系统的分析首先必须将电路网络画成拓扑图形，把电路方程写成矩阵形式，然后利用计算机求解，得到电路分析所需的结果，最终实现电路的计算机辅助分析。

本章首先在图的基本概念的基础上，介绍几个表示电路拓扑结构的重要矩阵：关联矩阵、回路矩阵和割集矩阵，然后利用这些矩阵来列写电路的 KCL、KVL 矩阵方程，最后导出回路电流方程（网孔电流方程）、结点电压方程和割集电压方程的矩阵形式。这些方法都是电路计算机辅助设计和分析的基础。

12.1　割集

现在介绍割集和基本割集的概念。

割集是连通图 G 的一个支路集合，它满足下面两个条件：

1）若把集合中的支路全部移去，图 G 被分成两个分离部分。

2）若少移去这个集合中的任何一条支路，剩下的图仍旧是连通的。

所以割集的定义可以简单叙述为：把图 G 分割为两个分离部分的最少支路集合，用符号 Q 表示。例如，在图 12.1a 所示的连通图 G 中，支路集合（1,2,6）是 G 的割集。这是因为若移去支路 1、2、6，则图 G 分成两个分离的部分，如图 12.1b 所示；若少移去割集（1,2,6）中的支路 2，则剩下的部分仍旧是连通的，如图 12.1c 所示。而支路集合（1,2,3,4）不是割集，因为少移去支路 1，剩下的仍是两个分离部分；支路集合（1,2,3,4,6）也不是割集，因为移去集合中的所有支路后，图 G 分成了三个分离的部分。

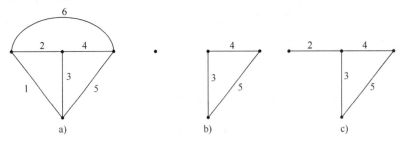

图 12.1　割集的定义

可以用作闭合面的方法来确定一个割集，具体方法是：在图 G 上作一个闭合面，使其包围图 G 中的某些结点，若把与此闭合面相切割的所有支路全部移去，图 G 将被分离成两部分，只要少移去一条支路，图仍为连通的，则这样一组支路便构成了一个割集。如对图 12.1a 所示图 G 作闭合面，可作出七个闭合面，每个闭合面都将图 G 分成了内外两个分离部分，由此可得与闭合面相交的七组支路集合即为七个割集，分别如图 12.2a～g 所示，对应的割集分别为（1,2,6）、（1,3,5）、（2,3,4）、（4,5,6）、（2,3,5,6）、（1,3,4,6）、（1,2,4,5）。

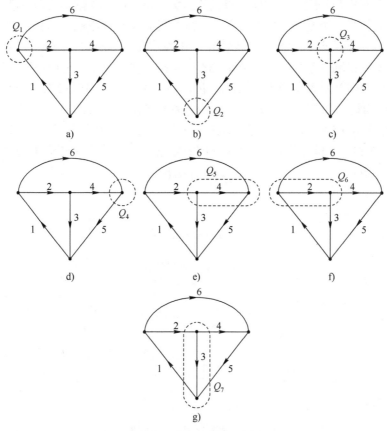

图 12.2　用闭合面确定割集

由于 KCL 可推广应用于任意闭合面，因此属于同一割集的所有支路电流应满足 KCL。若选流出闭合面为正方向，则图 12.2 的七个割集的 KCL 方程分别为

$$Q_1 : -i_1 + i_2 + i_6 = 0$$

$$Q_2 : i_1 - i_3 - i_5 = 0$$

$$Q_3 : -i_2 + i_3 + i_4 = 0$$

$$Q_4 : -i_4 + i_5 - i_6 = 0$$

$$Q_5 : -i_2 + i_3 + i_5 - i_6 = 0$$

$$Q_6 : -i_1 + i_3 + i_4 + i_6 = 0$$

$$Q_7 : i_1 - i_2 + i_4 - i_5 = 0$$

可见，每个割集都可列出一个 KCL 方程，但是这些方程并非都是线性独立的。

对应于一组独立的 KCL 方程的割集称为独立割集。和第 3 章确定独立回路的方法一样，现在介绍借助于"树"的概念确定一组独立割集的方法。在连通图 G 中任选一个树，因为树包含了图 G 的所有结点，所以与树对应的连支集合不可能构成一个割集，也就是说，割集中至少应包含一条树支。另外，由于树是连接所有结点的最少支路集合，所以移去任何一条树支，将把树分成两个分离部分，这样，每一条树支都可以与相应的一些连支构成割集。这种由树的一条树支和相应的一些连支组成的割集，称为单树支割集或基本割集。由于每个割集中都含有其他割集所没有的树支，所以这样的割集就是图 G 的一组独立割集，称为基本割集组。对于有 n 个结点 b 条支路的连通图 ，其树支数为 $(n-1)$，因此有 $(n-1)$ 个单树支割集。单树支割集是独立割集，但独立割集不一定是单树支割集。选取不同的树，可得到不同的基本割集组，但其中独立割集的数目一定是 $(n-1)$。例如，图 12.3a 所示连通图 G，若选支路 1，2，3，4 为树，如图 12.3b 所示，可得基本割集组为 {（1,5,7）、（2,5,7,8）、（3,6,7,8）、（4,6,7）}；若选 1,4,5,6 为树，如图 12.3c 所示，则基本割集组为 {（1,2,8）、（3,4,8）、（2,5,7,8）、（3,6,7,8）}。指定支路方向后，图 12.3c 基本割集组对应的 KCL 方程为

$$-i_1 + i_2 - i_8 = 0$$

$$-i_3 - i_4 + i_8 = 0$$

$$i_2 - i_5 + i_7 - i_8 = 0$$

$$-i_3 - i_6 - i_7 + i_8 = 0$$

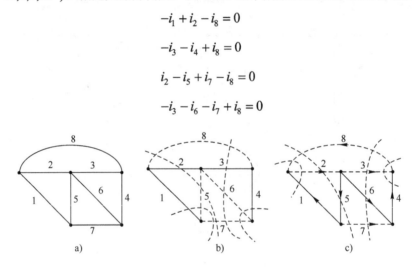

图 12.3　基本割集与基本割集组

可见，上述方程线性独立。

12.2　关联矩阵、回路矩阵和割集矩阵

由于 KCL 和 KVL 与电路的元件性质无关，因此可将电路抽象为有向图。有向图直观、清晰地反映了电路的几何结构及支路间的连接关系，但是电路的计算机辅助分析需要将有向图的这种几何结构用代数的方式描述，可按一定的规律将其写成矩阵形式，这些矩阵就是本节要介绍的关联矩阵、回路矩阵和割集矩阵。

12.2.1　关联矩阵

在有向图 G 中，设一条支路连接在某两个结点上，则称该支路与这两个节点关联，否则称为无关联。可以用关联矩阵 A_a 来描述结点与支路的关联关系。矩阵 A_a 的行对应结点，

列对应支路，这样对于具有 n 个结点 b 条支路的有向图，该矩阵为一个（$n\times b$）的矩阵。将有向图的支路和结点均加以编号，矩阵第 j 行第 k 列元素 a_{jk} 定义如下：

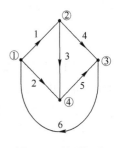

图 12.4　关联矩阵

$a_{jk}=1$，表示支路 k 与结点 j 关联，并且其参考方向流出该结点；

$a_{jk}=-1$，表示支路 k 与结点 j 关联，并且其参考方向流入该结点；

$a_{jk}=0$，表示支路 k 与结点 j 无关联。

例如，图 12.4 所示有向图的关联矩阵为

$$
A_\mathrm{a} = \begin{array}{c} \\ ① \\ ② \\ ③ \\ ④ \end{array}
\begin{array}{c} 1 \quad 2 \quad 3 \quad 4 \quad 5 \quad 6 \\
\begin{pmatrix}
1 & 1 & 0 & 0 & 0 & -1 \\
-1 & 0 & 1 & 1 & 0 & 0 \\
0 & 0 & 0 & -1 & -1 & 1 \\
0 & -1 & -1 & 0 & 1 & 0
\end{pmatrix}
\end{array}
$$

A_a 的每一行对应一个结点，每一列对应一条支路。由于每条支路连接于两个结点，并且其方向一定是从一个结点指向另一个结点，因此每列只有两个非零元素，即 +1 和 -1。这样 A_a 的任意一行都可以从其他（n-1）行导出，所以 A_a 的行不是彼此独立的。

如果将 A_a 的任一行删去，剩下的 $(n-1)\times b$ 阶矩阵用 A 表示，称为降阶关联矩阵（以后主要用这种降阶关联矩阵，为论述方便省略"降阶"二字）。降阶关联矩阵仍能完整地表示有向图的结点和支路的关系。删去的那一行所对应的结点，在电路分析中常常被选为参考结点。例如图 12.4 所示的有向图，选结点④为参考结点，降阶关联矩阵为

$$
A = \begin{array}{c} \\ ① \\ ② \\ ③ \end{array}
\begin{array}{c} 1 \quad 2 \quad 3 \quad 4 \quad 5 \quad 6 \\
\begin{pmatrix}
1 & 1 & 0 & 0 & 0 & -1 \\
-1 & 0 & 1 & 1 & 0 & 0 \\
0 & 0 & 0 & -1 & -1 & 1
\end{pmatrix}
\end{array}
$$

降阶关联矩阵 A 描述了独立结点与支路的关联关系，它的各行彼此独立，是一个满秩的矩阵。参考结点选取不同，矩阵 A 也不同。

图 12.4 所示的有向图中，假设支路电流的参考方向就是支路方向，选结点④为参考结点，电流流出结点为正方向，独立结点的 KCL 方程为

结点①：$\qquad\qquad\qquad\qquad i_1+i_2-i_6=0$

结点②：$\qquad\qquad\qquad\qquad -i_1+i_3+i_4=0$

结点③：$\qquad\qquad\qquad\qquad -i_4-i_5+i_6=0$

写成矩阵形式为

$$
\begin{pmatrix}
1 & 1 & 0 & 0 & 0 & -1 \\
-1 & 0 & 1 & 1 & 0 & 0 \\
0 & 0 & 0 & -1 & -1 & 1
\end{pmatrix}
\begin{pmatrix}
i_1 \\ i_2 \\ i_3 \\ i_4 \\ i_5 \\ i_6
\end{pmatrix} = 0
$$

其中，令 $i = (i_1 \quad i_2 \quad i_3 \quad i_4 \quad i_5 \quad i_6)^{\mathrm{T}}$ 称为支路电流列向量，其系数矩阵即关联矩阵 A，上式可写为

$$Ai=0 \tag{12.1}$$

式（12.1）为用关联矩阵 A 表示的 KCL 的矩阵形式，可推广应用于具有 n 个结点 b 条支路的电路，其中 i 为 b 阶列向量。

图 12.4 所示的有向图中，假设支路电压的参考方向就是支路方向，选结点④为参考结点，则支路电压可用结点电压表示，关系为

$$u_1 = u_{n1} - u_{n2} \qquad u_2 = u_{n1} \qquad u_3 = u_{n2}$$
$$u_4 = u_{n2} - u_{n3} \qquad u_5 = -u_{n3} \qquad u_6 = -u_{n1} + u_{n3}$$

写成矩阵形式为

$$
\begin{pmatrix} u_1 \\ u_2 \\ u_3 \\ u_4 \\ u_5 \\ u_6 \end{pmatrix}
=
\begin{pmatrix}
1 & -1 & 0 \\
1 & 0 & 0 \\
0 & 1 & 0 \\
0 & 1 & -1 \\
0 & 0 & -1 \\
-1 & 0 & 1
\end{pmatrix}
\begin{pmatrix} u_{n1} \\ u_{n2} \\ u_{n3} \end{pmatrix}
$$

其中，令 $u = (u_1 \quad u_2 \quad u_3 \quad u_4 \quad u_5 \quad u_6)^{\mathrm{T}}$ 称为支路电压列向量，$u_n = (u_{n1} \quad u_{n2} \quad u_{n3})^{\mathrm{T}}$ 称为结点电压列向量，其系数矩阵为矩阵 A^{T}，上式可写为

$$A^{\mathrm{T}} u_n = u \tag{12.2}$$

式（12.2）为用关联矩阵 A 表示的 KVL 的矩阵形式。可推广应用于具有 n 个结点 b 条支路的电路，其中 u 为 b 阶列向量，u_n 为 $(n-1)$ 阶列向量。

12.2.2 回路矩阵

在有向图 G 中，设一个回路由某些支路组成，称这些支路属于该回路，其他支路则不属于该回路。支路与回路的关联性质可以用回路矩阵来描述。这里仅介绍独立回路矩阵，简称回路矩阵。独立回路矩阵描述的是支路与独立回路的关联性质，其行对应回路，列对应支路，这样对于具有 n 个结点 b 条支路的有向图，其独立回路的个数是 $l=b-n+1$，所以回路矩阵是一个 $l \times b$ 的矩阵，用 B 表示。将回路和支路均加以编号，第 j 行第 k 列的元素 b_{jk} 定义如下：

$b_{jk} = +1$，表示支路 k 属于回路 j，且它们方向一致；

$b_{jk} = -1$，表示支路 k 属于回路 j，且它们方向相反；

$b_{jk} = 0$，表示支路 k 不属于回路 j。

例如，图 12.5a 所示的有向图中，选取网孔为独立回路，按图中方向及编号，则回路矩阵（也可称为网孔矩阵）为

$$
B = \begin{matrix} l_1 \\ l_1 \\ l_1 \end{matrix}
\begin{matrix}
\begin{matrix} 1 & 2 & 3 & 4 & 5 & 6 \end{matrix} \\
\begin{pmatrix}
1 & -1 & 1 & 0 & 0 & 0 \\
0 & 0 & -1 & 1 & -1 & 0 \\
0 & 1 & 0 & 0 & 1 & 1
\end{pmatrix}
\end{matrix}
$$

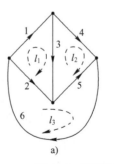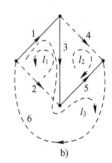

图 12.5 回路矩阵与基本回路矩阵

如果所选独立回路为对应于某一个树的单连支回路，也就是基本回路，则称这种回路矩阵为基本回路矩阵，用 $\boldsymbol{B}_{\mathrm{f}}$ 表示。基本回路矩阵描述的是支路和基本回路的关联性质。在列写基本回路矩阵时，规定回路中连支的方向即为该回路的绕行方向。例如图 12.5b 中，选支路 1,3,5 为树，则其基本回路矩阵

$$\boldsymbol{B}_{\mathrm{f}} = \begin{matrix} \\ l_1 \\ l_1 \\ l_1 \end{matrix} \begin{matrix} \begin{matrix} 1 & 2 & 3 & 4 & 5 & 6 \end{matrix} \\ \begin{pmatrix} -1 & 1 & -1 & 0 & 0 & 0 \\ 0 & 0 & -1 & 1 & -1 & 0 \\ 1 & 0 & 1 & 0 & 1 & 1 \end{pmatrix} \end{matrix}$$

由于每条连支只属于一个基本回路，所以 $\boldsymbol{B}_{\mathrm{f}}$ 中连支所在列只有一个非零元素 1。为了明确这种关系，也可以将连支的顺序排在树支之前，并且基本回路的序号为对应连支所在列的序号，这样 $\boldsymbol{B}_{\mathrm{f}}$ 中将出现一个 l 阶的单位子矩阵，即

$$\boldsymbol{B}_{\mathrm{f}} = \left(\boldsymbol{E}_l \,\vdots\, \boldsymbol{B}_{\mathrm{t}}\right)$$

式中，l 和 t 分别表示与连支和树支对应部分。例如图 12.5b，按先连支后树支的顺序，基本回路矩阵也可写为

$$\boldsymbol{B}_{\mathrm{f}} = \begin{matrix} \\ l_1 \\ l_1 \\ l_1 \end{matrix} \begin{matrix} \begin{matrix} 2 & 4 & 6 & 1 & 3 & 5 \end{matrix} \\ \left(\begin{array}{ccc|ccc} 1 & 0 & 0 & -1 & -1 & 0 \\ 0 & 1 & 0 & 0 & -1 & -1 \\ 0 & 0 & 1 & 1 & 1 & 1 \end{array}\right) \end{matrix}$$

显然，回路矩阵和基本回路矩阵都是满秩的矩阵，由此可见基本回路是独立回路。

在图 12.5a 中，假设支路电压的方向与支路方向相同，则回路的 KVL 方程为

回路 1： $$u_1 - u_2 + u_3 = 0$$

回路 2： $$-u_3 + u_4 - u_5 = 0$$

回路 3： $$u_2 + u_5 + u_6 = 0$$

写成矩阵形式为

$$\begin{pmatrix} 1 & -1 & 1 & 0 & 0 & 0 \\ 0 & 0 & -1 & 1 & -1 & 0 \\ 0 & 1 & 0 & 0 & 1 & 1 \end{pmatrix} \begin{pmatrix} u_1 \\ u_2 \\ u_3 \\ u_4 \\ u_5 \\ u_6 \end{pmatrix} = 0$$

式中，支路电压列向量 $\boldsymbol{u}$ 的系数即为回路矩阵 $\boldsymbol{B}$，于是可写为

$$\boldsymbol{Bu}=0 \tag{12.3}$$

式（12.3）为用回路矩阵 $\boldsymbol{B}$ 表示的 KVL 的矩阵形式，可推广应用于具有 n 个结点 b 条支路的电路。

图 12.5a 中，假设支路电流方向即支路方向，则各支路电流可用回路电流表示，关系为

$$i_1 = i_{l1} \qquad i_2 = -i_{l1} + i_{l3} \qquad i_3 - i_{l1} - i_{l2}$$

$$i_4 = i_{l2} \qquad i_5 = -i_{l2} + i_{l3} \qquad i_6 = i_{l3}$$

写成矩阵形式为

$$\begin{pmatrix} i_1 \\ i_2 \\ i_3 \\ i_4 \\ i_5 \\ i_6 \end{pmatrix} = \begin{pmatrix} 1 & 0 & 0 \\ -1 & 0 & 1 \\ 1 & -1 & 0 \\ 0 & 1 & 0 \\ 0 & -1 & 1 \\ 0 & 0 & 1 \end{pmatrix} \begin{pmatrix} i_{l1} \\ i_{l2} \\ i_{l3} \end{pmatrix}$$

其中，令 $\boldsymbol{i}_l = \begin{pmatrix} i_{l1} & i_{l2} & i_{l3} \end{pmatrix}^{\mathrm{T}}$ 称为回路电流列向量，其系数矩阵为矩阵 $\boldsymbol{B}^{\mathrm{T}}$，上式可写为：

$$i=\boldsymbol{B}^{\mathrm{T}}\boldsymbol{i}_l \tag{12.4}$$

式（12.4）为用回路矩阵 $\boldsymbol{B}$ 表示的 KCL 的矩阵形式，可推广应用于具有 n 个结点 b 条支路的电路，其中 $\boldsymbol{i}_l$ 为 l 阶列向量。

12.2.3 割集矩阵

在有向图 G 中，设一个割集由某些支路组成，称这些支路属于该割集，其他支路则不属于该割集。支路与割集的关联性质可以用割集矩阵来描述。这里仅介绍独立割集矩阵，简称割集矩阵。独立割集矩阵描述的是支路与独立割集的关联性质，其行对应割集，列对应支路，这样对于具有 n 个结点 b 条支路的有向图，其独立割集的个数是 $n-1$，所以割集矩阵是一个 $(n-1) \times b$ 的矩阵，用 $\boldsymbol{Q}$ 表示。将割集和支路均加以编号，第 j 行第 k 列的元素 b_{jk} 定义如下：

$q_{jk} = +1$，表示支路 k 属于割集 j，且它们方向一致；

$q_{jk} = -1$，表示支路 k 属于割集 j，且它们方向相反；

$q_{jk} = 0$，表示支路 k 不属于割集 j。

例如，图 12.6a 所示的有向图中，如果选一组独立割集如图 12.6b 所示，设流出闭合面方向为割集方向，则割集矩阵为

$$\boldsymbol{Q}_{\mathrm{f}} = \begin{array}{c} \\ Q_1 \\ Q_2 \\ Q_3 \end{array} \begin{pmatrix} \overset{1}{} & \overset{2}{} & \overset{3}{} & \overset{4}{} & \overset{5}{} & \overset{6}{} \\ 1 & 1 & 0 & 0 & 0 & -1 \\ -1 & 0 & 1 & 1 & 0 & 0 \\ 0 & 0 & 0 & -1 & -1 & 1 \end{pmatrix}$$

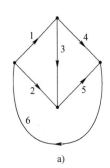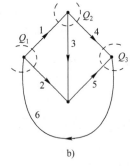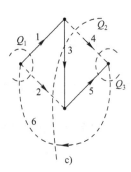

图 12.6 割集矩阵与基本割集矩阵

如果所选独立割集为对应于某一个树的单树支割集，也就是基本割集，则称这种割集矩阵为基本割集矩阵，用 Q_f 表示。基本割集矩阵描述的是支路和基本割集的关联性质。在列写基本割集矩阵时，规定割集中树支的方向即为该割集的方向。例如图 12.6c 中，选支路 1,3,5 为树，则其基本割集矩阵

$$\boldsymbol{Q}_f = \begin{array}{c} Q_1 \\ Q_2 \\ Q_3 \end{array} \begin{pmatrix} \overset{1}{1} & \overset{2}{1} & \overset{3}{0} & \overset{4}{0} & \overset{5}{0} & \overset{6}{-1} \\ 0 & 1 & 1 & 1 & 0 & -1 \\ 0 & 0 & 0 & 1 & 1 & -1 \end{pmatrix}$$

由于每条树支只属于一个基本割集，所以 Q_f 中树支所在列只有一个非零元素 1。为了明确这种关系，也可以将树支的顺序排在连支之前，并且基本割集的序号为对应连支所在列的序号，这样 Q_f 中将出现一个 $n-1$ 阶的单位子矩阵，即

$$\boldsymbol{Q}_f = \begin{pmatrix} \boldsymbol{E}_t & \vdots & \boldsymbol{Q}_l \end{pmatrix}$$

式中 t 和 l 分别表示与树支和连支对应部分。例如图 12.6c，按先树支后连支的顺序，基本割集矩阵也可写为

$$\boldsymbol{Q}_f = \begin{array}{c} Q_1 \\ Q_2 \\ Q_3 \end{array} \begin{pmatrix} \overset{1}{1} & \overset{3}{0} & \overset{5}{0} & \vdots & \overset{2}{1} & \overset{4}{0} & \overset{6}{-1} \\ 0 & 1 & 0 & \vdots & 1 & 1 & -1 \\ 0 & 0 & 1 & \vdots & 0 & 1 & -1 \end{pmatrix}$$

显然，割集矩阵和基本割集矩阵都是满秩的矩阵，由此可见基本割集是独立割集。

在图 12.6c 中，假设支路电流的参考方向就是支路方向，基本割集的方向为其中树支的方向，则图中各割集的 KCL 方程为

割集 1: $\qquad\qquad\qquad\qquad i_1 + i_2 - i_6 = 0$

割集 2: $\qquad\qquad\qquad\qquad i_2 + i_3 + i_4 - i_6 = 0$

割集 3: $\qquad\qquad\qquad\qquad i_4 + i_5 - i_6 = 0$

写成矩阵形式为

$$\begin{pmatrix} 1 & 1 & 0 & 0 & 0 & -1 \\ 0 & 1 & 1 & 1 & 0 & -1 \\ 0 & 0 & 0 & 1 & 1 & -1 \end{pmatrix} \begin{pmatrix} i_1 \\ i_2 \\ i_3 \\ i_4 \\ i_5 \\ i_6 \end{pmatrix} = 0$$

其中，支路电流列向量 i 的系数矩阵为矩阵 Q_f，上式可写为

$$\boldsymbol{Q}_f \boldsymbol{i} = 0 \qquad\qquad\qquad\qquad\qquad (12.5)$$

式（12.5）为用割集矩阵 Q_f 表示的 KCL 的矩阵形式，可推广应用于具有 n 个结点 b 条支路的电路。

电路中 $n-1$ 个树支电压可用 $n-1$ 阶列向量表示，即 $\boldsymbol{u}_t = \begin{pmatrix} u_{t1} & u_{t2} & \dots & u_{t(n-1)} \end{pmatrix}^T$。由于基本割集为单树支割集，此时树支电压又可视为对应割集的电压，所以 $\boldsymbol{u}_t$ 又是基本割集组的割

集电压列向量。图 12.6c 所示的有向图中，假设支路电压的参考方向就是支路方向，则支路电压可用割集电压表示，关系为

$$u_1 = u_{t1} \qquad u_2 = u_{t1} + u_{t2} \qquad u_3 = u_{t2}$$
$$u_4 = u_{t2} + u_{t3} \qquad u_5 = u_{t3} \qquad u_6 = -u_{t1} - u_{t2} - u_{t3}$$

写成矩阵形式为

$$\begin{pmatrix} u_1 \\ u_2 \\ u_3 \\ u_4 \\ u_5 \\ u_6 \end{pmatrix} = \begin{pmatrix} 1 & 0 & 0 \\ 1 & 1 & 0 \\ 0 & 1 & 0 \\ 0 & 1 & 1 \\ 0 & 0 & 1 \\ -1 & -1 & -1 \end{pmatrix} \begin{pmatrix} u_{t1} \\ u_{t2} \\ u_{t3} \end{pmatrix}$$

其中，$u_t = \begin{pmatrix} u_{t1} & u_{t2} & u_{t3} \end{pmatrix}^T$ 称为割集电压列向量，其系数矩阵为矩阵 Q_f^T，上式可写为

$$u = Q_f^T u_t \tag{12.6}$$

式（12.6）为用割集矩阵 Q_f 表示的 KVL 的矩阵形式，可推广应用于具有 n 个结点 b 条支路的电路。

12.3　回路电流方程的矩阵形式

回路电流法是以回路电流作为电路的一组独立变量，列出一组独立的 KVL 方程，进而求出回路电流的方法。所列的 KVL 方程即为回路电流方程。回路电流方程也可以写成矩阵形式，本节介绍回路电流方程矩阵形式的列写方法。

在前面所讲的三个基本矩阵中，描述支路和回路关系的是回路矩阵 B，所以适合用 B 表示的 KCL 和 KVL 导出回路电流方程的矩阵形式。

以交流电路为例，KCL 方程和 KVL 方程的矩阵形式为

$$\text{KCL} \qquad \dot{I} = B^T \dot{I}_l$$
$$\text{KVL} \qquad Bu = 0$$

分析电路时除了依据 KCL 和 KVL 外，还需要知道支路的电压、电流的约束方程。因此需要定义一种典型支路作为通用支路模型，常采用"复合支路"。对于回路电流法采用图 12.7 所示复合支路[⊖]，其中下标 k 表示第 k 条支路，$\dot{U}_k$ 和 $\dot{I}_k$ 分别表示支路的电压和电流，$\dot{U}_{sk}$ 和 $\dot{I}_{sk}$ 分别表示支路中的独立电压源和独立电流源，$\dot{U}_{dk}$ 表示支路中的受控电压源，Z_k（或 Y_k）表示阻抗（或导纳），为了便于编制程序，规定它只能是单一的电阻、电感或电容，而不能是它们的组合，即

$$Z_k = \begin{cases} R_k \\ j\omega L_k \\ \dfrac{1}{j\omega C_k} \end{cases}$$

⊖　按这种复合支路的规定，电路中不允许存在受控电流源。另外，对回路电流法，不允许出现无伴电流源支路。

复合支路规定了一条支路中最多可以包含的不同元件数及其连接方式，但不是说每条支路都必须包含这几种元件，所以可以允许一条支路缺少其中某些元件。另外，如果用运算法分析电路，复合支路就是与之对应的运算电路模型。按图 12.7 中电压、电流的参考方向，下面分三种情况讨论整个电路的支路方程的矩阵形式。

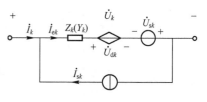

图 12.7　复合支路

1. 当电路中无受控电压源，电感之间无耦合时

在这种情况下，对第 k 条支路有

$$\dot{U}_k = Z_k\left(\dot{I}_k + \dot{I}_{sk}\right) - \dot{U}_{sk} \tag{12.7}$$

对于具有 n 个结点 b 条支路的电路，每一条支路都可以写出相应的支路方程，对整个电路有

$$\begin{pmatrix} \dot{U}_1 \\ \dot{U}_2 \\ \vdots \\ \dot{U}_b \end{pmatrix} = \begin{pmatrix} Z_1 & & & \\ & Z_2 & & \\ & & \ddots & \\ & & & Z_b \end{pmatrix} \begin{pmatrix} \dot{I}_1 + \dot{I}_{s1} \\ \dot{I}_2 + \dot{I}_{s2} \\ \vdots \\ \dot{I}_b + \dot{I}_{sb} \end{pmatrix} - \begin{pmatrix} \dot{U}_{s1} \\ \dot{U}_{s2} \\ \vdots \\ \dot{U}_{sb} \end{pmatrix} \tag{12.8}$$

若设

$\dot{\boldsymbol{I}} = \begin{pmatrix} \dot{I}_1 & \dot{I}_2 & \cdots & \dot{I}_b \end{pmatrix}^{\mathrm{T}}$　为支路电流列向量；

$\dot{\boldsymbol{U}} = \begin{pmatrix} \dot{U}_1 & \dot{U}_2 & \cdots & \dot{U}_b \end{pmatrix}^{\mathrm{T}}$　为支路电压列向量；

$\dot{\boldsymbol{I}}_{\mathrm{s}} = \begin{pmatrix} \dot{I}_{s1} & \dot{I}_{s2} & \cdots & \dot{I}_{sb} \end{pmatrix}^{\mathrm{T}}$　为支路电流源的电流列向量；

$\dot{\boldsymbol{U}}_{\mathrm{s}} = \begin{pmatrix} \dot{U}_{s1} & \dot{U}_{s2} & \cdots & \dot{U}_{sb} \end{pmatrix}^{\mathrm{T}}$　为支路电压源的电压列向量。

则式（12.8）可写为

$$\dot{\boldsymbol{U}} = \boldsymbol{Z}\left(\dot{\boldsymbol{I}} + \dot{\boldsymbol{I}}_{\mathrm{s}}\right) - \dot{\boldsymbol{U}}_{\mathrm{s}} \tag{12.9}$$

式中，$\boldsymbol{Z}$ 称为支路阻抗矩阵，它是一个 $b \times b$ 的对角阵，对角线元素为各支路的阻抗。

2. 当电路中无受控电压源，电感之间有耦合时

在这种情况下，式（12.7）还应计入互感电压的作用。设支路 g 和 k 之间存在耦合，如图 12.8 所示，由于其他支路无耦合，故其他支路方程不变，第 g 和第 h 条支路方程变为

$$\dot{U}_g = \mathrm{j}\omega L_g\left(\dot{I}_g + \dot{I}_{sg}\right) + \mathrm{j}\omega M_{gh}\left(\dot{I}_h + \dot{I}_{sh}\right) - \dot{U}_{sg}$$

$$\dot{U}_h = \mathrm{j}\omega L_h\left(\dot{I}_h + \dot{I}_{sh}\right) + \mathrm{j}\omega M_{hg}\left(\dot{I}_g + \dot{I}_{sg}\right) - \dot{U}_{sh}$$

如果图 12.8 中互感的同名端或者电流、电压的参考方向变化，互感电压前也可能取 "–" 号，需读者自行判断。式中，$\dot{I}_g + \dot{I}_{sg} = I_{eg}$，$\dot{I}_h + \dot{I}_{sh} = \dot{I}_{eh}$。可得支路方程的矩阵形式为

$$\begin{pmatrix} \dot{U}_1 \\ \vdots \\ \dot{U}_g \\ \vdots \\ \dot{U}_h \\ \vdots \\ \dot{U}_b \end{pmatrix} = \begin{pmatrix} Z_1 & \cdots & 0 & \cdots & 0 & \cdots & 0 \\ \vdots & & \vdots & & \vdots & & \vdots \\ 0 & \cdots & j\omega L_g & \cdots & j\omega M_{gh} & \cdots & 0 \\ \vdots & & \vdots & & \vdots & & \vdots \\ 0 & \cdots & j\omega M_{hg} & \cdots & j\omega L_h & \cdots & 0 \\ \vdots & & \vdots & & \vdots & & \vdots \\ 0 & \cdots & 0 & \cdots & 0 & \cdots & Z_b \end{pmatrix} \begin{pmatrix} \dot{I}_1 + \dot{I}_{s1} \\ \vdots \\ \dot{I}_g + \dot{I}_{sg} \\ \vdots \\ \dot{I}_h + \dot{I}_{sh} \\ \vdots \\ \dot{I}_b + \dot{I}_{sb} \end{pmatrix} - \begin{pmatrix} \dot{U}_{s1} \\ \vdots \\ \dot{U}_{sg} \\ \vdots \\ \dot{U}_{sh} \\ \vdots \\ \dot{U}_{sb} \end{pmatrix}$$

由此可知，支路方程的矩阵形式仍旧可写成

$$\dot{U} = Z(\dot{I} + \dot{I}_s) - \dot{U}_s$$

上式与式（12.9）具有相同的形式，但此时 Z 不再是对角矩阵，其对角线元素为各支路阻抗，非对角线元素将是相应的支路间的互感阻抗。

3. 当电路中含有受控电压源时

在这种情况下，设第 k 条支路中有受控电压源并受第 j 条支路中无源元件上的电压 $\dot{U}_{ej}$ 或电流 $\dot{I}_{ej}$ 控制，如图 12.9 所示，其中 $\dot{U}_{dk} = r_{kj}\dot{I}_{ej}$ 或 $\dot{U}_{dk} = \alpha_{kj}\dot{U}_{ej}$。

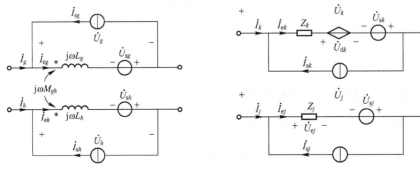

图 12.8　有互感的复合支路　　　图 12.9　受控电压源的控制关系

此时第 k 条支路的支路方程为

$$\dot{U}_k = Z_k(\dot{I}_k + \dot{I}_{sk}) + r_{kj}(\dot{I}_j + \dot{I}_{sj}) - \dot{U}_{sk}$$

或

$$\dot{U}_k = Z_k(\dot{I}_k + \dot{I}_{sk}) + \alpha_{kj}Z_j(\dot{I}_j + \dot{I}_{sj}) - \dot{U}_{sk}$$

令

$$Z_{kj} = \begin{cases} r_{kj} & \text{当 } \dot{U}_{dk} \text{ 为 CCVS 时} \\ \alpha_{kj}Z_j & \text{当 } \dot{U}_{dk} \text{ 为 VCVS 时} \end{cases}$$

于是，电路的支路方程矩阵形式为

$$\begin{pmatrix} \dot{U}_1 \\ \vdots \\ \dot{U}_j \\ \vdots \\ \dot{U}_k \\ \vdots \\ \dot{U}_b \end{pmatrix} = \begin{pmatrix} Z_1 & \cdots & 0 & \cdots & 0 & \cdots & 0 \\ \vdots & & \vdots & & \vdots & & \vdots \\ 0 & \cdots & Z_j & \cdots & 0 & \cdots & 0 \\ \vdots & & \vdots & & \vdots & & \vdots \\ 0 & \cdots & Z_{kj} & \cdots & Z_k & \cdots & 0 \\ \vdots & & \vdots & & \vdots & & \vdots \\ 0 & \cdots & 0 & \cdots & 0 & \cdots & Z_b \end{pmatrix} \begin{pmatrix} \dot{I}_1 + \dot{I}_{s1} \\ \vdots \\ \dot{I}_j + \dot{I}_{sj} \\ \vdots \\ \dot{I}_k + \dot{I}_{sk} \\ \vdots \\ \dot{I}_b + \dot{I}_{sb} \end{pmatrix} - \begin{pmatrix} \dot{U}_{s1} \\ \vdots \\ \dot{U}_{sj} \\ \vdots \\ \dot{U}_{sk} \\ \vdots \\ \dot{U}_{sb} \end{pmatrix}$$

即

$$\dot{U} = Z(\dot{I} + \dot{I}_s) - \dot{U}_s$$

上式与式（12.9）也具有相同的形式，此时 Z 也不是对角阵，其对角线元素为各支路阻抗，第 k 行第 j 列元素与相应的受控电压源有关。

为了导出回路电流方程的矩阵形式，重写所需 3 组方程为

$$\text{KCL} \qquad\qquad \dot{I} = B^T \dot{I}_l$$

$$\text{KVL} \qquad\qquad Bu = 0$$

$$\text{支路方程} \qquad\qquad \dot{U} = Z(\dot{I} + \dot{I}_s) - \dot{U}_s$$

把支路方程代入 KVL 可得

$$BZ\dot{I} + BZ\dot{I}_s - B\dot{U}_s = 0$$

再把 KCL 代入上式得

$$BZB^T \dot{I}_l = B\dot{U}_s - BZ\dot{I}_s \qquad\qquad (12.10)$$

式（12.10）即为回路电流方程的矩阵形式。

令 $Z_l \overset{\text{def}}{=\!=\!=\!=} BZB^T$ 称为回路阻抗矩阵，它是一个 l 阶的方阵，它的对角线元素为各回路的自阻抗，非对角线元素为回路间的互阻抗。

令 $\dot{U}_{ls} \overset{\text{def}}{=\!=\!=\!=} B\dot{U}_s - BZ\dot{I}_s$ 称为回路电源电压向量，它是一个 l 阶列向量。它的元素相当于第 3 章回路电流方程等号右边的常数项。

式（12.10）可简写为

$$Z_l \dot{I}_l = \dot{U}_{ls}$$

当用回路电流方程矩阵求出回路电流 $\dot{I}_l$ 后，再利用 $\dot{I} = B^T \dot{I}_l$ 即可求出各支路电流。

例 12.1　试用回路电流方程矩阵形式求图 12.10a 所示电路的各支路电流。

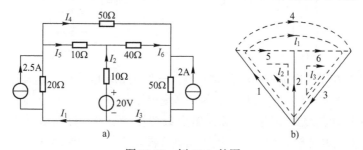

图 12.10　例 12.1 的图

解：（1）作出图 12.10a 所示电路的有向图，选 1，2，3 为树，基本回路如图 12.10b 所示，回路方向为其中连支方向。

（2）根据图 12.10b 写出回路矩阵

$$
B = \begin{array}{c} \\ 1 \\ 2 \\ 3 \end{array}
\begin{array}{cccccc} 1 & 2 & 3 & 4 & 5 & 6 \\ \end{array}
\left(
\begin{array}{cccccc}
1 & 0 & 1 & 1 & 0 & 0 \\
1 & -1 & 0 & 0 & 1 & 0 \\
0 & 1 & 1 & 0 & 0 & 1 \\
\end{array}
\right)
$$

由于电路中无受控源无耦合，所以支路阻抗矩阵为对角阵

$$Z = \text{diag}(20,\ 10,\ 5,\ 50,\ 10,\ 40)$$

支路电压源电压列向量和支路电流源电流列向量为

$$U_s = \begin{pmatrix} 0 & 20 & 0 & 0 & 0 & 0 \end{pmatrix}^T$$

$$I_s = \begin{pmatrix} -2.5 & 0 & 2 & 0 & 0 & 0 \end{pmatrix}^T$$

其中，独立电压源和独立电流源前的正、负号表示电压源电压和电流源电流的参考方向是否与支路的参考方向一致，若一致，则电压源电压、电流源电流前面取"–"号，反之前面取"+"号。

（3）将上面 4 个矩阵代入公式 $BZB^T \dot{I}_l = B\dot{U}_s - BZ\dot{I}_s$，得

$$\begin{pmatrix} 75 & 20 & 5 \\ 20 & 40 & -10 \\ 5 & -10 & 55 \end{pmatrix} \begin{pmatrix} I_{l1} \\ I_{l2} \\ I_{l3} \end{pmatrix} = \begin{pmatrix} 40 \\ 30 \\ 10 \end{pmatrix}$$

求解可得回路电流

$$\begin{pmatrix} I_{l1} \\ I_{l2} \\ I_{l3} \end{pmatrix} = \begin{pmatrix} 0.344 \\ 0.645 \\ 0.268 \end{pmatrix}$$

（4）由 $\dot{I} = B^T \dot{I}_l$，可求得各支路电流

$$\begin{pmatrix} I_1 \\ I_2 \\ I_3 \\ I_4 \\ I_5 \\ I_6 \end{pmatrix} = \begin{pmatrix} 1 & 0 & 1 & 1 & 0 & 0 \\ 1 & -1 & 0 & 0 & 1 & 0 \\ 0 & 1 & 1 & 0 & 0 & 1 \end{pmatrix}^T \begin{pmatrix} I_{l1} \\ I_{l2} \\ I_{l3} \end{pmatrix} = \begin{pmatrix} 0.99 \\ -0.377 \\ 0.612 \\ 0.344 \\ 0.645 \\ 0.268 \end{pmatrix}$$

列写回路电流方程必须选择一组独立回路，一般用基本回路组，这样就必须选择一个合适的树。树的选择固然可以在计算机上按编好的程序自动进行，但比之结点电压法这就显得麻烦。另外，在实际的复杂电路中，独立结点数往往少于独立回路数，再加上一些其他原因，目前在计算机辅助分析的程序中广泛采用结点法，而不采用回路法。

12.4 结点电压方程的矩阵形式

结点电压法是以结点电压作为电路的独立变量，列出一组独立的 KCL 方程，进而求出结点电压的方法。所列的 KCL 方程即为结点电压方程。结点电压方程也可以写成矩阵形式，本节介绍结点电压方程矩阵形式的列写方法。

在前面所讲的三个基本矩阵中，描述支路和结点关系的是关联矩阵 A，所以适合用 A 表示的 KCL 和 KVL 导出回路电流方程的矩阵形式。

以交流电路为例，KCL 方程和 KVL 方程的矩阵形式为

$$\text{KCL} \qquad \boldsymbol{A}\dot{\boldsymbol{I}} = 0$$

$$\text{KVL} \qquad \dot{\boldsymbol{U}} = \boldsymbol{A}^{\mathrm{T}}\dot{\boldsymbol{U}}_n$$

对于结点电压法，采用图 12.11 所示的复合支路$^{\ominus}$，按图中电压、电流的参考方向，下面分三种情况讨论整个电路的支路方程的矩阵形式。

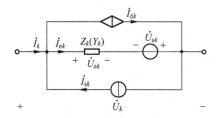

图 12.11　复合支路

1. 当电路中无受控电流源，电感间无耦合时

在这种情况下，第 k 条支路的方程为

$$\dot{I}_k = \dot{I}_{ek} - \dot{I}_{sk} = Y_k\left(\dot{U}_k + \dot{U}_{sk}\right) - \dot{I}_{sk} \qquad (12.11)$$

对于具有 n 个结点 b 条支路的电路，每一条支路都可以写出相应的支路方程，对整个电路有

$$\begin{pmatrix} \dot{I}_1 \\ \dot{I}_2 \\ \vdots \\ \dot{I}_b \end{pmatrix} = \begin{pmatrix} Y_1 & & & \\ & Y_2 & & \\ & & \ddots & \\ & & & Y_b \end{pmatrix}\begin{pmatrix} \dot{U}_1 + \dot{U}_{s1} \\ \dot{U}_2 + \dot{U}_{s2} \\ \vdots \\ \dot{U}_b + \dot{U}_{sb} \end{pmatrix} - \begin{pmatrix} \dot{I}_{s1} \\ \dot{I}_{s2} \\ \vdots \\ \dot{I}_{sb} \end{pmatrix}$$

即

$$\dot{\boldsymbol{I}} = \boldsymbol{Y}\left(\dot{\boldsymbol{U}} + \dot{\boldsymbol{U}}_s\right) - \dot{\boldsymbol{I}}_s \qquad (12.12)$$

式中 $\boldsymbol{Y}$ 称为支路导纳矩阵，它是一个 $b \times b$ 的对角阵，对角线元素为各支路的导纳。

2. 当电路中无受控电流源，但电感之间有耦合时

在这种情况下，式（12.11）还应计入互感电压的影响。根据上一节的讨论，当电感之间存在耦合时，电路的支路阻抗矩阵不再是对角阵。令 $\boldsymbol{Y} = \boldsymbol{Z}^{-1}$（$\boldsymbol{Y}$ 仍称为支路导纳矩阵），则由式（12.9）可得

$$\dot{\boldsymbol{I}} = \boldsymbol{Y}\left(\dot{\boldsymbol{U}} + \dot{\boldsymbol{U}}_s\right) - \dot{\boldsymbol{I}}_s$$

显然上式在形式上与式（12.12）完全相同，只是 $\boldsymbol{Y}$ 的内容不同，此时 $\boldsymbol{Y}$ 由 $\boldsymbol{Z}$ 的逆矩阵求得，不再是对角阵。

3. 当电路中含有受控电流源时

在这种情况下，设第 k 条支路中有受控电流源并受第 j 条支路中无源元件上的电压 $\dot{U}_{ej}$

或电流 $\dot{I}_{ej}$ 控制, 如图 12.12 所示, 其中 $\dot{I}_{dk} = g_{kj}\dot{U}_{ej}$ 或 $\dot{I}_{dk} = \beta_{kj}\dot{I}_{ej}$。

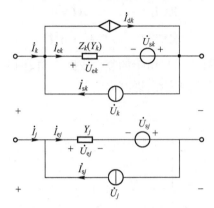

图 12.12　受控电流源的控制关系

此时第 k 条支路的支路方程为

$$\dot{I}_k = \dot{I}_{ek} + \dot{I}_{dk} - \dot{I}_{sk} = Y_k\left(\dot{U}_k + \dot{U}_{sk}\right) + g_{kj}\left(\dot{U}_j + \dot{U}_{sj}\right) - \dot{I}_{sk}$$

或

$$\dot{I}_k = \dot{I}_{ek} + \dot{I}_{dk} - \dot{I}_{sk} = Y_k\left(\dot{U}_k + \dot{U}_{sk}\right) + \beta_{kj}Y_j\left(\dot{U}_j + \dot{U}_{sj}\right) - \dot{I}_{sk}$$

令

$$Y_{kj} = \begin{cases} g_{kj} & \text{当 } \dot{U}_{dk} \text{ 为 VCCS 时} \\ \beta_{kj}Y_j & \text{当 } \dot{U}_{dk} \text{ 为 CCCS 时} \end{cases}$$

于是, 电路的支路方程矩阵形式为

$$\begin{pmatrix} \dot{I}_1 \\ \vdots \\ \dot{I}_j \\ \vdots \\ \dot{I}_k \\ \vdots \\ \dot{I}_b \end{pmatrix} = \begin{pmatrix} Y_1 & \cdots & 0 & \cdots & 0 & \cdots & 0 \\ \vdots & & \vdots & & \vdots & & \vdots \\ 0 & \cdots & Y_j & \cdots & 0 & \cdots & 0 \\ \vdots & & \vdots & & \vdots & & \vdots \\ 0 & \cdots & Y_{kj} & \cdots & Y_k & \cdots & 0 \\ \vdots & & \vdots & & \vdots & & \vdots \\ 0 & \cdots & 0 & \cdots & 0 & \cdots & Y_b \end{pmatrix} \begin{pmatrix} \dot{U}_1 + \dot{U}_{s1} \\ \vdots \\ \dot{U}_j + \dot{U}_{sj} \\ \vdots \\ \dot{U}_k + \dot{U}_{sk} \\ \vdots \\ \dot{U}_b + \dot{U}_{sb} \end{pmatrix} - \begin{pmatrix} \dot{I}_{s1} \\ \vdots \\ \dot{I}_{sj} \\ \vdots \\ \dot{I}_{sk} \\ \vdots \\ \dot{I}_{sb} \end{pmatrix}$$

即

$$\dot{\boldsymbol{I}} = \boldsymbol{Y}\left(\dot{\boldsymbol{U}} + \dot{\boldsymbol{U}}_s\right) - \dot{\boldsymbol{I}}_s$$

上式在形式上与式 (12.12) 也完全相同, 只是 $\boldsymbol{Y}$ 的内容不同。此时 $\boldsymbol{Y}$ 不是对角阵, 其对角线元素为各支路导纳, 第 k 行第 j 列元素与相应的受控电流源有关。

为了导出结点电压方程的矩阵形式, 重写所需 3 组方程为

KCL　　　　　　　　　　　　$\boldsymbol{A}\dot{\boldsymbol{I}} = 0$

KVL　　　　　　　　　　　　$\dot{\boldsymbol{U}} = \boldsymbol{A}^{\mathrm{T}}\dot{\boldsymbol{U}}_n$

支路方程　　　　　　　　$\dot{\boldsymbol{I}} = \boldsymbol{Y}\left(\dot{\boldsymbol{U}} + \dot{\boldsymbol{U}}_s\right) - \dot{\boldsymbol{I}}_s$

把支路方程代入 KCL 可得

$$\boldsymbol{AY\dot U} + \boldsymbol{AY\dot U_{\mathrm s}} - \boldsymbol{A\dot I_{\mathrm s}} = 0$$

再把 KVL 代入上式得

$$\boldsymbol{AYA}^{\mathrm T}\boldsymbol{\dot U_n} = \boldsymbol{A\dot I_{\mathrm s}} - \boldsymbol{AY\dot U_{\mathrm s}} \tag{12.13}$$

式（12.13）即为结点电压方程的矩阵形式。

令 $\boldsymbol{Y_n} \xlongequal{\mathrm{def}} \boldsymbol{AYA}^{\mathrm T}$ 称为结点导纳矩阵，它是一个（n-1）阶的方阵，它的对角线元素为各结点的自导纳，非对角线元素为结点间的互导纳。

令 $\boldsymbol{\dot I_{ns}} \xlongequal{\mathrm{def}} \boldsymbol{A\dot I_{\mathrm s}} - \boldsymbol{AY\dot U_{\mathrm s}}$ 称为结点电源电流向量，它是一个（n-1）阶列向量。它的元素相当于第 3 章结点电压方程等号右边的常数项。

式（12.13）可简写为

$$\boldsymbol{Y_n\dot U_n} = \boldsymbol{\dot I_{ns}}$$

当用结点电压方程矩阵求出结点电压 $\boldsymbol{\dot U_n}$ 后，再利用 $\boldsymbol{\dot U} = \boldsymbol{A}^{\mathrm T}\boldsymbol{\dot U_n}$ 即可求出各支路电压。

例 12.2 电路如图 12.13a 所示，图中元件下标代表支路编号，列出电路结点电压方程的矩阵形式。

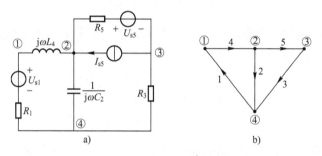

图 12.13 例 12.2 的图

解：（1）首先画出电路的有向图，并对支路、结点编号，如图 12.13b 所示。

（2）写出 $\boldsymbol{A}$、$\boldsymbol{Y}$、$\boldsymbol{\dot U_{\mathrm s}}$、$\boldsymbol{\dot I_{\mathrm s}}$。选结点④为参考点，关联矩阵为

$$\boldsymbol{A} = \begin{pmatrix} -1 & 0 & 0 & 1 & 0 \\ 0 & 1 & 0 & -1 & 1 \\ 0 & 0 & 1 & 0 & -1 \end{pmatrix}$$

由于电路中无受控电流源、无耦合，故支路导纳矩阵为对角阵

$$\boldsymbol{Y} = \mathrm{diag}\left(\frac{1}{R_1}, \quad \mathrm{j}\omega C_2, \quad \frac{1}{R_3}, \quad \frac{1}{\mathrm{j}\omega L_4}, \quad \frac{1}{R_5}\right)$$

支路电压源电压列向量和支路电流源电流列向量为

$$\boldsymbol{\dot U_{\mathrm s}} = \begin{pmatrix} \dot U_{\mathrm{s1}} & 0 & 0 & 0 & -\dot U_{\mathrm{s5}} \end{pmatrix}^{\mathrm T}$$

$$\boldsymbol{\dot I_{\mathrm s}} = \begin{pmatrix} 0 & 0 & 0 & 0 & \dot I_{\mathrm{s5}} \end{pmatrix}^{\mathrm T}$$

（3）代入结点电压方程矩阵形式 $\boldsymbol{AYA}^{\mathrm T}\boldsymbol{\dot U_n} = \boldsymbol{A\dot I_{\mathrm s}} - \boldsymbol{AY\dot U_{\mathrm s}}$，得

$$\begin{pmatrix} \dfrac{1}{R_1}+\dfrac{1}{j\omega L_4} & -\dfrac{1}{j\omega L_4} & 0 \\[3mm] -\dfrac{1}{j\omega L_4} & j\omega C_2+\dfrac{1}{j\omega L_4}+\dfrac{1}{R_5} & -\dfrac{1}{R_5} \\[3mm] 0 & -\dfrac{1}{R_5} & \dfrac{1}{R_3}+\dfrac{1}{R_5} \end{pmatrix} \begin{pmatrix} \dot{U}_{n1} \\[2mm] \dot{U}_{n2} \\[2mm] \dot{U}_{n3} \end{pmatrix} = \begin{pmatrix} \dfrac{\dot{U}_{s1}}{R_1} \\[3mm] \dot{I}_{s5}+\dfrac{\dot{U}_{s5}}{R_5} \\[3mm] -\dot{I}_{s5}-\dfrac{\dot{U}_{s5}}{R_5} \end{pmatrix}$$

例 12.3 电路如图 12.14a 所示，图中元件下标代表支路编号，列出图示电路的结点电压方程矩阵形式。

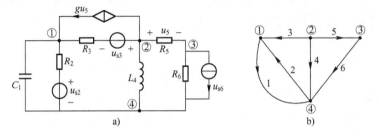

图 12.14　例 12.3 的图

解： 首先画出电路的有向图，对支路、结点编号，如图 12.14b 所示。选结点④为参考结点，$\boldsymbol{A}$、$\boldsymbol{Y}$、$\dot{\boldsymbol{U}}_s$、$\dot{\boldsymbol{I}}_s$ 分别为

$$\boldsymbol{A}=\begin{pmatrix} 1 & -1 & -1 & 0 & 0 & 0 \\ 0 & 0 & 1 & 1 & 1 & 0 \\ 0 & 0 & 0 & 0 & -1 & 1 \end{pmatrix}$$

由于受控电流源位于第 3 条支路，所以 $k=3$，控制量位于第 5 条支路，所以 $j=5$，与受控电流源有关的元素 Y_{kj} 位于第 3 行第 5 列。由于是 VCCS，所以 $Y_{kj}=g$。Y_{kj} 前的正、负号取决于受控电流源与支路的方向，当受控电流源方向与支路方向一致时，该元素前取 "+" 号，反之取 "–" 号。因此

$$\boldsymbol{Y}=\begin{pmatrix} j\omega C_1 & 0 & 0 & 0 & 0 & 0 \\[2mm] 0 & \dfrac{1}{R_2} & 0 & 0 & 0 & 0 \\[2mm] 0 & 0 & \dfrac{1}{R_3} & 0 & g & 0 \\[2mm] 0 & 0 & 0 & \dfrac{1}{j\omega L_4} & 0 & 0 \\[2mm] 0 & 0 & 0 & 0 & \dfrac{1}{R_5} & 0 \\[2mm] 0 & 0 & 0 & 0 & 0 & \dfrac{1}{R_6} \end{pmatrix}$$

$$\dot{\boldsymbol{U}}_s = \begin{pmatrix} 0 & \dot{U}_{s2} & -\dot{U}_{s3} & 0 & 0 & 0 \end{pmatrix}^{\mathrm{T}}$$

$$\dot{\boldsymbol{I}}_s = \begin{pmatrix} 0 & 0 & 0 & 0 & 0 & -\dot{I}_{s6} \end{pmatrix}^{\mathrm{T}}$$

将以上各矩阵代入式 $\quad \boldsymbol{A}\boldsymbol{Y}\boldsymbol{A}^{\mathrm{T}}\dot{\boldsymbol{U}}_n = \boldsymbol{A}\dot{\boldsymbol{I}}_s - \boldsymbol{A}\boldsymbol{Y}\dot{\boldsymbol{U}}_s$

即得该电路结点电压方程的矩阵形式。

12.5　割集电压方程的矩阵形式

由式（12.6）可知，电路中所有支路电压均可以用树支电压表示，所以树支电压和结点电压一样可被选作电路的一组独立变量。当所选割集为基本割集组时，割集电压就是树支电压。与结点电压法类似，割集电压法是以割集电压为电路的独立变量，对基本割集列出一组独立的 KCL 方程，进而求出割集电压的方法。所列的 KCL 方程即为割集电压方程。割集电压方程也可以写成矩阵形式，本节介绍割集电压方程矩阵形式的列写方法。

对于割集电压法，采用和图 12.11 相同的复合支路，支路方程的形式将与式（12.12）相似。

用割集矩阵表示的 KCL 和 KVL 的矩阵形式为

KCL $\qquad\qquad\qquad\qquad \boldsymbol{Q}_f \dot{\boldsymbol{I}} = 0$

KVL $\qquad\qquad\qquad\qquad \dot{\boldsymbol{U}} = \boldsymbol{Q}_f^{\mathrm{T}} \dot{\boldsymbol{U}}_t$

支路方程为

$$\dot{\boldsymbol{I}} = \boldsymbol{Y}\left(\dot{\boldsymbol{U}} + \dot{\boldsymbol{U}}_s\right) - \dot{\boldsymbol{I}}_s$$

将支路方程代入 KCL，可得

$$\boldsymbol{Q}_f \boldsymbol{Y}\dot{\boldsymbol{U}} + \boldsymbol{Q}_f \boldsymbol{Y}\dot{\boldsymbol{U}}_s - \boldsymbol{Q}_f \dot{\boldsymbol{I}}_s = 0$$

再将上式代入 KVL，得

$$\boldsymbol{Q}_f \boldsymbol{Y}\boldsymbol{Q}_f^{\mathrm{T}}\dot{\boldsymbol{U}}_t = \boldsymbol{Q}_f \dot{\boldsymbol{I}}_s - \boldsymbol{Q}_f \boldsymbol{Y}\dot{\boldsymbol{U}}_s \qquad\qquad\qquad (12.14)$$

式（12.14）即割集电压方程的矩阵形式。

令 $\boldsymbol{Y}_t \xequal{\text{def}} \boldsymbol{Q}_f \boldsymbol{Y}\boldsymbol{Q}_f^{\mathrm{T}}$ 称为割集导纳矩阵，它是一个 $(n-1)$ 阶的方阵。

令 $\dot{\boldsymbol{i}}_{ns} \xequal{\text{def}} \boldsymbol{Q}_f \dot{\boldsymbol{I}}_s - \boldsymbol{Q}_f \boldsymbol{Y}\dot{\boldsymbol{U}}_s$ 称为割集电源电流向量，它是一个 $(n-1)$ 阶列向量。

式（12.14）可简写为

$$\boldsymbol{Y}_t \dot{\boldsymbol{U}}_t = \dot{\boldsymbol{I}}_{ts}$$

当用割集电压方程矩阵求出割集电压 $\dot{\boldsymbol{U}}_t$ 后，再利用 $\dot{\boldsymbol{U}} = \boldsymbol{Q}_f^{\mathrm{T}}\dot{\boldsymbol{U}}_t$ 即可求出各支路电压。

例 12.4　已知图 12.15a 所示电路处于零状态，用运算形式列出割集电压方程的矩阵形式。

解：首先画出电路的有向图，对支路编号，选 1,2,3 为树，3 个单树支割集如图 12.15b 所示。树支电压 $U_{t1}(s)$、$U_{t2}(s)$、$U_{t3}(s)$ 也就是割集电压，它们的方向就是割集的方向。

基本割集矩阵为

$$\boldsymbol{Q}_\mathrm{f} = \begin{array}{c} \\ Q_1 \\ Q_2 \\ Q_2 \end{array} \overset{\begin{array}{cccccc} 1 & 2 & 3 & 4 & 5 & 6 \end{array}}{\begin{pmatrix} 1 & 0 & 0 & -1 & -1 & 0 \\ 0 & 1 & 0 & -1 & 0 & -1 \\ 0 & 0 & 1 & 0 & -1 & 1 \end{pmatrix}}$$

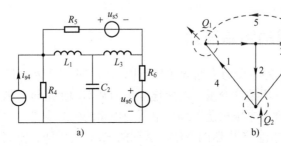

图 12.15　例 12.4 的图

由于电路中无受控电流源、无耦合，所以支路导纳矩阵为对角阵

$$\boldsymbol{Y} = \begin{pmatrix} \dfrac{1}{sL_1} & 0 & 0 & 0 & 0 & 0 \\ 0 & sC_2 & 0 & 0 & 0 & 0 \\ 0 & 0 & \dfrac{1}{sL_3} & 0 & 0 & 0 \\ 0 & 0 & 0 & \dfrac{1}{R_4} & 0 & 0 \\ 0 & 0 & 0 & 0 & \dfrac{1}{R_5} & 0 \\ 0 & 0 & 0 & 0 & 0 & \dfrac{1}{R_6} \end{pmatrix}$$

电压源和电流源列向量为

$$\boldsymbol{U}_\mathrm{s}(s) = \begin{pmatrix} 0 & 0 & 0 & 0 & U_{s5}(s) & U_{s6}(s) \end{pmatrix}^\mathrm{T}$$

$$\boldsymbol{I}_\mathrm{s}(s) = \begin{pmatrix} 0 & 0 & 0 & -I_{s4}(s) & 0 & 0 \end{pmatrix}^\mathrm{T}$$

把上述矩阵代入　　$\boldsymbol{Q}_\mathrm{f}\boldsymbol{Y}\boldsymbol{Q}_\mathrm{f}^\mathrm{T}\dot{\boldsymbol{U}}_\mathrm{t} = \boldsymbol{Q}_\mathrm{f}\dot{\boldsymbol{I}}_\mathrm{s} - \boldsymbol{Q}_\mathrm{f}\boldsymbol{Y}\dot{\boldsymbol{U}}_\mathrm{s}$

即得该电路割集电压方程的矩阵形式为

$$\begin{pmatrix} \dfrac{1}{sL_1}+\dfrac{1}{R_4}+\dfrac{1}{R_5} & \dfrac{1}{R_4} & \dfrac{1}{R_5} \\ \dfrac{1}{R_4} & sC_2+\dfrac{1}{R_4}+\dfrac{1}{R_6} & -\dfrac{1}{R_6} \\ \dfrac{1}{R_5} & -\dfrac{1}{R_6} & \dfrac{1}{sL_3}+\dfrac{1}{R_5}+\dfrac{1}{R_6} \end{pmatrix} \begin{pmatrix} U_{t1}(s) \\ U_{t2}(s) \\ U_{t3}(s) \end{pmatrix} = \begin{pmatrix} I_{s4}(s)+\dfrac{U_{s5}(s)}{R_5} \\ I_{s4}(s)+\dfrac{U_{s6}(s)}{R_6} \\ \dfrac{U_{s5}(s)}{R_5}-\dfrac{U_{s6}(s)}{R_6} \end{pmatrix}$$

本章小结

本章介绍了电路方程的矩阵形式。首先讲述了割集的概念；然后介绍了关联矩阵、回路矩阵、割集矩阵以及用这些矩阵表示的 KCL、KVL 方程，这里重点掌握关联矩阵、基本回路矩阵和基本割集矩阵的列写；最后导出了回路电流方程、结点电压方程和割集电压方程的矩阵形式，这里重点要掌握回路电流方程和结点电压方程的矩阵形式列写。

习题

12.1 下列给出的支路集合中，哪些是图 12.16 中有向图的割集？

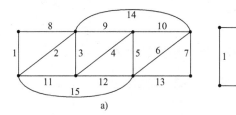

图 12.16 习题 12.1 的图

图 a：（1）{1,2,3,4,12,15}（2）{1,2,3,4,5,10}（3）{3,5,9,10,11,12}（4）{3,4,5,6,7,9,14}

图 b：（1）{3,4,5,7} （2）{2,3,5,6}

12.2 写出图 12.17 所示有向图的关联矩阵 A。

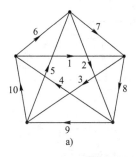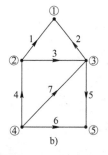

图 12.17 习题 12.2 的图

12.3 对图 12.18 所示有向图，选 1,2,3,4 为树，试写出基本回路矩阵和基本割集矩阵。

12.4 对图 12.19 所示有向图，选 1,2,3,4 为树，试写出基本回路矩阵和基本割集矩阵；如果选网孔作独立回路，写出回路矩阵。

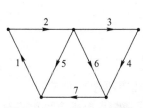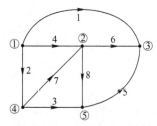

图 12.18 习题 12.3 的图   图 12.19 习题 12.4 的图

12.5 对图 12.20a 所示电路，选支路 1,2,4,7 为树，按图 12.20b 给出的有向图，列出回路电流方程的矩阵形式。

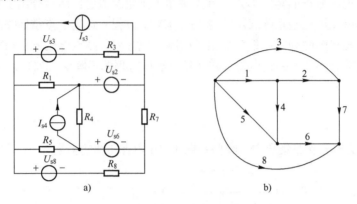

图 12.20 习题 12.5 的图

12.6 对图 12.21 所示电路，元件的下标代表支路编号，以运算形式列出其回路电流方程的矩阵形式。（设电路为零状态）

12.7 图 12.22 所示电路为正弦稳态，角频率为 ω。在下列两种不同情况下列写网孔电流方程矩阵形式：（1）电感 L_4 和 L_5 之间无耦合；（2）电感 L_4 和 L_5 之间有耦合，互感为 M。

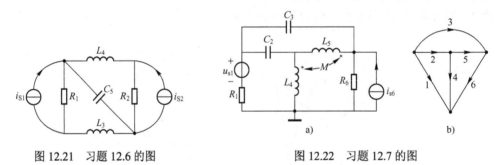

图 12.21 习题 12.6 的图   图 12.22 习题 12.7 的图

12.8 用矩阵形式写出图 12.23 所示电路的回路电流方程。

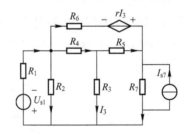

图 12.23 习题 12.8 的图

12.9 图 12.24 所示为一直流电路，试写出其结点电压方程矩阵形式。

12.10 图 12.25 所示为正弦电路，角频率为 ω，列写其结点电压方程矩阵形式。

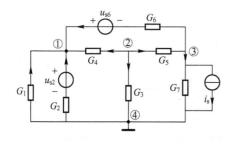

图 12.24　习题 12.9 的图

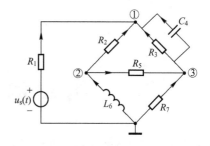

图 12.25　习题 12.10 的图

12.11　图 12.26a 所示电路中，元件的下标代表支路编号，$\dot{I}_{d2} = g_{21}\dot{U}_1$，$\dot{I}_{d4} = \beta_{46}\dot{I}_6$，图 12.26b 所示为它的有向图，列出结点电压方程的矩阵形式。

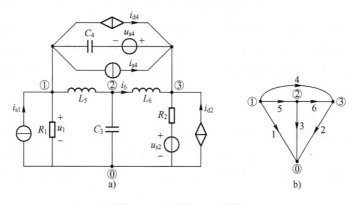

图 12.26　习题 12.11 的图

12.12　列写图 12.27 所示正弦交流网络的割集电压方程矩阵形式。

12.13　电路如图 12.28a 所示，图 12.28b 为其有向图，选支路 1,2,6,7 为树，列出矩阵形式的割集电压方程。

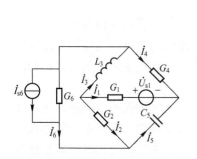

图 12.27　习题 12.12 的图

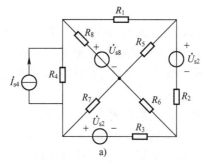

图 12.28　习题 12.13 的图

第13章 二端口网络

本章介绍二端口网络及其方程和二端口网络的 Y、Z、T (A)、H 等参数以及它们之间的相互关系，同时介绍二端口网络的 T 形和 π 形等效电路以及二端口网络的连接。

13.1 二端口网络的方程和参数

前面讨论的电路分析主要属于这样一类问题：在一个电路及其输入已经给定的情况下，如何去计算一条或多条支路的电压和电流。如果一个复杂的电路只有两个端子向外连接，且人们仅对其外接电路中的情况感兴趣，则该电路可视为一个一端口，并用戴维南或诺顿等效电路替代，然后再计算感兴趣的电压和电流。那么，当电路有两个端口与外界相连，我们如何进行分析呢？下面进行讨论。

工程上有好多问题是讨论两对端子之间的问题，如变压器、滤波器、放大器、反馈网络等，如图 13.1a、b、c 所示。对于这些电路，都可以把两对端子之间的电路概括在一个方框中，如图 13.1d 所示。一对端子 1−1′ 通常是输入端子，另一对端子 2−2′ 为输出端子。

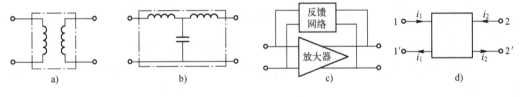

图 13.1　二端口网络

在任意瞬时，如果这两对端子满足端口条件，即从端子 1 流入方框的电流等于从端子1′流出的电流；同时，从端子 2 流入方框的电流等于从端子2′流出的电流，这样的电路（网络）称为二端口网络，简称二端口。当向外伸出的 4 个端子上的电流无上述限制时，称为四端网络。

用二端口概念分析电路时，人们仅对二端口处的电流、电压之间的关系感兴趣，这种相互关系可以通过一些参数表示，而这些参数只决定于构成二端口本身的元件及它们的连接方式。一旦确定表征这个端口的参数后，当一个端口的电压、电流发生任何变化时，要找出另外一个端口上的电压、电流就比较容易了。同时，还可以利用这些参数比较不同的二端口在传递电能和信号方面的性能，从而评价它们的质量。一个任意复杂的二端口，还可以看作由若干个简单的二端口组成，如果已知这些简单的二端口的参数，那么，根据它们与复杂二端口的关系就可以直接求出后者的参数，从而找出后者在两个端口处的电压与电流关系，而不再涉及原来复杂电路内部的任何计算。总之，这种分析方法有它的特点，与前面介绍的一端口有类似的地方。

本章介绍的二端口由线性的电阻、电感（包括耦合电感）、电容和线性受控源组成，并规定不包含任何独立电源（如用运算法分析时，还规定独立的初始条件均为零，即不存在附加电源）。

13.2 二端口网络的方程和参数

端口变量有：输入端口 $1-1'$ 的电流、电压；输出端口 $2-2'$ 的电流、电压。参数与二端口内部元件和连接方式有关，对应地有：导纳参数、阻抗参数、传输参数和混合参数（4种）。

端口的电流、电压关系通过二端口的参数来表示，只要知道二端口的参数，也就知道了二端口的电流、电压关系，从而求出二端口的电压、电流的变化；同时可将复杂的二端口网络化成若干简单的二端口网络的连接来计算。

下面介绍二端口网络的方程和参数

13.2.1 导纳参数及导纳参数方程（Y 参数及其方程）

无源二端网络在正弦激励下，电路处于稳定状态时，用端口电压表示端口电流的方程称为导纳参数方程，对应的参数称为导纳参数或 Y 参数。

1. Y 参数方程

图 13.2 所示为一个线性二端口。在分析过程中按正弦稳态情况考虑，并应用相量法进行分析。当然，也可以用运算法讨论。假设两个端口电压已知，可以用替代定理把两个端口电压都看作是外施的独立电压源。这样，根据叠加定理，$\dot{I}_1$ 和 $\dot{I}_2$ 应分别等于各个独立电压源单独作用时产生的电流之和，即

$$
\begin{aligned}
\dot{I}_1 &= Y_{11}\dot{U}_1 + Y_{12}\dot{U}_2 \\
\dot{I}_2 &= Y_{21}\dot{U}_1 + Y_{22}\dot{U}_2
\end{aligned}
\tag{13.1}
$$

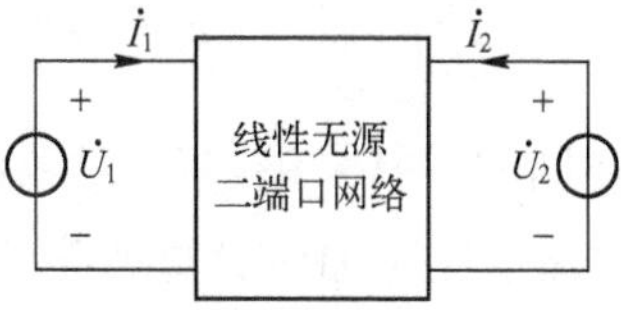

图 13.2　线性二端口的电流、电压关系

还可以写成如下矩阵形式：

$$
\begin{pmatrix} \dot{I}_1 \\ \dot{I}_2 \end{pmatrix} = \begin{pmatrix} Y_{11} & Y_{12} \\ Y_{21} & Y_{22} \end{pmatrix} \begin{pmatrix} \dot{U}_1 \\ \dot{U}_2 \end{pmatrix}
$$

其中

$$
Y = \begin{pmatrix} Y_{11} & Y_{12} \\ Y_{21} & Y_{22} \end{pmatrix}
$$

称为二端口的 Y 参数矩阵，而 Y_{11}、Y_{12}、Y_{21}、Y_{22} 称为二端口的 Y 参数，其值由线性二端口内部元件的参数及其连接关系决定。

2. Y 参数的计算测定及物理意义（短路导纳参数）

由 Y 参数方程不难看出 Y 参数属于导纳性质，可以按下述方法计算或通过试验测量求得：如果在端口 $1-1'$ 上外施电压 $\dot{U}_1$，而把端口 $2-2'$ 短路，即 $\dot{U}_2=0$，工作情况如图 13.3a 所示。

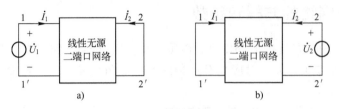

图 13.3　短路导纳参数的测定

由式（13.1）可得

$$Y_{11} = \frac{\dot{I}_1}{\dot{U}_1}\bigg|_{\dot{U}_2=0} \qquad \text{——输入导纳}$$

$$Y_{21} = \frac{\dot{I}_2}{\dot{U}_1}\bigg|_{\dot{U}_2=0} \qquad \text{——转移导纳}$$

Y_{11} 表示端口 $2-2'$ 短路时，端口 $1-1'$ 处的输入导纳或驱动点导纳；Y_{21} 表示端口 $2-2'$ 短路时，端口 $2-2'$ 与端口 $1-1'$ 之间的转移导纳，这是因为 Y_{21} 是 $\dot{I}_2$ 与 $\dot{U}_1$ 的比值，它表示一个端口的电流与另一个端口的电压之间的关系。

同理，在端口 $2-2'$ 外施电压 $\dot{U}_2$，而把端口 $1-1'$ 短路，即 $\dot{U}_1=0$，工作情况如图 13.3b 所示，同样由式（13.1）可得：

$$Y_{12} = \frac{\dot{I}_1}{\dot{U}_2}\bigg|_{\dot{U}_1=0} \qquad \text{——转移导纳}$$

$$Y_{22} = \frac{\dot{I}_2}{\dot{U}_2}\bigg|_{\dot{U}_1=0} \qquad \text{——输入导纳}$$

Y_{12} 是端口 $1-1'$ 与端口 $2-2'$ 之间的转移导纳，Y_{22} 是端口 $2-2'$ 的输入导纳。

由于 Y 参数都是在一个端口短路情况下通过计算或测试求得的，所以又称为短路导纳参数。例如，Y_{11} 就称为端口 $1-1'$ 的短路输入导纳。以上说明了 Y 参数表示的具体含义。

例 13.1　求图 13.4a 所示电路的 Y 参数。

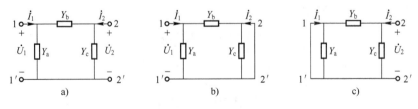

图 13.4　例 13.1 的图

解： 该二端口电路是一个 π 形电路。把端口 $2-2'$ 短路，在端口 $1-1'$ 上外施电压 $\dot{U}_1$ 来求

它的 Y_{11} 和 Y_{12} （图 13.4b），这时可求得

$$\dot{I}_1 = \dot{U}_1 \left(Y_a + Y_b \right)$$

$$-\dot{I}_1 = \dot{U}_1 Y_b$$

式中 $\dot{I}_2$ 前有负号，是由指定的电流和电压参考方向造成的。根据定义可求得

$$Y_{11} = \left. \frac{\dot{I}_1}{\dot{U}_1} \right|_{\dot{U}_2 = 0} = Y_a + Y_b$$

$$Y_{21} = \left. \frac{\dot{I}_2}{\dot{U}_1} \right|_{\dot{U}_2 = 0} = -Y_b$$

同样，如果把端口 $1 - 1'$ 短路，并在端口 $2 - 2'$ 上外施电压 $\dot{U}_2$，则可求得

$$Y_{12} = \left. \frac{\dot{I}_1}{\dot{U}_2} \right|_{\dot{U}_1 = 0} = -Y_b$$

$$Y_{22} = \left. \frac{\dot{I}_2}{\dot{U}_2} \right|_{\dot{U}_1 = 0} = Y_b + Y_c$$

由此可见，$Y_{12} = Y_{21}$。此结果虽然是根据这个特例得到的，但是不难证明，对于由线性 R、$L(M)$、C 元件（不含受控源）构成的任何无源二端口，$Y_{12} = Y_{21}$ 总是成立的。所以对任何一个无源线性二端口，只要 3 个独立的参数就足以表征它的性能。

如果一个二端口的 Y 参数除了 $Y_{12} = Y_{21}$ 外，还有 $Y_{11} = Y_{22}$，则此二端口的两个端口 $1 - 1'$ 和 $2 - 2'$ 互换位置后与外电路连接，其外部特性将不会有任何变化。也就是说，这种二端口从任一端口看进去，它的电气特性是一样的，因而（电气上对称）称为对称二端口。结构上对称的二端口电气上显然一定是对称的。例如上例中的 π 形电路，如果 $Y_a = Y_c$，它在结构上就是对称的，这时就有 $Y_{11} = Y_{22}$。但是电气上对称并不一定意味着结构上也对称。显然，对于对称二端口的 Y 参数，只有 2 个是独立的。

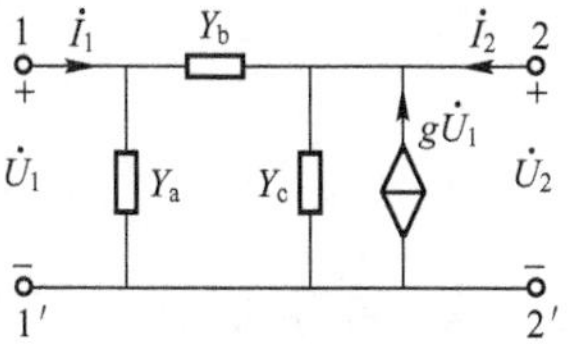

例 13.2 求图 13.5 所示电路的 Y 参数。

解：把端口 $2 - 2'$ 短路，在端口 $1 - 1'$ 外施电压 $\dot{U}_1$，得

$$\dot{I}_1 = \dot{U}_1 \left(Y_a + Y_b \right)$$

$$\dot{I}_2 = -\dot{U}_1 Y_b - g \dot{U}_1$$

图 13.5 例 13.2 的图

于是，可求得

$$Y_{11} = \frac{\dot{I}_1}{\dot{U}_1} = Y_a + Y_b$$

$$Y_{21} = \frac{\dot{I}_2}{\dot{U}_1} = -Y_b - g$$

同理，为了求得 Y_{12}、Y_{22}，把端口 $1 - 1'$ 短路，即令 $\dot{U}_1 = 0$，这时受控源的电流也等于零，故得

$$Y_{12} = \frac{\dot{I}_1}{\dot{U}_1} = -Y_b$$

$$Y_{22} = \frac{\dot{I}_2}{\dot{U}_2} = Y_b + Y$$

可见，在含有受控源的情况下，$Y_{12} \neq Y_{21}$。

13.2.2 阻抗参数及阻抗参数方程（Z 参数及其方程）

1. Z 参数方程

假设图 13.6 所示二端口的 $\dot{I}_1$ 和 $\dot{I}_2$ 是已知的，可以利用替代定理把 $\dot{I}_1$ 和 $\dot{I}_2$ 看作是外施电流源的电流。根据叠加定理，$\dot{U}_1$、$\dot{U}_2$ 应等于各个电流源单独作用时产生的电压分量之和，即

$$\dot{U}_1 = Z_{11}\dot{I}_1 + Z_{12}\dot{I}_2$$
$$\dot{U}_2 = Z_{21}\dot{I}_1 + Z_{22}\dot{I}_2$$

（13.2）

式中，Z_{11}、Z_{12}、Z_{21}、Z_{22} 称为二端口的 Z 参数，它们具有复阻抗的性质。

图 13.6　线性二端口的电压、电流关系

2. Z 参数的计算测定及物理意义（开路阻抗参数）

Z 参数可按下述方法计算或者通过实验测量求得：设端口 $2-2'$ 开路，即 $\dot{I}_2 = 0$，只在端口 $1-1'$ 施加一个电流源 $\dot{I}_1$，如图 13.7a 所示。由式（13.2）可得

$$Z_{11} = \left.\frac{\dot{U}_1}{\dot{I}_1}\right|_{\dot{I}_2=0} \quad \text{——输入阻抗}$$

$$Z_{21} = \left.\frac{\dot{U}_1}{\dot{I}_2}\right|_{\dot{I}_2=0} \quad \text{——转移阻抗}$$

Z_{11} 称为（端口 $2-2'$ 开路时）端口 $1-1'$ 的开路输入阻抗，Z_{21} 称为（端口 $2-2'$ 开路时）端口 $2-2'$ 与端口 $1-1'$ 之间的开路转移阻抗。同理。设端口 $1-1'$ 开路，即 $\dot{I}_1 = 0$，只在端口 $2-2'$ 施加一个电流源 $\dot{I}_2$，如图 13.7b 所示。由式（13.2）可得

$$Z_{12} = \left.\frac{\dot{U}_2}{\dot{I}_1}\right|_{\dot{I}_1=0} \quad \text{——转移阻抗}$$

$$Z_{22} = \left.\frac{\dot{U}_2}{\dot{I}_2}\right|_{\dot{I}_1=0} \quad \text{——输入阻抗}$$

Z_{12} 称为（端口 $1-1'$ 开路时）端口 $1-1'$ 与端口 $2-2'$ 之间的开路转移阻抗，Z_{22} 称为（端口 $1-1'$ 开路时）端口 $2-2'$ 的开路输入阻抗。

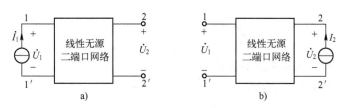

图 13.7　开路阻抗参数的测定

把式（13.2）改写为矩阵形式，有

$$\begin{pmatrix} \dot U_1 \\ \dot U_2 \end{pmatrix} = \begin{pmatrix} Z_{11} & Z_{12} \\ Z_{21} & Z_{22} \end{pmatrix} \begin{pmatrix} \dot I_1 \\ \dot I_2 \end{pmatrix} = \boldsymbol Z \begin{bmatrix} \dot I_1 \\ \dot I_2 \end{bmatrix}$$

其中

$$\boldsymbol Z = \begin{pmatrix} Z_{11} & Z_{12} \\ Z_{21} & Z_{22} \end{pmatrix}$$

称为二端口的 Z 参数矩阵，也称开路阻抗矩阵。

Y 参数和 Z 参数的关系为

$\boldsymbol Z = \boldsymbol Y^{-1}$ 或 $\boldsymbol Y = \boldsymbol Z^{-1}$。$\boldsymbol Y$ 矩阵和 $\boldsymbol Z$ 矩阵互为逆矩阵，由 $\boldsymbol Y$ 矩阵可求 $\boldsymbol Z$ 矩阵：

$$\begin{pmatrix} Z_{11} & Z_{12} \\ Z_{21} & Z_{22} \end{pmatrix} = \frac{1}{\Delta_Y} \begin{pmatrix} Y_{22} & -Y_{12} \\ -Y_{21} & Y_{11} \end{pmatrix} \tag{13.3}$$

式中，$\Delta_Y = Y_{11}Y_{22} - Y_{12}Y_{21}$。

由 RLC 组成（不含受控源）的任何无源二端口网络（互易二端网络）有 $Y_{12} = Y_{21}$，3 个参数独立；而若 $Y_{12} = Y_{21}$、$Y_{11} = Y_{22}$ 时，称为对称二端口网络，此时 2 个 Y 参数独立。同理，由 RLC 组成（不含受控源）的互易二端口网络有 $Z_{12} = Z_{21}$，3 个参数独立；若 $Z_{12} = Z_{21}$、$Z_{11} = Z_{22}$，则称为对称二端口网络，此时 2 个 Z 参数独立。

例 13.3　求图 13.8a 所示电路的 Z 参数。

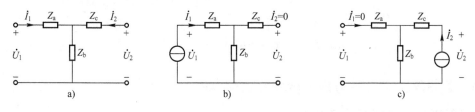

图 13.8　例 13.3 的图

解： 由图 13.8b 求得

$$Z_{11} = \left. \frac{\dot U_1}{\dot I_1} \right|_{\dot I_2 = 0} = Z_a + Z_b \qquad\qquad Z_{12} = \left. \frac{\dot U_2}{\dot I_1} \right|_{\dot I_1 = 0} = Z_b$$

由图 13.8c 求得

$$Z_{21} = \left. \frac{\dot U_1}{\dot I_2} \right|_{\dot I_2 = 0} - Z_b \qquad\qquad Z_{22} = \left. \frac{\dot U_2}{\dot I_2} \right|_{\dot I_1 = 0} = Z_b + Z_c$$

故得
$$\boldsymbol{Z} = \begin{bmatrix} Z_a + Z_b & Z_b \\ Z_b & Z_b + Z_c \end{bmatrix}$$

例 13.4 求图 13.9 所示电路的 Z 参数。

解： 用直接列方程的方法求解

$$\dot{U}_1 = Z_a \dot{I}_1 + Z_b(\dot{I}_1 + \dot{I}_2) = (Z_a + Z_b)\dot{I}_1 + Z_b \dot{I}_2$$

$$\dot{U}_2 = Z\dot{I}_1 + Z_c\dot{I}_2 + Z_b(\dot{I}_1 + \dot{I}_2) = (Z + Z_b)\dot{I}_1 + (Z_b + Z_c)\dot{I}_2$$

所以
$$\boldsymbol{Z} = \begin{bmatrix} Z_a + Z_b & Z_b \\ Z + Z_b & Z_b + Z_c \end{bmatrix}$$

例 13.5 求图 13.10 所示电路的 Z、Y 参数。

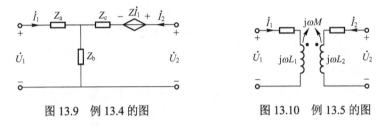

图 13.9　例 13.4 的图　　　　图 13.10　例 13.5 的图

解： 用直接列方程的方法求解：

$$\dot{U}_1 = R_1 \dot{I}_1 + j\omega L_1 \dot{I}_1 + j\omega M \dot{I}_2 = (R_1 + j\omega L_1)\dot{I}_1 + j\omega M \dot{I}_2$$

$$\dot{U}_2 = R_2 \dot{I}_2 + j\omega L_2 \dot{I}_2 + j\omega M \dot{I}_1 = j\omega M \dot{I}_1 + (R_2 + j\omega L_2)\dot{I}_2$$

所以
$$\boldsymbol{Z} = \begin{pmatrix} R_1 + j\omega L_1 & j\omega M \\ j\omega M & R_2 + j\omega L_2 \end{pmatrix}$$

故

$$\boldsymbol{Y} = \boldsymbol{Z}^{-1} = \cfrac{1}{\begin{vmatrix} R_1 + j\omega L_1 & j\omega M \\ j\omega M & R_2 + j\omega L_2 \end{vmatrix}} = \begin{pmatrix} R_2 + j\omega L_2 & -j\omega M \\ -j\omega M & R_1 + j\omega L_1 \end{pmatrix}$$

13.2.3　T 参数及 T 参数方程（传输参数和方程）

1. T 参数方程（传输参数方程）

Y 参数和 Z 参数都可用来描述一个二端口的外特性。如果一个二端口的 Y 参数已经确定，一般就可以用式（13.3）求出它的 Z 参数，反之亦然。但是在许多工程实际问题中，往往希望找到一个端口的电流、电压与另一端口的电流、电压之间的直接关系。例如，放大器、滤波器的输入和输出之间的关系，传输线的始端和终端之间的关系。另外，有些二端口并不同时存在阻抗矩阵和导纳矩阵表达式；或者既无阻抗矩阵表达式，又无导纳矩阵表达式。例如，理想变压器就属于这类二端口。这意味着某些二端口要用除 Z 和 Y 参数以外的其他形式的参数描述其端口外特性。为此，可把式（13.1）的第二个方程化为

$$\dot{U}_1 = -\frac{Y_{22}}{Y_{21}}\dot{U}_2 + \frac{1}{Y_{21}}\dot{I}_2$$

然后把它代入该式中的第一个方程，经整理后得

$$\dot{I}_1 = \left(Y_{12} - \frac{Y_{11}Y_{22}}{Y_{21}} \right) \dot{U}_2 + \frac{Y_{11}}{Y_{21}} \dot{I}_2$$

把以上两个式子写成如下形式：

$$\left.\begin{array}{l} \dot{U}_1 = A\dot{U}_2 - B\dot{I}_2 \\ \dot{I}_1 = C\dot{U}_2 - D\dot{I}_2 \end{array}\right\}$$ （13.4）

式中（注意，方程右边第二项前面是负号）

$$\left.\begin{array}{ll} A = -\dfrac{Y_{22}}{Y_{21}} & B = -\dfrac{1}{Y_{21}} \\[2ex] C = Y_{12} - \dfrac{Y_{11}Y_{22}}{Y_{21}} & D = -\dfrac{Y_{11}}{Y_{21}} \end{array}\right\}$$ （13.5）

这样，就把端口 1–1' 的电流 $\dot{I}_1$、电压 $\dot{U}_1$ 用端口 2–2' 的电流 $\dot{I}_2$、电压 $\dot{U}_2$ 通过 A、B、C、D 4 个参数表示出来了。A、B、C、D 称为二端口的（一般参数）传输参数或 T 参数（或 A 参数）。

式（13.4）写成矩阵形式时，有

$$\begin{pmatrix} \dot{U}_1 \\ \dot{I}_1 \end{pmatrix} = \begin{pmatrix} A & B \\ C & D \end{pmatrix} \begin{pmatrix} \dot{U}_2 \\ -\dot{I}_2 \end{pmatrix} = \boldsymbol{T} \begin{pmatrix} \dot{U}_2 \\ -\dot{I}_2 \end{pmatrix}$$

其中

$$\boldsymbol{T} = \begin{pmatrix} A & B \\ C & D \end{pmatrix}$$

称为 T 参数矩阵。应用上式时，要注意式中电流 $\dot{I}_2$ 前面的负号。

2. T 参数（传输参数）的计算测定及物理意义

T 参数的计算测定及物理意义可分别用以下各式说明：

$$A = \left.\frac{\dot{U}_1}{\dot{U}_2}\right|_{\dot{I}_2=0} \quad \text{——转移电压比}$$

$$B = \left.\frac{\dot{U}_1}{-\dot{I}_2}\right|_{\dot{U}_2=0} \quad \text{——转移阻抗}$$

$$C = \left.\frac{\dot{I}_1}{\dot{U}_2}\right|_{\dot{I}_2=0} \quad \text{——转移导纳}$$

$$D = \left.\frac{\dot{I}_1}{-\dot{I}_2}\right|_{\dot{U}_2=0} \quad \text{——转移电流比}$$

可见，A 是两个电压的比值，是一个量纲为一的量，可按图 13.11a 计算或者通过实验测量求得；B 是短路转移阻抗，可按图 13.11b 计算或者通过实验测量求得；C 是开路转移导纳；D 是两个电流的比值，也是量纲为一的量；参数 C、D 可分别按图 13.11a、b 计算或者通过实验测量求得。A、B、C、D 都具有转移参数的性质。

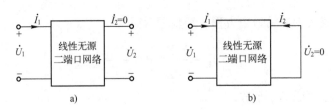

图 13.11 T 参数的测定

对于无源线性二端口，A、B、C、D 4 个参数中将只有 3 个是独立的，这时按式（13.5）并注意到 $Y_{12} = Y_{21}$

得

$$AD - BC = \frac{Y_{11}Y_{22}}{Y_{21}^2} + \frac{1}{Y_{21}} \frac{Y_{12}Y_{21} - Y_{11}Y_{22}}{Y_{21}} = 1$$

对于对称的二端口，由于 $Y_{11} = Y_{22}$，故由式（13.5）还将得 $A = D$。

例 13.6 求图 13.12 所示电路的 T 参数。

解：用直接列方程的方法求解

$$u_1 = n u_2$$

$$i_1 = -\frac{1}{n} i_2$$

即

$$\begin{pmatrix} u_1 \\ i_1 \end{pmatrix} = \begin{pmatrix} n & 0 \\ 0 & \dfrac{1}{n} \end{pmatrix} \begin{pmatrix} u_2 \\ -i_2 \end{pmatrix}$$

则

$$\boldsymbol{T} = \begin{pmatrix} n & 0 \\ 0 & \dfrac{1}{n} \end{pmatrix}$$

例 13.7 求图 13.13 所示电路的 T 参数。

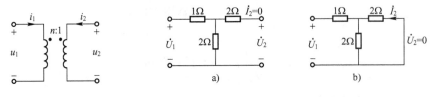

图 13.12 例 13.6 的电路   图 13.13 例 13.7 的电路

解：由图 13.13a 求得

$$A = \frac{\dot{U}_1}{\dot{U}_2}\bigg|_{\dot{I}_2=0} = \frac{3}{2} \qquad\qquad C = \frac{\dot{I}_1}{\dot{U}_2}\bigg|_{\dot{I}_2=0} = 0.5\mathrm{S}$$

由图 13.13b 求得

$$B = \frac{\dot{U}_1}{-\dot{I}_2}\bigg|_{\dot{U}_2=0} = 4\Omega \qquad\qquad D = \frac{\dot{I}_1}{-\dot{I}_2}\bigg|_{\dot{U}_2=0} = 2$$

故
$$T = \begin{pmatrix} 1.5 & 4 \\ 0.5 & 2 \end{pmatrix}$$

13.2.4 *H* 参数及 *H* 参数方程（混合参数和方程）

1. *H* 参数方程

还有一套常用来描述一个二端口的外特性的参数，称为混合参数或 *H* 参数。混合参数或 *H* 参数方程为

$$\dot{U}_1 = H_{11}\dot{I}_1 + H_{12}\dot{U}_2$$
$$\dot{I}_2 = H_{21}\dot{I}_1 + H_{22}\dot{U}_2$$
（13.6）

用矩阵形式表示时，有

$$\begin{pmatrix} \dot{U}_1 \\ \dot{I}_2 \end{pmatrix} = \begin{pmatrix} H_{11} & H_{12} \\ H_{21} & H_{22} \end{pmatrix} \begin{pmatrix} \dot{U}_2 \\ \dot{I}_1 \end{pmatrix} = H \begin{pmatrix} \dot{I}_1 \\ \dot{U}_2 \end{pmatrix}$$

其中
$$H = \begin{pmatrix} H_{11} & H_{12} \\ H_{21} & H_{22} \end{pmatrix}$$

称为 *H* 参数矩阵。

2. *H* 参数的计算测定及物理意义

在晶体管电路中，*H* 参数获得了广泛的应用。*H* 参数的计算测定及物理意义可以分别用下列各式说明：

$$H_{11} = \frac{\dot{U}_1}{\dot{I}_1}\bigg|_{\dot{U}_2=0} \quad —— 输入阻抗$$

$$H_{12} = \frac{\dot{U}_1}{\dot{U}_2}\bigg|_{\dot{I}_1=0} \quad —— 转移电压比$$

$$H_{21} = \frac{\dot{I}_2}{\dot{I}_1}\bigg|_{\dot{U}_2=0} \quad —— 转移电流比$$

$$H_{22} = \frac{\dot{I}_2}{\dot{U}_2}\bigg|_{\dot{I}_1=0} \quad —— 输入导纳$$

可见，H_{11} 和 H_{21} 有短路参数的性质，可按图 13.14a 计算或者通过实验测量求得；H_{12} 和 H_{22} 有开路参数的性质，可按图 13.14b 计算或者通过实验测量求得。不难看出，$H_{11} = \frac{1}{Y_{11}}$，$H_{22} = \frac{1}{Z_{22}}$，$H_{21}$ 为两个电流之间的比值，H_{12} 为两个电压之间的比值。

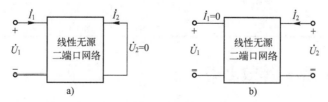

图 13.14　*H* 参数的测定

对于线性无源二端口（互易二端口）网络，H 参数中只有 3 个是独立的。例如，将前面例 13.1 求得的 Y 参数代入，就可以得出图 13.4a 所示二端口的 H 参数：

$$H_{11} = \frac{1}{Y_a + Y_b} \qquad\qquad H_{12} = \frac{Y_b}{Y_a + Y_b}$$

$$H_{21} = \frac{-Y_b}{Y_a + Y_b} \qquad\qquad H_{22} = Y_c + \frac{Y_a Y_b}{Y_a + Y_b}$$

可见 $H_{12} = -H_{21}$

对于对称二端口，由于 $Y_{11} = Y_{22}$（$Z_{11} = Z_{22}$），故有：

$$H_{11}H_{22} - H_{12}H_{21} = 0 \qquad H_{11}H_{22} - H_{12}H_{21} = 1$$

例 13.8 图 13.15 所示为一只晶体管在小信号工作条件下的简化等效电路，试求其 H 参数。

解：根据 H 参数的定义，不难求得

$$H_{11} = \left.\frac{\dot{U}_1}{\dot{I}_1}\right|_{\dot{U}_2=0} = R_1 \qquad\qquad H_{12} = \left.\frac{\dot{U}_1}{\dot{U}_2}\right|_{\dot{I}_1=0} = 0$$

$$H_{21} = \left.\frac{\dot{I}_2}{\dot{I}_1}\right|_{\dot{U}_2=0} = \beta \qquad\qquad H_{22} = \left.\frac{\dot{I}_2}{\dot{U}_2}\right|_{\dot{I}_1=0} = \frac{1}{R_2}$$

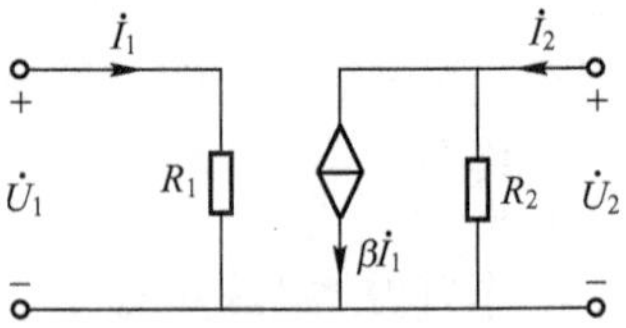

图 13.15 例 13.15 的电路

Y 参数、Z 参数、T 参数、H 参数之间的相互转换关系不难根据以上的基本方程推导出来，表 13.1 总结了这些关系。

表 13.1 二端口网络的参数

	Z 参数		Y 参数		H 参数		$T(A)$
Z 参数	$Z_{11} \quad Z_{12}$ $Z_{21} \quad Z_{22}$		$\dfrac{Y_{22}}{\Delta_Y} \quad \dfrac{Y_{12}}{\Delta_Y}$ $-\dfrac{Y_{21}}{\Delta_Y} \quad \dfrac{Y_{11}}{\Delta_Y}$		$\dfrac{\Delta_H}{H_{12}} \quad \dfrac{H_{12}}{H_{22}}$ $-\dfrac{H_{21}}{H_{22}} \quad \dfrac{1}{H_{22}}$		$\dfrac{A}{C}$ $\dfrac{1}{C}$
Y 参数	$\dfrac{Z_{22}}{\Delta z} \quad \dfrac{Z_{12}}{\Delta z}$ $-\dfrac{Z_{21}}{\Delta z} \quad \dfrac{Z_{11}}{\Delta z}$		$Y_{11} \quad Y_{12}$ $Y_{21} \quad Y_{22}$		$\dfrac{1}{H_{11}} \quad -\dfrac{H_{12}}{H_{11}}$ $\dfrac{H_{21}}{H_{11}} \quad \dfrac{\Delta_H}{H_{21}}$		$\dfrac{D}{B}$ $-\dfrac{1}{B}$
H 参数	$\dfrac{\Delta z}{Z_{22}} \quad \dfrac{Z_{12}}{Z_{22}}$ $-\dfrac{Z_{21}}{Z_{22}} \quad \dfrac{1}{Z_{22}}$		$\dfrac{1}{Y_{11}} \quad -\dfrac{Y_{12}}{Y_{11}}$ $\dfrac{Y_{21}}{Y_{11}} \quad \dfrac{\Delta_Y}{Y_{11}}$		$H_{11} \quad H_{12}$ $H_{21} \quad H_{22}$		$\dfrac{B}{D}$ $-\dfrac{1}{D}$
$T(A)$ 参数	$\dfrac{Z_{11}}{Z_{22}} \quad \dfrac{\Delta Z}{Z_{21}}$ $\dfrac{1}{Z_{21}} \quad \dfrac{Z_{22}}{Z_{21}}$		$-\dfrac{Y_{22}}{Y_{11}} \quad -\dfrac{1}{Y_{21}}$ $-\dfrac{\Delta_Y}{Y_{21}} \quad -\dfrac{Y_{11}}{Y_{21}}$		$-\dfrac{\Delta_H}{H_{21}} \quad -\dfrac{H_{11}}{H_{21}}$ $-\dfrac{H_{22}}{H_{21}} \quad -\dfrac{1}{H_{21}}$		A C

13.3 二端口网络的等效电路

任何复杂的无源线性一端口可以用一个等效阻抗来表征它的外部特性。同理，任何给定

的无源线性二端口的外部特性既然可以用 3 个参数确定，那么只要找到一个由 3 个阻抗（或导纳）组成的简单二端口，如果这个二端口与给定的二端口参数分别相等，则这两个二端口外部特性也就完全相同，即它们是等效的。

由 3 个阻抗（或导纳）组成的等效二端口只有两种形式，即 T 形等效电路和 π 形等效电路，如图 13.16a、b 所示。

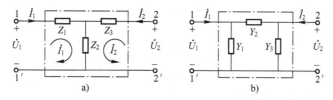

图 13.16　二端口的 T 形和 π 形等效电路

13.3.1　T 形等效电路

已知二端口的 Z 参数，可求其 T 形等效电路的 Z_1、Z_2、Z_3。如图 13.16a 所示，由 T 形等效电路列回路电流方程得

$$\dot{U}_1 = Z_1\dot{I}_1 + Z_2\left(\dot{I}_1 + \dot{I}_2\right)$$
$$= \left(Z_1 + Z_2\right)\dot{I}_1 + Z_2\dot{I}_2$$
$$\dot{U}_2 = Z_2\left(\dot{I}_1 + \dot{I}_2\right) + Z_3\dot{I}_2$$
$$= Z_2\dot{I}_1 + \left(Z_2 + Z_3\right)\dot{I}_2$$

而由 Z 参数表示的二端口网络的方程式中，由于 $Z_{12} = Z_{21}$，可将 Z 参数方程式改写为

$$\left.\begin{array}{l}\dot{U}_1 = \left(Z_{11} - Z_{12}\right)\dot{I}_1 + Z_{12}\left(\dot{I}_1 + \dot{I}_2\right) \\ \dot{U}_2 = Z_{12}\left(\dot{I}_1 + \dot{I}_2\right) + \left(Z_{22} - Z_{12}\right)\dot{I}_2\end{array}\right\}$$

比较上述两式可知：

$$Z_1 = Z_{11} - Z_{12}$$
$$Z_2 = Z_{12}$$
$$Z_3 = Z_{22} - Z_{12} \tag{13.7}$$

由此即可得出二端口的 T 形等效电路。

13.3.2　π 形等效电路

已知二端口的 Y 参数，可求其 π 形等效电路的 Y_1、Y_2、Y_3。如图 13.16b 所示，由 π 形等效电路可以列出端口的电流方程为

$$\left.\begin{array}{l}\dot{I}_1 = Y_1\dot{U}_1 + Y_2\left(\dot{U}_1 - \dot{U}_2\right) \\ \dot{I}_2 = Y_2\left(\dot{U}_2 - \dot{U}_1\right) + Y_3\dot{U}_2\end{array}\right\}$$

而由 Y 参数表示的二端口网络的方程式中，由于 $Y_{12} = Y_{21}$，可将 Y 参数方程式改写为

$$\left.\begin{array}{l} \dot{I}_1 = \left(Y_{11} + Y_{12}\right)\dot{U}_1 - Y_{12}\left(\dot{U}_1 - \dot{U}_2\right) \\ \dot{I}_2 = -Y_{21}\left(\dot{U}_2 - \dot{U}_1\right) + \left(Y_{22} + Y_{21}\right)\dot{U}_2 \end{array}\right\}$$

比较上述两式可知：

$$Y_1 = Y_{11} + Y_{12}$$

$$Y_2 = -Y_{12} = -Y_{21}$$

$$Y_3 = Y_{22} + Y_{21} \tag{13.8}$$

由此即可得出二端口的 π 形等效电路。

如果给定二端口的其他参数，则可查表 13.1，把其他参数变换成 Z 参数或者 Y 参数，然后再由式（13.7）和式（13.8）求得二端口网络的 T 形和 π 形等效电路的参数值。例如，T 形等效电路的 Z_1、Z_2、Z_3 与 T 参数之间的关系为

$$Z_1 = \frac{A-1}{B}$$

$$Z_2 = \frac{1}{C}$$

$$Z_3 = \frac{D-1}{C}$$

而 π 形等效电路的 Y_1、Y_2、Y_3 与 T 参数之间的关系为

$$Y_1 = \frac{D-1}{B}$$

$$Y_2 = \frac{1}{B}$$

$$Y_3 = \frac{A-1}{B}$$

对于对称二端口，由于 $Z_{11} = Z_{22}$，$Y_{11} = Y_{22}$，$A = D$，故它的 T 形或 π 形等效电路也一定是对称的，这时应有 $Z_1 = Z_3$，$Y_1 = Y_3$。

如果二端口网络内部含有受控电源，那么二端口的 4 个参数将是相互独立的。若给定二端口的 Z 参数，则 Z 参数方程式

$$\dot{U}_1 = Z_{11}\dot{I}_1 + Z_{12}\dot{I}_2$$
$$\dot{U}_2 = Z_{21}\dot{I}_1 + Z_{22}\dot{I}_2$$

可写为
$$\dot{U}_1 = Z_{11}\dot{I}_1 + Z_{12}\dot{I}_2$$

$$\dot{U}_2 = Z_{12}\dot{I}_1 + Z_{22}\dot{I}_2 + \left(Z_{21} - Z_{12}\right)\dot{I}_1$$

这样第 2 个方程右端的最后一项是一个 CCVS，其（T 形）等效电路如图 13.17a 所示。

同理，若给定二端口的 Y 参数，则 Y 参数方程式可写为

$$\dot{I}_1 = Y_{11}\dot{U}_1 + Y_{12}\dot{U}_2$$

$$\dot{I}_2 = Y_{12}\dot{U}_1 + Y_{22}\dot{U}_2 + (Y_{21} - Y_{12})\dot{U}_1$$

用 Y 参数表示的含受控电源的二端口网络的 π 形等效电路如图 13.17b 所示。

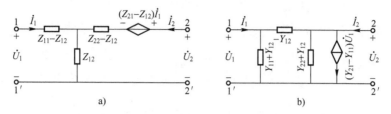

图 13.17　含受控电源的二端口网络的 T 形和 π 形等效电路

13.4　二端口网络的连接

　　如果把一个复杂的二端口看成是由若干个简单的二端口按某种方式连接而成，这将使电路分析得到简化。另一方面，在设计和实现一个复杂的二端口时，也可以将简单的二端口作为"积木块"，把它们按一定方式连接成具有所需特性的二端口。一般来说，设计简单的部分电路并加以连接要比直接设计一个复杂的整体电路容易些。因此讨论二端口的连接问题具有重要意义。

　　二端口可按多种不同方式相互连接，这里主要介绍 3 种方式：级联（链联）、串联和并联，分别如图 13.18a、b、c 所示。在二端口的连接问题上，人们感兴趣的是复合二端口的参数与部分二端口的参数之间的关系，下面分别讨论。

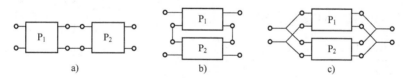

图 13.18　二端口的 3 种连接方式

13.4.1　级联

　　当两个无源二端口 P_1 和 P_2 按级联方式连接后，它们构成了一个复合二端口，如图 13.19 所示。设二端口 P_1 和 P_2 的 T 参数分别为

$$\boldsymbol{T}' = \begin{pmatrix} A' & B' \\ C' & D' \end{pmatrix}, \boldsymbol{T}'' = \begin{pmatrix} A'' & B'' \\ C'' & D'' \end{pmatrix}$$

则应有

$$\begin{pmatrix} \dot{U}_1' \\ \dot{I}_1' \end{pmatrix} = \boldsymbol{T}' \begin{pmatrix} \dot{U}_2' \\ -\dot{I}_2' \end{pmatrix}$$

$$\begin{pmatrix} \dot{U}_1'' \\ \dot{I}_1'' \end{pmatrix} = \boldsymbol{T}'' \begin{pmatrix} \dot{U}_2'' \\ -I_2'' \end{pmatrix}$$

但由于 $\dot{U}_1 = \dot{U}_1'$，$\dot{U}_2 = \dot{U}_1''$，$\dot{U}_2'' = \dot{U}_2$，$\dot{I}_1 = \dot{I}_1'$，$\dot{I}_1'' = -\dot{I}_2'$ 及 $\dot{I}_2 = \dot{I}_2''$，
所以有

$$\begin{pmatrix} \dot{U}_1 \\ \dot{I}_1 \end{pmatrix} = \begin{pmatrix} \dot{U}_1' \\ \dot{I}_1' \end{pmatrix} = T' \begin{pmatrix} \dot{U}_2' \\ -\dot{I}_2' \end{pmatrix} = T' \begin{pmatrix} \dot{U}_1'' \\ \dot{I}_1'' \end{pmatrix} = T'T'' \begin{pmatrix} \dot{U}_2'' \\ -\dot{I}_2'' \end{pmatrix} = T \begin{pmatrix} \dot{U}_2 \\ -\dot{I}_2 \end{pmatrix}$$

其中 T 为复合二端口的 T 参数矩阵，它与二端口 P_1 和 P_2 的 T 参数矩阵的关系为

$$T = T' \cdot T'' = \begin{pmatrix} A' & B' \\ C' & D' \end{pmatrix} \cdot \begin{pmatrix} A'' & B'' \\ C'' & D'' \end{pmatrix} = \begin{pmatrix} A'A'' + B'C'' & A'B'' + B'D'' \\ C'A'' + D'C'' & C'B'' + D'D'' \end{pmatrix}$$

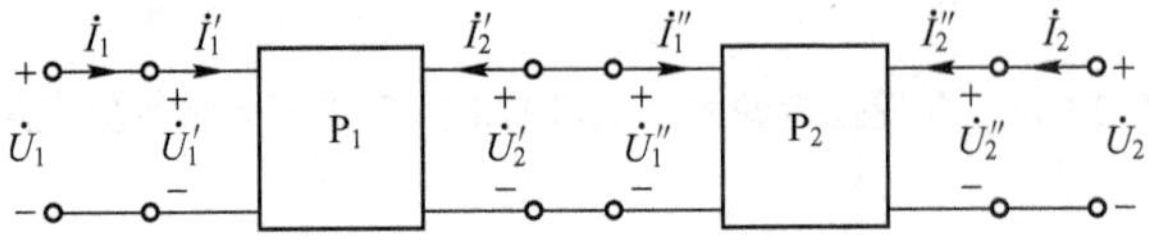

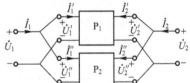

图 13.19 二端口的级联

13.4.2 并联

当两个二端口 P_1 和 P_2 按并联方式连接时，如图 13.20 所示，两个二端口的输入电压和输出电压被分别强制为相同，即 $\dot{U}_1' = \dot{U}_1'' = \dot{U}_1$，$\dot{U}_2' = \dot{U}_2'' = \dot{U}_2$。如果每个二端口条件（即端口上流入一个端子的电流等于流出另一个端子的电流）不因并联连接而被破坏，则复合二端口的总端口的电流应为

$$\dot{I}_1 = \dot{I}_1' + \dot{I}_1''$$

$$\dot{I}_2 = \dot{I}_2' + \dot{I}_2''$$

若设二端口 P_1 和 P_2 的 Y 参数分别为

$$Y' = \begin{pmatrix} Y_{11}' & Y_{12}' \\ Y_{21}' & Y_{22}' \end{pmatrix} \qquad Y'' = \begin{pmatrix} Y_{11}'' & Y_{12}'' \\ Y_{21}'' & Y_{22}'' \end{pmatrix}$$

图 13.20 二端口的并联

则应有

$$\begin{pmatrix} \dot{I}_1 \\ \dot{I}_2 \end{pmatrix} = \begin{pmatrix} \dot{I}_1' + \dot{I}_1'' \\ \dot{I}_2' + \dot{I}_2'' \end{pmatrix} = \begin{pmatrix} \dot{I}_1' \\ \dot{I}_2' \end{pmatrix} + \begin{pmatrix} \dot{I}_1'' \\ \dot{I}_2'' \end{pmatrix} = Y' \begin{pmatrix} \dot{U}_1' \\ \dot{U}_2' \end{pmatrix} + Y'' \begin{pmatrix} \dot{U}_1'' \\ \dot{U}_2'' \end{pmatrix} = (Y' + Y'') \begin{pmatrix} \dot{U}_1 \\ \dot{U}_2 \end{pmatrix} = Y \begin{pmatrix} \dot{U}_1 \\ \dot{U}_2 \end{pmatrix}$$

其中 Y 为复合二端口的 Y 参数矩阵，它与二端口 P_1 和 P_2 的 Y 参数矩阵的关系为

$$Y = Y' + Y''$$

13.4.3 串联

当两个二端口 P_1 和 P_2 按串联方式连接时，如图 13.21 所示，两个二端口的输入电流和输出电流被分别强制为相同，即 $\dot{I}_1' = \dot{I}_1'' = \dot{I}_1$，$\dot{I}_2' = \dot{I}_2'' = \dot{I}_2$。只要端口条件仍然成立，则复合二端口的端口电压应为

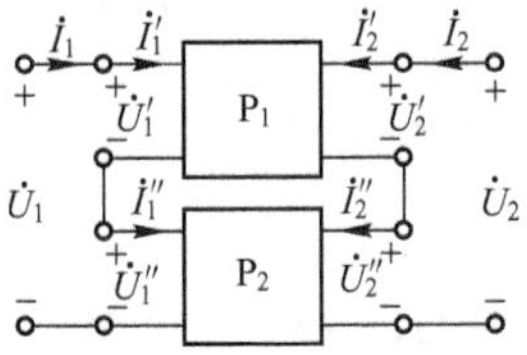

图 13.21 二端口的串联

$$\dot{U}_1 = \dot{U}_1' + \dot{U}_1''$$

$$\dot{U}_2 = \dot{U}_2' + \dot{U}_2''$$

若设二端口 P_1 和 P_2 的 Z 参数分别为

$$Z' = \begin{pmatrix} Z_{11}' & Z_{12}' \\ Z_{21}' & Z_{22}' \end{pmatrix} \qquad Z'' = \begin{pmatrix} Z_{11}'' & Z_{12}'' \\ Z_{21}'' & Z_{22}'' \end{pmatrix}$$

则应有

$$\begin{pmatrix} \dot{U}_1 \\ \dot{U}_2 \end{pmatrix} = \begin{pmatrix} \dot{U}_1' + \dot{U}_1'' \\ \dot{U}_2' + \dot{U}_2'' \end{pmatrix} = \begin{pmatrix} \dot{U}_1' \\ \dot{U}_2' \end{pmatrix} + \begin{pmatrix} \dot{U}_1'' \\ \dot{U}_2'' \end{pmatrix} = Z' \begin{pmatrix} \dot{I}_1' \\ \dot{I}_2' \end{pmatrix} + Z'' \begin{pmatrix} \dot{I}_1'' \\ \dot{I}_2'' \end{pmatrix} = (Z' + Z'') \begin{pmatrix} \dot{I}_1 \\ \dot{I}_2 \end{pmatrix} = Z \begin{pmatrix} \dot{I}_1 \\ \dot{I}_2 \end{pmatrix}$$

其中 Z 为复合二端口的 Z 参数矩阵, 它与两个二端口 P_1 和 P_2 的 Z 参数矩阵有如下关系

$$Z = Z' + Z''$$

$$Z = Z' + Z'' = \begin{pmatrix} Z_{11}' + Z_{11}'' & Z_{12}' + Z_{12}'' \\ Z_{21}' + Z_{12}'' & Z_{22}' + Z_{22}'' \end{pmatrix}$$

本章小结

本章主要学习了二端口网络的基本概念、导纳参数、阻抗参数、传输参数和混合参数以及二端口网络的连接（级联）。重点是：描述线性二端口网络端口电压、电流之间关系的参数、参数方程；二端口网络的级联。难点是：结合等效电路对已知某种参数的电路进行分析。

主要分析方法：

1. 已知二端口网络的结构，求二端口网络的参数

方法一：按所求二端口网络的参数方程，采用开路、短路计算法，求出二端口网络的参数。

方法二：对于结构较简单的二端口网络，可采用直接列写二端口网络参数方程的方法，求出二端口网络参数。对于结构复杂的电路，求 Y 参数可用结点电压法列方程，最后整理成 Y 参数方程的形式，即可求出 4 个参数。

2. 利用二端口网络的参数对电路进行计算

1）先求出二端口网络的参数。可视电路结构选一种合适的二端口网络参数（如 T 形电路易求 Z 参数，π 形电路易求 Y 参数等）。

2）写出相应的二端口网络参数方程。

3）根据要求结合二端口网络参数求出待求量。

3. 已知二端口网络的参数，求其等效电路

1）已知二端口网络的 Z 参数，宜求其 T 形等效电路。

2）已知二端口网络的 Y 参数，宜求其 π 形等效电路。

3）欲求二端口的 T 形等效电路，可先把求出的（给定的）二端口网络参数转化为 Z 参数，而后即可求出 T 形等效电路。

4）欲求二端口的 π 形等效电路，可先把求出的（给定的）二端口网络参数转化为 Y 参数，而后即可求出 π 形等效电路。

5）如对等效电路的形式无限制，可直接用受控源构成其等效电路。

4. 求复合二端口网络的 Z、Y、T 参数

1）当两个串联的二端口网络其端口条件不被破坏时，才可以用 $Z = Z' + Z''$ 求出复合二端口网络的 Z 参数，否则，只能按原电路直接求出 Z 参数。

2）当两个并联的二端口网络其端口条件不被破坏时，才可以用 $Y = Y' + Y''$ 求出复合二端口网络的 Y 参数，否则，只能按原电路直接求出 Y 参数。

3）两个二端口网络级联，可按 $T = T_1 T_2$ 求出复合二端口网络的 T 参数，这里要注意 T_1 与 T_2 的顺序。

5. 含二端口网络电路的分析计算

方法一

1）根据给定参数，写出相应的参数方程。

2）写出外电路的 VCR。

3）根据要求结合参数方程求出待求量。

方法二

1）根据给定参数，求出二端口网络的等效电路，与外接电路连接后得到一个已知电路。

2）对上述已知电路进行求解，求出待求量。

例 13.9 已知图 13.22a 所示电路中二端口网络的短路导纳参数为

$$Y = \begin{pmatrix} 1 & -0.25 \\ -0.25 & 0.5 \end{pmatrix} \text{S}$$

求：

（1）R 为多大时，其本身获得最大功率？

（2）此时 R 的最大功率。

（3）此时电源的功率。

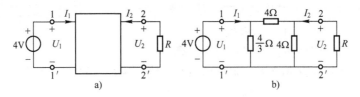

图 13.22　例 13.9 的电路

解：方法一：根据给定的 Y 参数，写出 Y 参数方程

$$\left. \begin{array}{l} I_1 = U_1 - 0.25U_2 \\ I_2 = -0.25U_1 + 0.5U_2 \end{array} \right\}$$

令 $U_1 = 0$，由上述方程的第二式求出由 $2 - 2'$ 端口看进去的等效电阻：

$$R_{eq} = \frac{U_2}{I_2} = \frac{1}{0.5}\Omega = 2\Omega$$

令 $U_1 = 4\text{V}$ ，$I_2 = 0$ ，则 $2-2'$ 端口开路，由 Y 参数方程的第二式求出 $2-2'$ 端口的开路电压为

$$U_{OC} = U_2\big|_{I_2=0} = \frac{0.25U_1}{0.5} = \frac{0.25 \times 4}{0.5}\text{V} = 2\text{V}$$

（1）由上述计算可知，当 $R = R_{eq} = 2\Omega$ 时，R 可获得最大功率。

（2）R 获得的最大功率为

$$P_{max} = \frac{U_{OC}^2}{4R_{eq}} = \frac{2^2}{4 \times 2}\text{W} = 0.5\text{W}$$

（3）将 $U_1 = 4\text{V}$ ，$U_2 = -2I_2$ 代入 Y 参数方程，得

$$\left.\begin{array}{r} I_1 = 4 + 0.5I_2 \\ I_2 = -0.25 \times 4 - I_2 \end{array}\right\}$$

求出

$$I_1 = 3.75\text{A} , \quad I_2 = -0.5\text{A}$$

则电源的功率

$$P_{U_s} = -U_1 I_1 = -4 \times 3.75\text{W} = -15\text{W}$$

负号表示电源发出功率。

方法二：根据题目给出的 Y 参数，可求出二端口网络的 π 形等效电路，如图 13.22b 所示。由此电路可直接求（1）、（2）、（3）3 个问题。其主要参数为

$$R_{eq} = \frac{4 \times 4}{4 + 4}\Omega = 2\Omega$$

$$U_{OC} = \frac{4}{4 + 4} \times 4\text{V} = 2\text{V}$$

在 $R = R_{eq} = 2\Omega$ 时，可求出 I_1 为

$$I_1 = \left(\frac{4}{4 + \frac{4 \times 2}{4 + 2}} + \frac{4}{4/3}\right)\text{A} = 3.75\text{A}$$

P_{max} 、P_{U_s} 结果同上。

习题

13.1 求图 13.23 所示二端口网络的 Y 和 Z 参数矩阵。

13.2 求图 13.24 所示二端口网络的 Z 参数。

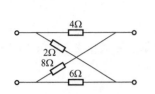

图 13.23　习题 13.1 的图

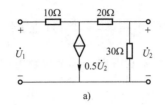

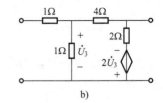

图 13.24　习题 13.2 的图

13.3　求图 13.25 所示二端口网络的 Y 参数。

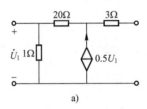

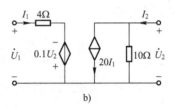

图 13.25　习题 13.3 的图

13.4　求图 13.26 所示电路的传输参数。

13.5　求图 13.27 所示电路的传输参数。

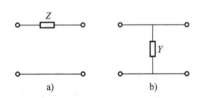

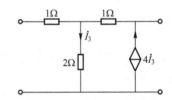

图 13.26　习题 13.4 的图　　　　图 13.27　习题 13.5 的图

13.6　求图 13.28 所示二端口网络的 H 参数。

13.7　求图 13.29 所示二端口网络的 H 参数。

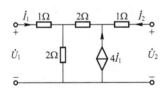

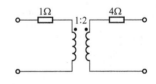

图 13.28　习题 13.6 的图　　　　图 13.29　习题 13.7 的图

13.8　一个二端口网络，其

$$Z = \begin{pmatrix} 12 & 4 \\ 4 & 6 \end{pmatrix} \Omega$$

若该网络的终端电阻是 2Ω，求 $\dot{U}_2 / \dot{U}_1$。

13.9　若图 13.30 所示的二端口网络的 Z 参数矩阵为

$$Z = \begin{pmatrix} 50 & 10 \\ 30 & 20 \end{pmatrix} \Omega$$

计算 $100\,\Omega$ 电阻消耗的功率。

13.10 如图 13.31 所示二端口网络，已知：$I_1 = 3$ 时，$U_2 = 7.5\,\text{V}$；$R = 0$ 时，$I_1 = 3\,\text{A}$，$I_2 = -1\,\text{A}$。求：（1）二端口网络的 Z 参数；（2）当 $R = 2.5\,\Omega$ 时，$I_1 = ?\ I_2 = ?$

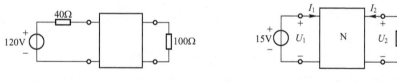

图 13.30 习题 13.9 的图   图 13.31 习题 13.10 的图

13.11 图 13.32 所示电路中，用 Y 参数计算 $2\,\Omega$ 电阻上所消耗的功率，并用直接电路分析计算来证实计算结果。

13.12 一个二端口网络，若其 T 参数为：$A = 4, B = 30\,\Omega, C = 0.1\text{S}, D = 1.5$。计算下列情况下的输入阻抗 $Z_{\text{in}} = \dot{U}_1/\dot{I}_1$。

（1）输出端口短路；

（2）输出端口开路；

（3）输出端口接 $10\,\Omega$ 的电阻负载。

13.13 如图 13.33 所示二端口网络，其 H 参数为

$$H = \begin{pmatrix} 16 & 3 \\ -2 & 0.01 \end{pmatrix}$$

求：（1）U_2/U_1；（2）I_2/I_1；（3）I_1/U_1；（4）U_2/I_2。

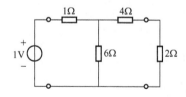   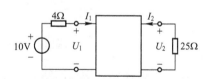

图 13.32 习题 13.11 的图   图 13.33 习题 13.13 的图

13.14 如图 13.34 所示电路，用该电路的 H 参数求 $3\,\Omega$ 电阻两端的电压，并用直接计算的方法证实计算结果。

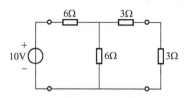

图 13.34 习题 13.14 的图

13.15 已知二端口网络的参数矩阵为

（1）$\boldsymbol{Z} = \begin{pmatrix} 10 & 4 \\ 4 & 6 \end{pmatrix}\Omega$；   （2）$\boldsymbol{Z} = \begin{pmatrix} 25 & 20 \\ 5 & 30 \end{pmatrix}\Omega$

试问该二端口网络是否含有受控源，并求它的等效电路。

13.16　已知二端口网络的参数矩阵为

（1）$Y = \begin{pmatrix} \dfrac{1}{2} & -\dfrac{1}{4} \\ -\dfrac{1}{4} & \dfrac{3}{8} \end{pmatrix}$S；

（2）$Y = \begin{pmatrix} 5 & -2 \\ 0 & 3 \end{pmatrix}$S

试问该二端口网络是否含有受控源，并求它的等效电路。

13.17　求图 13.35 所示复合二端口网络的 Z 参数。

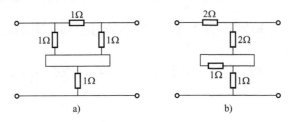

图 13.35　习题 13.17 的图

13.18　求图 13.36 所示二端口网络的 T 参数矩阵，设二端口网络 P_1 的 T 参数矩阵为

$$T_1 = \begin{pmatrix} A & B \\ C & D \end{pmatrix}$$

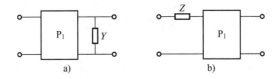

图 13.36　习题 13.18 的图

13.19　求图 13.37 所示二端口网络的 T 参数矩阵。

13.20　图 13.38 所示无源二端口网络 P 的传输参数 $A = 2.5$，　$B = 6\Omega$，　$C = 0.5$S，
$D = 1.6$。

（1）求 $R = ?$ 时，　R 吸收的功率最大。

（2）若 $U_S = 9\,\mathrm{V}$，求 R 所吸收的最大功率 $P_{\max}$ 及此时 U_S 输出的功率 P_{U_S}。

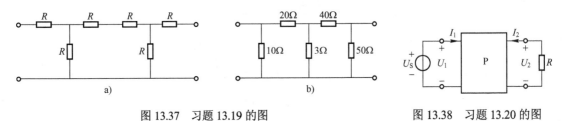

图 13.37　习题 13.19 的图　　　　　　　　　图 13.38　习题 13.20 的图

*第 14 章　非线性电路的分析

本章介绍非线性电路元件的特性以及列写非线性电路方程的方法。简要介绍分析非线性电路的常用方法：小信号法和分段线性化方法。

若电路元件的参数随着电压或电流而变化，即电路元件的参数与电压或电流有关，则该元件为非线性元件。含有非线性元件的电路称为非线性电路。一切实际电路严格来说都是非线性的，对于那些非线性程度比较微弱的电路元件，作为线性处理不会带来本质上的差异。但是，许多非线性元件的非线性特性不容忽视，否则就将无法解释电路中发生的现象；如果作为线性元件处理，势必使计算结果与实际量值相差太大而无意义，甚至还会产生本质的差异。由于非线性电路具有本身的特殊性，所以分析研究非线性电路具有非常重要的意义。

14.1　非线性电阻

线性电阻元件的伏安特性可用欧姆定律 $u = Ri$ 来表示，在 $u—i$ 平面上是一条通过坐标原点的直线。非线性电阻元件的伏安特性不满足欧姆定律而遵循某种特定的非线性函数关系。非线性电阻在电路中的符号如图 14.1 所示。

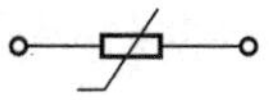

图 14.1　非线性电阻的电路符号

非线性电阻的伏安特性可用下列函数关系表达

$$u = f(i)$$
或
$$i = f(u)$$

为了方便地应用非线性电阻，通常按照它们的特性加以分类，可将其大致分为电流控制型、电压控制型和单调型。

1. 电流控制型

若电阻元件两端的电压是其电流的单值函数，这种电阻称为电流控制型电阻，可用下列函数关系表示

$$u = f(i) \tag{14.1}$$

其典型伏安特性曲线如图 14.2 所示。从特性曲线上可以看到：对于每一个电流 i，有且只有一个电压 u 与之对应；反之，对于一个电压 u，电流可能是多值的。如当 $u = u_1$ 时，电流就有 i_1、i_2 和 i_3 三个不同的值。辉光管就具有这样的伏安特性。

2. 电压控制型

如果流过电阻的电流是其两端电压的单值函数，这种电阻称为电压控制型电阻，可用下列函数关系表示

$$i = f(u) \tag{14.2}$$

其典型伏安特性曲线如图 14.3 所示。从特性曲线上可以看到：对于每一个电压 u，有且只有一个电流 i 与之对应；反之，对于一个电流 i，电压可能是多值的。如当 $i = i_1$ 时，对应电压有 u_1、u_2 和 u_3 三个不同的值。隧道二极管就具有这样的伏安特性。

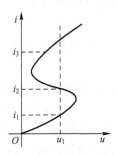

图 14.2　充气二极管的伏安特性

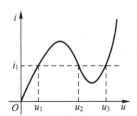

图 14.3　隧道二极管的伏安特性

在图 14.2、14.3 所示的伏安特性曲线中，都有一段下倾段，该段范围内电流随着电压的增大而减小。

3. 单调型

这种电阻的伏安特性是单调增长或单调下降的，它同时是电压控制又是电流控制的。这种电阻以 P-N 结二极管为典型，其伏安特性如图 14.4 所示。

当电阻的伏安特性曲线对原点对称时，称其为双向电阻，这种电阻没有方向性，交换两个端子后不改变原来的伏安特性曲线。线性电阻是双向性的，但许多非线性电阻却不是双向性的。

非线性电阻元件的电阻有两种表示，即静态电阻和动态电阻。

所谓静态电阻，指的是非线性电阻元件在某工作点（如图 14.4 中 A 点）处的电压与电流之比，即

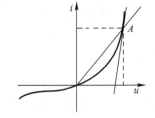

图 14.4　P-N 结二极管的伏安特性

$$R = \frac{u}{i} \tag{14.3}$$

所谓动态电阻，指的是非线性电阻元件在某工作点（如图 14.4 中 A 点）处电压对电流的导数（变化率之比），即

$$R_d = \frac{\mathrm{d}u}{\mathrm{d}i} \tag{14.4}$$

对于图 14.2 和图 14.3 所示伏安特性曲线的下倾段，其动态电阻为负值，因此具有"负电阻"的性质。

静态电阻 R 与动态电阻 R_d 均不是常数，而是 i 或者 u 的函数。

例 14.1　设有一非线性电阻，其伏安特性为 $u = 100i + i^3$。

（1）试分别求出 $i_1 = 2\mathrm{A}$、$i_2 = 10\mathrm{A}$、$i_3 = 10\mathrm{mA}$ 时对应的电压 u_1、u_2、u_3 的值；

（2）求 $i = 2\sin(314t)\mathrm{A}$ 时的电压 u 的值；

（3）设 $u_{12} = f(i_1 + i_2)$，试问 u_{12} 是否等于 $u_1 + u_2$？

解：（1）
$$u_1 = (100 \times 2 + 2^3)V = 208V$$

$$u_2 = (100 \times 10 + 10^3)V = 2000V$$

$$u_3 = [100 \times 10 \times 10^{-3} + (10 \times 10^{-3})^3]V = (1 + 10^{-6})V$$

从上述结果可见，如果把这个电阻作为 100Ω 的线性电阻，不同电流引起的误差不同，当电流较小时，引起的误差不大。

（2）当 $i = 2\sin(314t)A$ 时

$$u = 100 \times 2\sin 314t + 8\sin^3 314t = [206\sin 314t - 2\sin 942t]V$$

电压 u 中含有 3 倍于电流频率的分量，可见，利用非线性电阻可以产生频率不同于输入频率的输出，这种作用称为倍频作用。

（3）
$$\begin{aligned}
u_{12} &= f(i_1 + i_2) = 100 \times (i_1 + i_2) + (i_1 + i_2)^3 \\
&= 100 \times (i_1 + i_2) + (i_1^3 + i_2^3) + (i_1 + i_2) \times 3i_1 i_2 \\
&= 100i_1 + i_1^3 + 100i_2 + i_2^3 + (i_1 + i_2) \times 3i_1 i_2 \\
&= u_1 + u_2 + (i_1 + i_2) \times 3i_1 i_2 \neq u_1 + u_2
\end{aligned}$$

可见，叠加定理不适用于非线性电阻。

14.2 非线性电容和非线性电感

线性电容元件的库伏特性是一条通过原点的直线。非线性电容元件的库伏特性不是一条通过原点的直线，而是遵循某种特定的非线性函数关系。其库伏特性曲线一般可表示为

$$f(q,u) = 0$$

若电荷是电压的单值函数，则称为电压控制型电容，记作

$$q = f(u) \tag{14.5}$$

若电压是电荷的单值函数，则称为电荷控制型电容，记作

$$u = f(q) \tag{14.6}$$

若电压、电荷是单调变化的，则称为单调型电容。非线性电容的电路符号及其库伏特性曲线如图 14.5 所示。

与非线性电阻类似，非线性电容元件的电容也有两种表示方式：静态电容 C 和动态电容 C_d，它们的定义分别为

$$C = \frac{q}{u}$$

$$C_d = \frac{dq}{du}$$

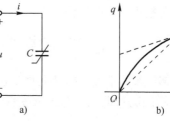

图 14.5　非线性电容及其库伏特性曲线

在电路分析中，非线性电容的电流

$$i_C = \frac{\mathrm{d}q}{\mathrm{d}t} = \frac{\mathrm{d}q}{\mathrm{d}u} \cdot \frac{\mathrm{d}u}{\mathrm{d}t} = C_\mathrm{d} \frac{\mathrm{d}u}{\mathrm{d}t} \qquad (14.7)$$

例 14.2　电路如图 14.6 所示，非线性电容为 $C_\mathrm{d} = 2u$ ，激励源 $u_\mathrm{S} = \sin \omega t \mathrm{V}$ ，求响应 i 。

解： 电容电流

$$i = C_\mathrm{d} \frac{\mathrm{d}u}{\mathrm{d}t} = 2 \sin \omega t \cdot \omega \cos \omega t = \omega \sin 2\omega t \mathrm{A}$$

由此例可知，响应的频率为激励频率的 2 倍。

在许多实际系统中，常常要把频率为 ω_1 的正弦信号变为较高频率 ω_2 （ $\omega_2 = n\omega_1$ ， n 为正整数）的正弦信号，这种现象称为"倍频"，只有在非线性电路中才能产生这种特殊现象。

非线性电感的电流与磁通链的关系可用韦安特性表示，记作

$$i = f(\psi) \qquad (14.8)$$

或

$$\psi = f(i) \qquad (14.9)$$

前者称为磁通控制型电感，后者称为电流控制型电感。若磁通链与电流是单调的，则为单调型电感。非线性电感的电路符号及其韦安特性曲线如图 14.7 所示。

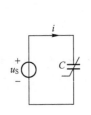

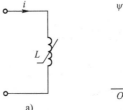

图 14.6　例 14.2 的图　　　　　图 14.7　非线性电感及其韦安特性曲线

同样，为了计算上的方便，也引用静态电感 L 和动态电感 L_d ，它们分别定义如下：

$$L = \frac{\psi}{i}$$

$$L_\mathrm{d} = \frac{\mathrm{d}\psi}{\mathrm{d}i}$$

电路分析中，电感电压

$$u_L = \frac{\mathrm{d}\psi}{\mathrm{d}t} = \frac{\mathrm{d}\psi}{\mathrm{d}i} \cdot \frac{\mathrm{d}i}{\mathrm{d}t} = L_\mathrm{d} \frac{\mathrm{d}i}{\mathrm{d}t} \qquad (14.10)$$

绝大多数实际非线性电感元件都包含铁磁材料做成的芯子，由于铁磁材料的磁滞现象，它的韦安特性具有回线形状，如图 14.8 所示。

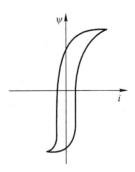

图 14.8　铁磁材料非线性电感的韦安特性曲线

14.3 非线性电路的方程

列写电路方程的依据是元件约束与结构约束两类关系。由于基尔霍夫定律对于线性电路和非线性电路均适用，所以非线性电路方程与线性电路方程的差别仅由于元件特性（约束）的不同而引起。对于非线性电阻电路，列出的方程是一组非线性代数方程；而对于含有非线性动态元件的电路，列出的方程是一组非线性微分方程。下面通过两个实例说明上述概念。

例 14.3 电路如图 14.9 所示，其中非线性电阻的伏安特性为 $u_3 = 20i_3^{\frac{1}{2}}$，试列出电路的方程。

解：列 KCL 和 KVL 方程，R_1、R_2 为线性电阻，有

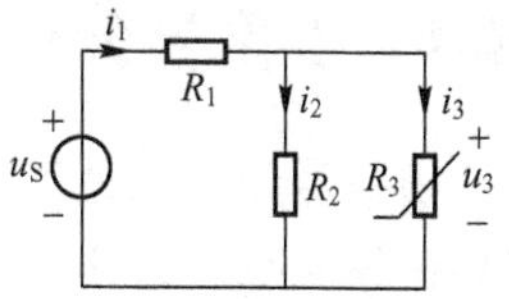

$$i_1 = i_2 + i_3$$

$$i_1 R_1 + i_2 R_2 = u_S$$

$$i_2 R_2 = u_3$$

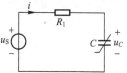

图 14.9　例 14.3 的图

非线性电阻 R_3 的 VCR 为

$$u_3 = 20i_3^{\frac{1}{2}}$$

从而得到电路的方程为

$$i_1 = i_2 + i_3$$

$$i_1 R_1 + i_2 R_2 = u_S$$

$$i_2 R_2 = 20i_3^{\frac{1}{2}}$$

或者合并，得回路电流方程为

$$(R_1 + R_2)i_1 - R_2 i_3 = u_S$$

$$R_2 i_1 - R_2 i_3 - 20i_3^{1/2} = 0$$

建立电路方程时，要根据非线性电阻是压控的还是流控的选择分析方法，使控制变量作为方程的待求变量。上例中非线性电阻为流控的，故应用回路电流法；若非线性电阻是压控的，则宜用结点电压法；如果电路中既有电压控制的电阻，又有电流控制的电阻，建立方程的过程就比较复杂，可采用混合法。

例 14.4 一阶电路如图 14.10 所示，非线性电容元件特性可写为 $u_C = aq^2$，试列出电路方程。

解：非线性动态电路的方程一般列写为标准状态方程，此电路中电容是电荷控制型的，故以 q 为状态变量列写状态方程。

根据 KVL，有

$$iR_1 + u_C = u_S$$

将 $u_C = aq^2$ 代入上式，有

图 14.10　例 14.4 的图

$$iR_1 + aq^2 = u_S$$

消去非状态变量 $i = \dfrac{\mathrm{d}q}{\mathrm{d}t}$，整理得

$$\frac{\mathrm{d}q}{\mathrm{d}t} = -\frac{a}{R_1}q^2 + \frac{u_S}{R_1}$$

对于非线性代数方程和非线性微分方程的解析解一般都是难以求出来的，但是可以利用计算机应用数值法求解。

14.4　小信号分析法

小信号分析法是工程中分析非线性电路的一个重要方法。这种方法常用在电子电路中，尤其在放大电路的分析和设计中，就是以小信号分析法为基础。例如半导体放大电路中，直流电源作为偏置电压，时变电源相当于小信号电压。又如直流电子电路中，时变电源相当于小干扰信号。分析这类问题可采用小信号分析法。

图 14.11a 所示电路中不仅有直流电源 U_0，还有随时间变化的电压 $u_S(t)$，电阻 R_0 是线性的，而非线性电阻 R 是电压控制的，其伏安特性为 $i = g(u)$，曲线如图 14.11b 所示。假设在任意时刻都有 $U_0 \gg |u_S(t)|$，直流电源 U_0 一般为偏置电压，而 $u_S(t)$ 相当于信号电压，现待求的是非线性电阻的电流 $i(t)$ 和电压 $u(t)$。

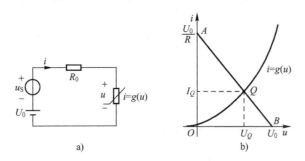

图 14.11　非线性电路的小信号分析

对电路列 KVL 方程，有

$$U_0 + u_S(t) = R_0 i(t) + u(t) \tag{14.11}$$

上述方程中，首先设 $u_S(t) = 0$，即没有信号电压，只有直流电压源单独作用，此时负载线 $\overline{AB}$ 如图 14.11b 所示，它与特性曲线的交点为 $Q(U_Q, I_Q)$，此即静态工作点。如果 $u_S(t) \neq 0$，即有信号电压时，且在 $U_0 \gg |u_S(t)|$ 总成立的条件下，电路的解 $u(t)$、$i(t)$ 必在工作点 $Q(U_Q, I_Q)$ 附近，所以可以近似地把 $u(t)$、$i(t)$ 写为

$$u(t) = U_Q + u_1(t)$$

$$i(t) = I_Q + i_1(t)$$

式中，$u_1(t)$ 和 $i_1(t)$ 是由于信号 $u_S(t)$ 引起的偏差。在任何时刻 t，$u_1(t)$ 和 $i_1(t)$ 相对 U_Q、I_Q

都是很小的量。

由于 $i = g(u)$，并且 $u(t) = U_Q + u_1(t)$，所以

$$i(t) = g\big[U_Q + u_1(t)\big]$$

$$I_Q + i_1(t) = g\big[U_Q + u_1(t)\big]$$

由于 $u_1(t)$ 很小，可将上式等号右边在 Q 点附近用泰勒级数展开，取级数前面两项而略去高次项，上式可写为

$$I_Q + i_1(t) \approx g(U_Q) + \frac{\mathrm{d}g}{\mathrm{d}u}\bigg|_{U_Q} u_1(t)$$

由于 $I_Q = g(U_Q)$，故从上式得

$$i_1(t) \approx \frac{\mathrm{d}g}{\mathrm{d}u}\bigg|_{U_Q} u_1(t)$$

而

$$\frac{\mathrm{d}g}{\mathrm{d}u}\bigg|_{U_Q} = G_\mathrm{d} = \frac{1}{R_\mathrm{d}}$$

为非线性电阻在工作点 (U_Q, I_Q) 处的动态电导，所以：

$$i_1(t) = G_\mathrm{d} u_1(t)$$

$$u_1(t) = R_\mathrm{d} i_1(t)$$

由于 $G_\mathrm{d} = \dfrac{1}{R_\mathrm{d}}$ 在工作点 (U_Q, I_Q) 处是一个常量，所以从上式可以看出，由于小信号电压 $u_\mathrm{S}(t)$ 产生的电压 $u_1(t)$ 和电流 $i_1(t)$ 之间的关系是线性的，这样式（14.11）可改写为

$$U_0 + u_\mathrm{S}(t) = R_0\big[I_Q + i_1(t)\big] + U_Q + u_1(t)$$

但是 $U_0 = R_0 I_Q + U_Q$，代入上式得

$$u_\mathrm{S}(t) = R_0 i_1(t) + u_1(t)$$

又因为在工作点处有 $u_1(t) = R_\mathrm{d} i_1(t)$，代入上式，最后得

$$u_\mathrm{S}(t) = R_0 i_1(t) + R_\mathrm{d} i_1(t)$$

上式是一个线性代数方程，由此可以画出给定非线性电阻在工作点 (U_Q, I_Q) 处的小信号等效电路如图 14.12 所示。

于是求得

$$i_1(t) = \frac{u_\mathrm{S}(t)}{R_0 + R_\mathrm{d}}$$

$$u_1(t) = R_\mathrm{d} i_1(t) = \frac{R_\mathrm{d} u_\mathrm{S}(t)}{R_0 + R_\mathrm{d}}$$

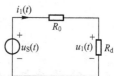

图 14.12　小信号等效电路

例 **14.5** 图 14.13a 所示电路中，非线性电阻是电压控制的，其伏安特性曲线如图 14.13b 所示，用函数表示为

$$i = g(u) = \begin{cases} u^2, u > 0 \\ 0, u < 0 \end{cases}$$

直流电流源 $I_0 = 10\text{A}$ ， $R_0 = 1/3\Omega$ ，小信号电流源 $i_\text{S}(t) = 0.5\cos t\text{A}$ 。试求工作点和在工作点处由小信号产生的电压和电流。

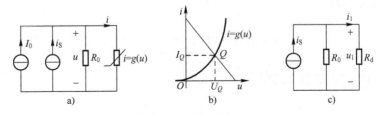

图 14.13 例 14.5 的图

解：应用 KCL，有

$$\frac{1}{R_0}u + i = I_0 + i_\text{S}$$

当 $i_\text{S} = 0$ ， $I_0 = 10\text{A}$ 单独作用时，得负载线 $\frac{1}{R_0}u + i = I_0$ ，其与特性曲线 $i = g(u) = u^2$ 的交点即为工作点，联立求解得工作点为： $U_Q = 2\text{V}$

$$I_Q = 4\text{A}$$

工作点处的动态电导为

$$G_\text{d} = \left.\frac{\text{d}g}{\text{d}u}\right|_{U_Q} = \left.2u\right|_{u=2} = 4\text{S}$$

于是可画出工作点处小信号等效电路如图 14.13c 所示，从而求出非线性电阻的小信号电压和电流分别为

$$u_1 = \frac{0.5\cos t}{3+4} = 0.0714\cos t\text{V}$$

$$i_1 = \frac{4 \times 0.5\cos t}{3+4} = 0.286\cos t\text{A}$$

电路的全解，即非线性电阻的电压、电流为

$$u = U_Q + u_1 = (2 + 0.0714\cos t)\text{V}$$

$$i = I_Q + i_1 = (4 + 0.286\cos t)\text{A}$$

14.5 分段线性化分析法

分段线性化分析法（又称折线法），是分析非线性电路的一种实用方法。所谓"分段线

性"，就是将非线性电路中每个非线性电阻的伏安特性曲线分段地用直线所组成的折线来近似逼近，这样，在$u-i$平面上的任意一条线段都可以用线性电路模型来表示。

在分段线性化方法中，常引用理想二极管模型。它的特性是：在电压为正向时二极管完全导通，相当于短路；在电压反向时二极管完全不导通，电流为零，相当于开路。其伏安特性如图 14.14 所示。

一个实际二极管的模型可由理想二极管和其他元件组成。例如，用理想二极管和电阻组成实际二极管的模型，其伏安特性可用图 14.15 的折线 $\overline{BOA}$ 表示，当这个二极管加正向电压时，它相当于一个线性电阻，其伏安特性用直线 $\overline{OA}$ 表示；当电压反向时，二极管完全不导通，其伏安特性用 $\overline{BO}$ 表示。

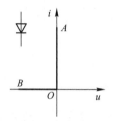 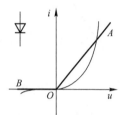

图 14.14　理想二极管　　　　图 14.15　二极管 P-N 结的伏安特性

例 14.6　图 14.16a 所示电路由线性电阻 R，理想二极管和直流电源串联组成。电阻 R 的伏安特性如图 14.16b 所示。画出此串联电路的伏安特性。

解：首先画出各元件的伏安特性，如图 14.16b 所示。

列 KVL 方程：

$$u = Ri + u_\mathrm{d} + U_0 \qquad i > 0$$

当 $u < U_0$ 时，由二极管的特性可知：$\qquad i = 0$

由图解法可求得此串联电路的伏安特性如图 14.16c 中折线 $\overline{ABC}$ 所示。

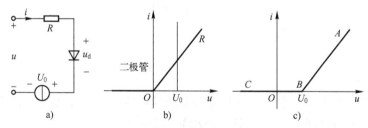

图 14.16　例 14.6 图

例 14.7　用分段线性化方法讨论隧道二极管的伏安特性。

解：隧道二极管的伏安特性如图 14.17a 中虚线所示。此特性可用图中三段直线粗略表示，其斜率分别为 G_a（$u < U_1$ 时）、G_b（$U_1 < u < U_2$ 时）、G_c（$u > U_2$ 时）。而这 3 段直线可分解为如图 14.17b 中所示的 3 个伏安特性：

当 $u < U_1$ 时，有：$G_1 u = G_\mathrm{a} u$，所以 $G_1 = G_\mathrm{a}$；

当 $U_1 < u < U_2$ 时，有：$G_1 u + G_2 u = G_\mathrm{b} u$，所以 $G_2 = G_\mathrm{b} - G_1 = G_\mathrm{b} - G_\mathrm{a}$；

当 $u > U_2$ ，有：$G_1u + G_2u + G_3u = G_cu$ ，所以 $G_3 = G_c - G_b$ 。

分别对应直线 $\overline{AOB}$ 、折线 $\overline{EU_1C}$ 和折线 EU_2D ，这 3 条曲线分别代表 3 个非线性电阻的伏安特性，因此图 14.17a 所示近似折线是这 3 个电阻并联的等效伏安特性，其静态工作点可由图解法确定。

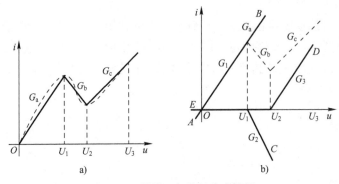

图 14.17　隧道二极管的伏安特性

应当注意的是，如果静态工作点位于图 14.18a 所示位置，表示该点确实是工作点，如果负载线与分段线性的伏安特性交点位于图 14.18b 所示位置，则只有 Q_3 为实际的工作点，而 Q_1 、Q_2 并不代表实际的工作点。

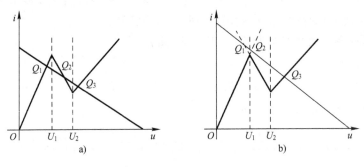

图 14.18　隧道二极管的静态工作点

本章小结

1．凡是不满足欧姆定律的电阻元件称为非线性电阻元件。根据端口电压、电流关系，非线性电阻可分为电流控制型、电压控制型和单调型三种。

2．静态电阻为非线性电阻伏安特性曲线上某一点的电压与电流的比值，为

$$R = \frac{u}{i}$$

动态电阻为非线性电阻伏安特性曲线上某一点的电压对电流的一阶导数，为

$$R_d = \frac{du}{di}$$

3．库伏特性曲线不是通过原点的直线的电容为非线性电容，分为压控和荷控两种类型。静态电容为：$C = \dfrac{q}{u}$，动态电容为：$C_d = \dfrac{dq}{du}$。韦安特性曲线不是通过原点的直线的电感为非线性电感，分为流控和链控两种类型。静态电感为：$L = \dfrac{\psi}{i}$，动态电感为：$L_d = \dfrac{d\psi}{di}$。

4．非线性电路的分析方法

1）小信号分析法：首先求解非线性电阻的静态工作点；然后求解非线性电路的动态电导或动态电阻；再画出给定非线性电阻在静态工作点处的小信号等效电路；最后根据小信号等效电路求解。

2）分段线性化法（折线法）：此方法的基本思路是将元件的非线性特性用连续的折线来近似，在每一个折线区域内可以用对应的线性电路来分析计算。

习题

14.1 图 14.19 所示电路中，已知 $I = U^2$（$U > 0$），求电流 I。

14.2 一个非线性电容的库伏特性为 $u = 1 + 2q + 3q^2$，如果电容从 $q(t_0) = 0$ 充电至 $q(t) = 1C$。试求此时电容存储的能量。

14.3 非线性电感的韦安特性为 $\Psi = i^3$，当有 2A 电流流过该电感时，试求此时的静态电感和动态电感值。

14.4 图 14.20 所示电路中，非线性电阻均为压控型，$I_1 = f(U_1)$，$I_2 = f(U_2)$。试列出结点电压方程。

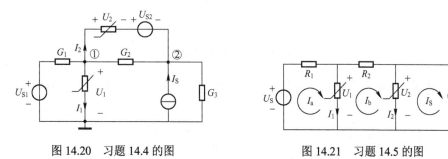

图 14.20 习题 14.4 的图   图 14.21 习题 14.5 的图

14.5 图 14.21 所示电路中，非线性电阻均为流控型，$U_1 = f(I_1)$，$U_2 = f(I_2)$。试列出回路电流方程。

14.6 图 14.22 所示非线性电路中，非线性电阻的伏安特性为 $u = 2i + i^3$，现已知：当 $u_S = 0$ 时，回路中的电流为 1A。当 $u_S = \cos(\omega t)$ 时，试用小信号分析法求回路电流 i。

14.7 图 14.23 所示电路中，$R - 2\Omega$，直流电压源 $U_S = 9V$，非线性电阻的伏安特性 $u = -2i + \dfrac{1}{3}i^3$，若 $u_S = \cos tV$，试求电流 i。

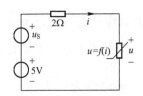

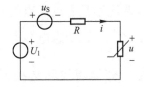

图 14.22　习题 14.6 的图　　　　　　　　图 14.23　习题 14.7 的图

14.8　图 14.24a 所示电路中，直流电压源 $U_S = 3.5\text{V}$，$R = 1\Omega$，非线性电阻的伏安特性曲线如图 14.24b 所示。试用分段线性化法求静态工作点。

14.9　图 14.25 所示电路中，非线性电阻的伏安特性为 $i = u^2$，试求电路的静态工作点及该点的动态电阻。

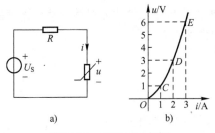

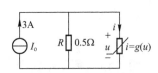

图 14.24　习题 14.8 的图　　　　　　　　图 14.25　习题 14.9 的图

14.10　图 14.26a 所示电路中，线性电容通过非线性电阻放电，非线性电阻的伏安特性曲线如图 14.26b 所示，已知 $C = 1\text{F}$，$u_C(0_-) = 3\text{V}$，求 u_C。

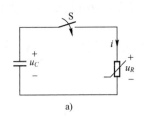

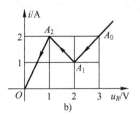

图 14.26　习题 14.10 的图

14.11　图 14.27a 所示电路中，非线性电阻的伏安特性如图 14.27b 所示，试求电压 U。

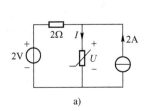

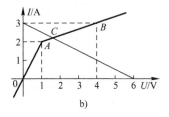

图 14.27　习题 14.11 的图

部分习题答案

第1章

1.3　① 4.175A，11.975Ω　② 52.08V　③ 104.16A

1.4　0.015Ω

1.5　3712.36Ω，约20W

1.6　③ 350Ω，1 A

1.10　107.33V

1.11　① 2.22 A，0.889 V　② −13 V

1.12　0.31 A，9.3 A，9.6 A

1.13　6 V

1.14　+5 V

1.15　+8 V，+8 V，无影响

1.16　−5.84 V，+1.96 V

1.17　+30 V

1.18　20 V，200 V

第2章

2.1　（a）$R_{AB} = 0.5R$，$R_{AC} = 0.625R$，$R_{BC} = 0.625R$；

　　（b）$R_{AB} = 0.615R$，$R_{AC} = 0.615R$，$R_{BC} = 0.6R$

2.2　（a）$R_{ab} = 10Ω$，$R_{cd} = 3.911Ω$；

　　（b）$R_{ab} = 2Ω$，$R_{cd} = 0Ω$

2.3　（a）$R_{ab} = 10Ω$，（b）$R_{ab} = 14Ω$

2.4　（a）开关 S 打开时，$R_{ab} = 10Ω$；开关 S 闭合时，$R_{ab} = 6.667Ω$；

（b）开关 S 打开时，$R_{ab} = 7.564Ω$；开关 S 闭合时，$R_{ab} = 7.55Ω$

2.5　开关 S 打开时，$R_{ab} = 9Ω$；开关 S 闭合时，$R_{ab} = 5Ω$

2.6　$R = 5Ω$

2.7　（a）$U = 24V$，$I = 3A$；

　　（b）$U = 18V$，$I = 4A$

2.8　（a）$R = 3Ω$，$I = 3A$；

　　（b）$R = 9Ω$，$U = 18V$

2.9　（a）$u = 12V$，$i = 6A$，$P = 324W$；

　　（b）$u = 10V$，$i = 1A$，$P = 40W$

2.10　$u = 0.581V$，$i = 5.226A$

2.11 $i_1 = 4.615\text{A}$，$i_2 = 11.539\text{A}$，$i_3 = 2.308\text{A}$，$i_4 = 1.539\text{A}$

2.12 $U = 8\text{V}$，$I = 0.2\text{A}$

2.13 $U = 2\text{V}$，$I = 1\text{A}$

2.14 （a）$R_{ab} = 36.25\Omega$；（b）$R_{ab} = 1.269\Omega$

2.15 （a）$R_{ab} = 142.323\Omega$；（b）$R_{ab} = 2.25\Omega$

2.17 （a）$u_{ab} = 3.073\text{V}$，$i = 1.951\text{A}$；（b）$u_{ab} = -1.493\text{V}$，$i = 0.185\text{A}$

2.18 $P = 1125\text{W}$

2.19 $U_1 = -4.444\text{V}$，$P = 98.765\text{W}$

2.20 $U_0 = -200\text{kV}$

2.21 $U = 10\text{kV}$，$I = 1.667\text{A}$，$P = 16.667\text{kW}$

2.22 $I_2 = 1.5\text{A}$

2.23 $P = 40\text{W}$

2.24 $u_S = 12\text{V}$

2.25 $R = 3\Omega$

2.26 （a）$R_{ab} = 1.5R_1$；（b）$R_{ab} = 6.5\Omega$

2.27 （a）$R_{ab} = -11\Omega$；（b）$R_{ab} = 2.5\Omega$

2.28 （a）$R_{ab} = \dfrac{R_1 R_3}{R_1 + (1 - \mu)R_3}$；（b）$R_{ab} = \dfrac{1}{1 - \mu}\left(R_1 + \dfrac{R_2}{1 - \beta}\right)$

第3章

3.6 2.4A

3.7 9A 和-3A

3.8 -0.556A

3.9 3V

3.10 -5V, -3.5A

第4章

4.1 20V，40V，20W（吸收），80W（发出），R_1：20W，R_2：40W

4.2 1A，3A，-62V

4.3 1A

4.4 1.09A

4.5 -0.25A

4.6 12.8V，115.2W

4.7 6A

4.8 0.5A

4.9 2.6A

4.10 0.6A

4.11 $u_{ab} = u'_{ab} + u''_{ab} = (\sin l + 0.2\mathrm{e}^{-t})\text{V}$

4.12　$i_1 = 0.7272\text{A}$，$i_2 = 0.1818\text{A}$，$i_3 = 0.5454\text{A}$，$i_4 = 0.3636\text{A}$，$i_5 = 0.1818\text{A}$，

$u_{n1} = 7.091\text{V}$，$u_{n2} = 4.364\text{V}$，$u_O = 3.636\text{V}$，$\dfrac{u_O}{u_S} = 0.364$

4.13　$U = U' + U'' = (-3 + 4)\text{V} = 1\text{V}$

4.14　$u_{OC} = 10\text{V}, R_{eq} = 0.2\Omega$

4.15　$u_{OC} = 0\text{V}$，$R_{eq} = \dfrac{u}{i} = 7\Omega$

4.16　$u_{OC} = 6\text{V}$；$R_{eq} = \dfrac{u}{i} \approx 4\Omega$，$P_{max} = 2.25\text{W}$

4.17　$u_{OC} = 37.5\text{V}$；$R_{eq} = 10\Omega$，$P_{max} = 35.16\text{W}$

第 5 章

5.1　$i_1 = 10\sqrt{2}\cos(10^3 t - 37°)\text{A}$，$i_2 = 10\sqrt{2}\cos(10^3 t - 143°)\text{A}$

　　　$i_3 = 10\sqrt{2}\cos(10^3 t + 37°)\text{A}$，$i_4 = 10\sqrt{2}\cos(10^3 t + 143°)\text{A}$

5.2　（2）$\dot{U} = 7.07\angle -110°\text{V}$，$\dot{I} = 1.41\angle -50°\text{A}$，$\varphi = -60°$

　　　（3）$\dot{U}' = 7.07\angle 70°\text{V}$，$\varphi' = 120°$

5.3　$\dot{I} = 5\angle -7°\text{A}$

5.4　（1）$u_1 = 220\sqrt{2}\cos(\omega t + 60°)\text{V}$，$u_2 = 220\sqrt{2}\cos(\omega t + 30°)\text{V}$；（2）$30°$

5.5　（1）0；（2）0

5.6　（2）$i_L = 0.32\sqrt{2}\cos(6380t - 110°)\text{A}$

5.7　40.16H

5.8　2V, 6V, 3V, 3.61V

5.9　$u_{ad} = 1443.4\sqrt{2}\cos(314t - 144°)\text{V}$，$u_{bd} = 1435.5\sqrt{2}\cos(314t - 150°)\text{A}$

5.10　$10\sqrt{2}\text{A}$，100V

第 6 章

6.1　（1）50Ω，电阻性；（2）$20\sqrt{2}\angle 50°\Omega$，感性；（3）$5\angle -30°\Omega$，容性；
（4）$5\angle 20°\Omega$，感性

6.2　（a）$(1-\text{j}2)\Omega$，（b）$(2-\text{j})\Omega$，（c）$\dfrac{2R + (\omega C)^2 + \text{j}(\omega C + \omega CR)}{R^2 + \text{j}\omega CR}\text{S}$，（d）$40\Omega$，
（e）$(\text{j}\omega L - r)\Omega$，（f）$\left[\text{j}\omega C(\beta + 1)\right]\text{S}$

6.3　$u_R = 200\sqrt{2}\cos\omega t\text{V}$，$i_C = 2\sqrt{2}\cos\left(\omega t + 90°\right)\text{A}$，$i_1 = 2.23\sqrt{2}\cos\left(\omega t + 63.4°\right)\text{A}$

　　　$u_L = 446\sqrt{2}\angle 153.4°\text{V}$，$u = 400\cos\left(\omega t + 135°\right)\text{V}$

6.4　$\dot{U}_L = \text{j}17.3\text{V}$，$\dot{I}_2 = (0.5 + \text{j}0.865)\text{A}$，$\dot{I}_C = (1.5 + 0.865)\text{A}$

6.5　（a）$(1+\text{j})\Omega$，（b）$(0.5-\text{j}0.5)\Omega$，（c）0

6.7　10A，141.4V

6.8　$3.16\cos\left(4t + 18.4°\right)\text{V}$

6.9 $0.3\angle 18.8°A$

6.10 $10\angle 0°A$ ，$5\sqrt{2}\angle -45°A$

6.11 $1\angle 90°kV$

6.12 $3.6\angle -55°A$ ，$2.7\angle 10.6°A$

6.13 $5.35\angle -22.8°A$

6.14 $0.52\angle 75°A$

6.15 $1.5\sqrt{2}\angle -45°V$

6.16 $\dot U_1 =(4+j2)V$ ，$\dot U_2 =(6+j8)V$ ，$\dot I =(6-j2)A$

6.17   （a）12.9W，-48.3var，0.259；（b）72.5W，33.8var，0.906；（c）288W，-288var，0.707

6.18   225W，-125var，0.871

6.19   （1）454.5A，86.6kvar；（2）5700μF，227A

6.21   （1）1200W，（2）1200W，（3）1200W

6.22   （1）2Ω，5mH；（2）4Ω，12mH

6.23   0，-j6Ω（等效电路的输出电压和等效复阻抗）

6.24 $(5+j5)Ω$ ，1.7W

6.25   （1）$(2-j2)kΩ$ ，（2）1000W，（3）828W

6.26   0.127H，1.7A

6.27   （1）250Ω，（2）550Ω，（3）$0.4\angle 0°A$ ，$0.89\angle -63.4°A$ ，$0.8\angle 90°A$

6.28   （1）$1.01\times 10^{-9}F$ ，$3.06\times 10^{-9}F$ ，（2）0

第7章

7.1   图a：a与d，b与c；图b：a与f，a与f，c与f

7.3   （a）6H，（b）4H

7.4   （a）0.667H，（b）0.667H，（c）0.667H，（d）0.667H

7.5   （a）(0.2+j0.6)Ω，（b）-jΩ，（c）∞

7.6   （1）$10.85\angle -77.47°A$ ，$43.85\angle -37.9°A$ ，（2）$4385\angle 37.9°V·A$

7.7   52.8mH

7.8   （1）$\dot U_1 =136.4\angle -119.7°V$ ，$\dot U_2 =311.12\angle 22.4°V$

7.9 $\dot U_{OC}=30\angle 0°V$ ，$Z=(3+j7.5)Ω$

7.10   0A，$32\angle 0°V$

7.11   （1）25H

7.12 $1.104\angle 83.7°A$ ，$1.104\angle 83.7°A$ ，0

7.14   （1）$0.11\cos(314t-64.8°)A$ ，（2）$0.35\cos(314t+1.03°)A$

7.15 $1\angle 0°V$

7.16 $\sqrt{5}$

7.17 $Z=jΩ$

7.18 $2\angle 0°A$ ，$60\angle 180°V$ ，20W

7.19 $\sqrt{2}\angle 45°$A

第8章

8.1 星形：220V，22A，22A

三角形：380V，38A，65.8A

8.4 $\dot{I}_A = 0.273\angle 0°$A ， $\dot{I}_B = 0.273\angle -120°$A ， $\dot{I}_C = 0.364\angle 60°$A

8.5 39.3A，25.92kW

8.6 （2） $I_A = I_B = I_C = 22$A ， $I_N = 60.1$A ；

（3） $P = 4.84$kW ， $Q = 0$

8.7 （1） $R = 15\Omega$ ， $X_L = 16.1\Omega$ ； $P = 30$kW

（2） $I_1 = I_2 = 10$A ， $I_3 = 17.3$A ；

（3） $I_1 = 0$ ， $I_2 = I_3 = 15$A ， $P = 2.25$kW

8.8 $235.3\angle 49.5°\Omega$

8.9 $U_{AB} = 332.78$V ， $\cos'\varphi = 0.99$

8.10 $P_1 = 949.982$W ， $P_2 = 903.799$W

8.11 $I_A = 22$A， $U_{AB} = 228.221$V

第9章

9.1 $f(t) = A\left\{\dfrac{1}{2} - \dfrac{1}{\pi}\left[\sin(\omega t) + \dfrac{1}{2}\sin(2\omega t) + \dfrac{1}{3}\sin(3\omega t) + \cdots\right]\right\}$

9.4 （1）5.67V，（2）11.36V

9.5 6.38W，25.8W

9.6 $i = 10\cos(\omega t - 45°) + 0.9\cos(3\omega t - 41.6°)$A ，7.1A

9.7 $i = 40\cos(\omega 7 + 65°) + 18.98\sqrt{2}\cos(3\omega t - 11.37°)$A ，34.06A，6200.7W

9.8 1Ω，12.1mH；12.3mH，1.7%

9.9 2.28W，0.09W，2.38W

9.10 1.22A

9.11 $i = 4\cos\omega t + 1.79\cos(2\omega t - 116.6°)$A ，4W

9.12 $u = 1500 + 8.4\cos(\omega t + 119°) + 450\cos(3\omega t) + 5\cos(5\omega t - 108°)$V ，1533V

第10章

10.1 （a） $u_C(0_+) = 10$V ， $i_C(0_+) = -1.5$A ； （b） $i_L(0_+) = 1$A ， $u_L(0_+) = -5$V

10.2 （1） $i = i_2 = 100$A$, i_1 = 0, u_C = u_{R_2} = 0, u_{R_1} = 100$V;

（2） $i = i_1 = 1$A$, i_2 = 0, u_C = u_{R_2} = 99V, u_{R_1} = 1$V

（3） $i = i_1 = 1$A$, i_2 = 0, u_L = u_{R_2} = 99V, u_{R_1} = 1$V;

$i = i_2 = 100$A$, i_1 - 0, u_L = u_{R_2} = 0, u_{R_1} = 100$V

10.3 $t = 0_+$ 时 R_1：1A,2V; R_2：1A,8V; C_1：1A,0V; C_2：1A,0V;

$L_1:0A,8V; \quad L_2:0A,8V$

$t=\infty$ 时 $R_1:$ $1A,2V; \quad R_2:1A,8V; \quad C_1:0A,8V; \quad C_2:0A,8V;$

$L_1:1A,0V; \quad L_2:1A,0V$

10.4 （a）1.5A,3A （b）0A,1.5A （c）6A,0A （d）0.75A,1A

10.5 $u_C=20(1-e^{-25t})V$

10.6 $u_C=60e^{-100t}V, i_1=12e^{-100t}mA$

10.7 $u_C=(18+36e^{-250t})V$

10.8 $u=\left(2-\dfrac{4}{3}e^{-\frac{10^3}{6}t}\right)V$

10.9 $i_3=(1-0.25e^{-500t})mA$

$u_C=(2-e^{-500t})V$

10.10 （1）$u_C=(1.5-0.5e^{-2.3\times10^6 t})V$

（2）$v_B=(3-0.14e^{-2.3\times10^6 t})V$

（3）$v_A=(1.5+0.36e^{-2.3\times10^6 t})V$

10.11 3.68V,9.68V,不相等。

10.12 20kV

10.13 $i_L=(1.2-2.4e^{-\frac{5}{9}t})A$

$i=(1.8-1.6e^{-\frac{5}{9}t})A$

10.14 $i_1=(2-e^{-2t})A, i_2=(3-2e^{-2t})A, i_L=(5-3e^{-2t})A$

10.15 0.02s

10.16 $i_L=(1.25-0.5e^{-2.5t})A, i_2=0.19e^{-2.5t}A, i_3=(0.75-0.19e^{-2.5t})A$

10.17 $u_C=10(1-e^{-10t})V$, $i_C=e^{-10t}mA$

10.18 $14e^{-50t}V$

10.19 $2(1-e^{-\frac{10^6}{21}t})V$

10.20 $3e^{-25t}mA$

10.21 $4(1-e^{-7t})$ A

10.22 $-6e^{-4000t}mA$

第11章

11.1 （1）$\dfrac{s^2-\omega^2}{(s^2+\omega^2)^2}$ （2）$\dfrac{s+2}{(s+2)^2+3^2}$ （3）$\dfrac{4}{(s+2)^2+4^2}$

11.2 （1）$1+e^{-t}$ （2）$2e^{-t}-2e^{-3t}$ （3）$3\delta(t)-11e^{-4t}\varepsilon(t)$

（4）$-3e^{-2t}+6te^{-2t}+3e^{-4t}$

11.3 （1）$e^{-2t}+3te^{-2t}-\dfrac{1}{2}t^2e^{-2t}-e^{-t}$ （2）$-\dfrac{1}{5}e^{-2t}+0.447e^{-t}\cos(2t-63.44°)$

（3）$3e^{-t} + 3\sqrt{2}\cos(t-135°)$

11.4 $i(t) = [-\dfrac{1}{5}e^{-t} + \sqrt{2}e^{-3t}\cos(t-81.87°)]A$

11.5   （a）$Z_{in}(s) = \dfrac{2(s^2+1)}{(s+1)^2}$ （b）$Z_{in}(s) = \dfrac{5s^2+6s}{3s^2+7s+6}$

11.6 $i_1(t) = [e^{-2t} + 0.58e^{-t}\cos(\sqrt{3}t+150°)]\varepsilon(t)A$

$i_2(t) = [\dfrac{\sqrt{3}}{3}e^{-t}\cos(\sqrt{3}t+90°)]\varepsilon(t)A$

11.7 $u(t) = (\dfrac{10}{3}e^{-0.5t} - \dfrac{4}{3}e^{-2t})V$

11.8 $i(t) = 0.02e^{-40t}\varepsilon(t)A$

$u_L(t) = [-0.24\delta(t) - 2.4e^{-40t}\varepsilon(t)]V$

11.9 $i(t) = (-5e^{-0.5t} + 5 + 5t)\varepsilon(t)A$

11.10 $i_1(t) = 3\varepsilon(t)A$ ，$u_2(t) = -6\delta(t)V$

11.11 $i_1(t) = (2 - 0.17e^{-0.23t} - 1.83e^{-1.43t})\varepsilon(t)A$

$i_2(t) = 0.56(e^{-0.23t} - e^{-1.43t})\varepsilon(t)A$

11.12 $i_1(t) = (\dfrac{50}{3} - \dfrac{5}{3}e^{-1.5t})\varepsilon(t)A$

11.13 $u_{C_2}(t) = (10 - 4e^{-0.6t})\varepsilon(t)V$

11.14 $u_{C_1}(t) = (4 + 0.5e^{-0.25t})\varepsilon(t)V$ ， $u_{C_2}(t) = (-2 + 0.5e^{-0.25t})\varepsilon(t)V$

11.15 $u_C(t) = 5(1 - 4e^{-0.4t})\varepsilon(t)V$ ， $i(t) = (0.5 - 1.5e^{-0.4t})\varepsilon(t)A$

11.16 $i_1(t) = (1 + 0.5e^{-30t})\varepsilon(t)A$ ， $i_2(t) = (1 - e^{-30t})\varepsilon(t)A$

11.17 $u(t) = [-2.41e^{-2t} + 2e^{-5t} + 2.63\cos(5t-23.2°)]\varepsilon(t)V$

第 12 章

12.1   图 a：（1），（3）   图 b：无

12.2   （a）$A = \begin{pmatrix} 0 & 1 & 0 & 0 & -1 & -1 & 1 & 0 & 0 & 0 \\ 1 & 0 & 0 & -1 & 0 & 1 & 0 & 0 & 0 & -1 \\ -1 & 0 & 1 & 0 & 0 & 0 & -1 & 1 & 1 & 0 \\ 0 & 0 & -1 & 0 & 1 & 0 & 0 & 0 & 0 & 1 \end{pmatrix}$

（b）$A = \begin{pmatrix} -1 & -1 & 0 & 0 & 0 & 0 & 0 \\ 1 & 0 & 1 & -1 & 0 & 0 & 0 \\ 0 & 1 & -1 & 0 & 0 & 0 & -1 \\ 0 & 0 & 0 & 1 & 0 & 1 & 1 \end{pmatrix}$

12.3 $B = \begin{pmatrix} 1 & 1 & 0 & 0 & 1 & 0 & 0 \\ 0 & 0 & -1 & -1 & 0 & 1 & 0 \\ 1 & 1 & 1 & 1 & 0 & 0 & 1 \end{pmatrix}$ 回路1：（1,2,5），回路2：（3,4,6），回路3：

（1,2,3,4,7）

$$Q = \begin{pmatrix} 1 & 0 & 0 & 0 & -1 & 0 & -1 \\ 0 & 1 & 0 & 0 & -1 & 0 & -1 \\ 0 & 0 & 1 & 0 & 0 & 1 & -1 \\ 0 & 0 & 0 & 1 & 0 & 1 & -1 \end{pmatrix}$$

12.4 回路矩阵 $B = \begin{pmatrix} -1 & 1 & 1 & 0 & 1 & 0 & 0 & 0 \\ -1 & 0 & 0 & 1 & 0 & 1 & 0 & 0 \\ 0 & 1 & 0 & -1 & 0 & 0 & 1 & 0 \\ 0 & -1 & -1 & 1 & 0 & 0 & 0 & 1 \end{pmatrix}$

割集矩阵 $Q = \begin{pmatrix} 1 & 0 & 0 & 0 & 1 & 1 & 0 & 0 \\ 0 & 1 & 0 & 0 & -1 & 0 & -1 & 1 \\ 0 & 0 & 1 & 0 & -1 & 0 & 0 & 1 \\ 0 & 0 & 0 & 1 & 0 & -1 & 1 & -1 \end{pmatrix}$

网孔回路矩阵 $B' = \begin{pmatrix} 1 & 0 & 0 & -1 & 0 & -1 & 0 & 0 \\ 0 & -1 & 0 & 1 & 0 & 0 & -1 & 0 \\ 0 & 0 & -1 & 0 & 0 & 0 & 1 & 1 \\ 0 & 0 & 0 & 0 & -1 & 1 & 0 & -1 \end{pmatrix}$ 回路 1：（1,4,6），回路 2：

（2,4,7），回路 3：（3,7,8），回路 4（5,6,8），回路方向全部顺时针

12.5 $\begin{pmatrix} R_1 + R_3 & R_1 & 0 & R_1 \\ R_1 & R_1 + R_4 + R_5 & -R_4 & R_1 \\ 0 & -R_4 & R_4 + R_7 & R_7 \\ R_1 & R_1 & R_7 & R_1 + R_7 + R_8 \end{pmatrix} \begin{pmatrix} I_{l1} \\ I_{l2} \\ I_{l3} \\ I_{l4} \end{pmatrix} \begin{pmatrix} U_{s2} - U_{s3} - R_3 I_{s3} \\ R_4 I_{s4} \\ U_{s2} - R_4 I_{s4} - U_{s6} \\ U_{s3} - U_{s8} \end{pmatrix}$

12.6 选支路 3、4、5 为树，两个单连支回路取顺时针绕向，回路电流方程矩阵形式为

$$\begin{pmatrix} R_1 + sL_3 + \dfrac{1}{sC_5} & -\dfrac{1}{sC_5} \\ -\dfrac{1}{sC_5} & R_2 + sL_4 + \dfrac{1}{sC_5} \end{pmatrix} \begin{pmatrix} I_{l1}(s) \\ I_{l2}(s) \end{pmatrix} = \begin{pmatrix} R_1 I_{l1}(s) \\ -R_2 I_{l2}(s) \end{pmatrix}$$

12.7 网孔电流方向全部顺时针

（1） $\begin{pmatrix} R_1 + \dfrac{1}{\mathrm{j}\omega C_2} + \mathrm{j}\omega L_4 & -\mathrm{j}\omega L_4 & -\dfrac{1}{\mathrm{j}\omega C_2} \\ \mathrm{j}\omega L_4 & \mathrm{j}\omega L_4 + \mathrm{j}\omega L_5 + R_6 & -\mathrm{j}\omega L_5 \\ -\dfrac{1}{\mathrm{j}\omega C_2} & -\mathrm{j}\omega L_5 & \dfrac{1}{\mathrm{j}\omega C_2} + \dfrac{1}{\mathrm{j}\omega C_3} + \mathrm{j}\omega L_5 \end{pmatrix} \begin{pmatrix} \dot{I}_{l1} \\ \dot{I}_{l2} \\ \dot{I}_{l3} \end{pmatrix} = \begin{pmatrix} \dot{U}_{s1} \\ -R_6 \dot{I}_{s6} \\ 0 \end{pmatrix}$

（2） $\begin{pmatrix} R_1 + \dfrac{1}{\mathrm{j}\omega C_2} + \mathrm{j}\omega L_4 & -\mathrm{j}\omega L_4 - \mathrm{j}\omega M & \mathrm{j}\omega M - \dfrac{1}{\mathrm{j}\omega C_2} \\ -\mathrm{j}\omega L_4 - \mathrm{j}\omega M & \mathrm{j}\omega L_4 + \mathrm{j}\omega L_5 + R_6 + 2\mathrm{j}\omega M & -\mathrm{j}\omega L_5 - \mathrm{j}\omega M \\ \mathrm{j}\omega M - \dfrac{1}{\mathrm{j}\omega C_2} & -\mathrm{j}\omega L_5 - \mathrm{j}\omega M & \dfrac{1}{\mathrm{j}\omega C_2} + \dfrac{1}{\mathrm{j}\omega C_3} + \mathrm{j}\omega L_5 \end{pmatrix} \begin{pmatrix} \dot{I}_{l1} \\ \dot{I}_{l2} \\ \dot{I}_{l3} \end{pmatrix} = \begin{pmatrix} \dot{U}_{s1} \\ -R_6 \dot{I}_{s6} \\ 0 \end{pmatrix}$

12.8 取网孔作回路，各回路电流取顺时针方向

$$
\begin{pmatrix}
R_1+R_2 & -R_2 & 0 & 0 \\
-R_2 & R_2+R_3+R_4 & -R_3 & -R_4 \\
0 & -R_3 & R_3+R_5+R_7 & -R_5 \\
0 & -(r+R_4) & r-R_5 & R_4+R_5+R_6
\end{pmatrix}
\begin{pmatrix}
I_{l1} \\ I_{l2} \\ I_{l3} \\ I_{l4}
\end{pmatrix}
\begin{pmatrix}
U_{s1} \\ 0 \\ -R_7 I_{s7} \\ 0
\end{pmatrix}
$$

12.9 取结点 4 为参考结点，结点电压方程矩阵形式为

$$
\begin{pmatrix}
G_1+G_2+G_4+G_6 & -G_4 & -G_6 \\
-G_2 & G_3+G_4+G_5 & -G_5 \\
-G_3-j\omega C_4 & -G_5 & G_5+G_6+G_7
\end{pmatrix}
\begin{pmatrix}
u_{n1} \\ u_{n2} \\ u_{n3}
\end{pmatrix}
=
\begin{pmatrix}
G_2 u_{s2}+G_6 u_{s6} \\ 0 \\ -G_6 u_{s6}-i_{s7}
\end{pmatrix}
$$

12.10
$$
\begin{pmatrix}
G_1+G_2+G_3+j\omega C_4 & -G_4 & -G_3-j\omega C_4 \\
-G_2 & G_2+G_5+\dfrac{1}{j\omega L_6} & -G_5 \\
-G_3-j\omega C_4 & -G_5 & G_3+G_5+G_7+j\omega C_4
\end{pmatrix}
\begin{pmatrix}
\dot{U}_{n1} \\ \dot{U}_{n2} \\ \dot{U}_{n3}
\end{pmatrix}
=
\begin{pmatrix}
G_1\dot{U}_s \\ 0 \\ 0
\end{pmatrix}
$$

12.11
$$
\begin{pmatrix}
\dfrac{1}{R_1}+j\omega C_4+\dfrac{1}{j\omega L_5} & -\dfrac{1}{j\omega L_5}+\dfrac{\beta_{46}}{j\omega L_6} & -j\omega C_4-\dfrac{\beta_{46}}{j\omega L_6} \\
-\dfrac{1}{j\omega L_5} & j\omega C_3+\dfrac{1}{j\omega L_5}+\dfrac{1}{j\omega L_6} & -\dfrac{1}{j\omega L_6} \\
-g_{21}-j\omega C_4 & -\dfrac{\beta_{46}}{j\omega L_6}-\dfrac{1}{j\omega L_6} & \dfrac{1}{R_2}+j\omega C_4+\dfrac{\beta_{46}}{j\omega L_6}+\dfrac{1}{j\omega L_6}
\end{pmatrix}
\begin{pmatrix}
\dot{U}_{t1} \\ \dot{U}_{t2} \\ \dot{U}_{t3}
\end{pmatrix}
=
\begin{pmatrix}
G_1\dot{U}_{s1} \\ -\dot{I}_{s6} \\ \dot{I}_{s6}
\end{pmatrix}
$$

12.12 选 1、2、3 为树，割集电压方程矩阵形式为

$$
\begin{pmatrix}
G_1+G_4+j\omega C_5 & -j\omega C_5 & -G_4 \\
-j\omega C_5 & G_2+j\omega C_5+G_6 & -G_6 \\
-G_4 & -G_6 & \dfrac{1}{j\omega L_3}G_4+G_6
\end{pmatrix}
\begin{pmatrix}
\dot{U}_{t1} \\ \dot{U}_{t2} \\ \dot{U}_{t3}
\end{pmatrix}
=
\begin{pmatrix}
G_1\dot{U}_{s1} \\ -\dot{I}_{s6} \\ \dot{I}_{s6}
\end{pmatrix}
$$

12.13
$$
\begin{pmatrix}
G_1+G_4+G_8 & G_4+G_8 & G_4+G_8 & -G_4 \\
G_4+G_8 & G_2+G_4+G_5+G_8 & G_4+G_5+G_8 & -G_4 \\
G_4+G_8 & G_4+G_5+G_8 & G_3+G_4+G_5+G_6+G_8 & -(G_3+G_4) \\
-G_4 & -G_4 & -(G_3+G_4) & G_3+G_4+G_7
\end{pmatrix}
\begin{pmatrix}
\dot{U}_{t1} \\ \dot{U}_{t2} \\ \dot{U}_{t3} \\ \dot{U}_{t4}
\end{pmatrix}
=
\begin{pmatrix}
\dot{I}_{s4}+G_8\dot{U}_{s8} \\ G_2\dot{U}_{s2}+\dot{I}_{s4}+G_8\dot{U}_{s8} \\ \dot{I}_{s4}+G_8\dot{U}_{s8} \\ -\dot{I}_{s4}
\end{pmatrix}
$$

第 13 章

13.1

$$
\boldsymbol{Y}-
\begin{pmatrix}
\dfrac{21}{100} & \dfrac{1}{50} \\
\dfrac{1}{50} & \dfrac{6}{25}
\end{pmatrix}
S ;
\qquad
\boldsymbol{Z}=
\begin{pmatrix}
\dfrac{24}{5} & -\dfrac{2}{5} \\
-\dfrac{2}{5} & \dfrac{21}{5}
\end{pmatrix}
\Omega
$$

13.2　(a) $\boldsymbol{Z} = \begin{pmatrix} 13.13 & -16.88 \\ 1.88 & 1.88 \end{pmatrix}\Omega$　(b) $\boldsymbol{Z} = \begin{pmatrix} \dfrac{5}{3} & \dfrac{2}{9} \\ -\dfrac{2}{3} & \dfrac{10}{9} \end{pmatrix}\Omega$

13.3　(a) $\boldsymbol{Y} = \begin{pmatrix} 0.9 & -0.2 \\ -0.4 & 0.2 \end{pmatrix}S$　(b) $\boldsymbol{Y} = \begin{pmatrix} 0.25 & -0.025 \\ 5 & 0.6 \end{pmatrix}S$

13.4　(a) $\boldsymbol{T} = \begin{pmatrix} 1 & Z \\ 0 & 1 \end{pmatrix}$　(b) $\boldsymbol{T} = \begin{pmatrix} 1 & 0 \\ Y & 1 \end{pmatrix}$

13.5　$\boldsymbol{T} = \begin{pmatrix} -\dfrac{1}{6} & \dfrac{5}{6} \\ -\dfrac{1}{2} & \dfrac{1}{2} \end{pmatrix}$

13.6　$\boldsymbol{H} = \begin{pmatrix} 3.8 & 0.4 \\ -3.6 & 0.2 \end{pmatrix}$

13.7　$\boldsymbol{H} = \begin{pmatrix} 2 & \dfrac{1}{2} \\ -\dfrac{1}{2} & 0 \end{pmatrix}$

13.8　$\dot{U}_2/\dot{U}_1 = \dfrac{1}{10}$

13.9　11.76W

13.10　(1) $\boldsymbol{Z} = \begin{pmatrix} 6 & 3 \\ 3 & 9 \end{pmatrix}\Omega$　(2) 2.88A, -0.75A

13.11　$\dfrac{1}{32}$ W

13.12　(1) 20Ω　(2) 40Ω　(3) 28Ω

13.13　(1) $\dfrac{5}{17}$　(2) $-\dfrac{8}{5}$　(3) $\dfrac{1}{136}$S　(4) $-25\,\Omega$

13.14　$\dfrac{5}{3}$V

13.17　(a) $\boldsymbol{Z} = \begin{pmatrix} \dfrac{5}{3} & \dfrac{4}{3} \\ \dfrac{4}{3} & \dfrac{5}{3} \end{pmatrix}\Omega$　(b) $\boldsymbol{Z} = \begin{pmatrix} 5 & 3 \\ 3 & 3 \end{pmatrix}\Omega$

13.18　(a) $\boldsymbol{T} = \begin{pmatrix} A+BY & B \\ C+DY & D \end{pmatrix}$　(b) $\boldsymbol{T} = \begin{pmatrix} A+CZ & B+DZ \\ C & D \end{pmatrix}$

13.19　(a) $\boldsymbol{T} = \begin{pmatrix} 7 & 12R \\ \dfrac{4}{R} & 7 \end{pmatrix}$　(b) $\boldsymbol{T} = \begin{pmatrix} \dfrac{71}{5} & \dfrac{980}{3} \\ \dfrac{51}{25} & 47 \end{pmatrix}$

13.20　（1）2.4Ω　　　（2）1.35W, 18.9W

第14章

14.1　0.382A

14.2　3J

14.3　4H，12H

14.6　$1+\dfrac{1}{7}\cos(\omega t)$ A

14.7　$3-\dfrac{1}{9}\cos t$ A

14.8　1.5A，2V

14.9　1V，1A 或−3V，9A；1/2Ω 或−1/6Ω

14.10　$1+2\mathrm{e}^{-t}$V；$3-\mathrm{e}^{(t-0.693)}$V；$\mathrm{e}^{-2(t-1.386)}$V

14.11　1.6V

参 考 文 献

[1] 邱关源. 电路[M]. 5 版. 北京：高等教育出版社，2006.

[2] 周长源. 电路理论基础[M]. 2 版. 北京：高等教育出版社，1996.

[3] 李翰荪. 电路分析基础[M]. 3 版. 北京：高等教育出版社，1993.

[4] 蒋泽佳. 电路原理[M]. 3 版. 北京：高等教育出版社，1992.

[5] 秦曾煌. 电工学[M]. 6 版. 北京：高等教育出版社，2004.

[6] 唐介. 电工学[M]. 北京：机械工业出版社，1999.